华北寒旱区甜菜
生产理论与技术

刘玉华　张立峰　张继宗　等 编著

U0294144

中国农业出版社

北 京

编著者名单

（按姓氏笔画排序）

任晓强　刘玉华　刘广周　杜玉琼
李　明　杨志会　时志强　张立峰
张晋国　张继宗　武东霞　梁书平
韩凯虹　解明明　窦铁岭

前　　言

　　本书基于内蒙古高原与华北平原交错地带的华北寒旱区冷凉低温、干旱少雨、土壤贫瘠、作物低产等农业资源现状，结合甜菜抗逆性强、无限生长、经济性好、效益稳定等生物性状，以推促产业发展、增加农民收入、开展深度扶贫、稳定农村经济为目标，以在华北寒旱区10余年的甜菜科技攻关、关键技术示范辐射推广、生产服务与指导为基础，对甜菜高效生产理论与关键技术进行了系统地探索，对研究结果进行了全面地归类、规范与整理。

　　全书包括甜菜生产的概况，华北寒旱区甜菜的生物学基础，华北寒旱区甜菜的光合特性，水分胁迫对华北寒旱区甜菜产量品质的影响，种植方式及补水对华北寒旱区甜菜生长的影响，甜菜异地育苗、同地生产关键技术，华北寒旱区甜菜间作群体的生产效果，轮作倒茬对甜菜生产的影响，甜菜机械化地下注水补水艺机一体技术等9部分内容。可供农学、资源环境、经济管理等专业并从事甜菜及相关产业的科技研发、产业发展、运营管理等人员参阅，也可作为农林院校相关专业的辅助材料。

　　本书编著过程中，得到了农业部公益性行业（农业）科研专项"北方一熟区耕地培肥与合理农作制"（201503120）、国家重点研发计划项目子课题"河北半干旱风沙区农田水土资源保育与利用技术模式研究与应用"（2021YFD1901104-5）及张家口市人才创新发展专项"张北实验站甜菜创新团队"的资助。在此表示感谢！

编著者

目　　录

1 甜菜生产的概况

1.1 概述

甜菜（学名：*Beta vulgaris*），属藜科（Chenopodiaceae）甜菜属（*Beta*），又名菾菜，起源于地中海沿岸，原产于欧洲西部和南部沿海，从瑞典移植到西班牙，大约在 1 500 年前从阿拉伯国家传入中国。糖甜菜野生种滨海甜菜是栽培甜菜的祖先。甜菜根中含有糖分，可以生产砂糖，现在世界甜菜种植面积约占糖料作物的48％，次于甘蔗，居于第二位，是糖分生产的重要来源。甜菜的品质性状主要由其块根含糖率及 K、Na、α-N 含量决定，α-N 含量越低，甜菜品质越高。糖用甜菜是两年生作物，块根也可作饲料。甜菜（Sugar beet）属于喜凉类作物，盛产于比较寒冷的地区，世界主要生产的国家及地区有欧盟、美国、中国、俄罗斯、乌克兰等。中国产区主要集中在新疆、黑龙江、内蒙古及冀西北地区。现在栽培的甜菜是由早期野生甜菜改良而来，早期的甜菜含糖少，主要供作饲料与蔬菜，而如今甜菜能供作制取蔗糖原料，是甜菜选种获得的巨大成功。受栽培和选种的影响，甜菜已由一年生植物进化为二年生植物。第一年，生成块根，根的头部丛生菜叶；第二年，在种根头部长出茎叶，高 1.5~2.0 m，顶端开花结籽，果实成熟时，种子连生在一起，形成"种球"，即甜菜的种子。如今栽培的甜菜品种根据其生物学及经济学特征，可分为丰产型、高糖型、标准型 3 种类型。甜菜中约含有水分 75％、糖分 17.5％、灰分和纤维 7.5％；具体成分因品种、土壤、施肥、生长环境而异。甜菜是以在块根中积累蔗糖为主的经济作物，而糖分积累和块根产量形成的一个重要基础是叶片的光合作用。甜菜含糖率的高低与 8 月、9 月昼夜温差、日照时数密切相关，昼夜温差大，白天有利于水分、营养的吸收和光合作用效率的提高，夜间呼吸强度减弱，消耗养分少，有利于光合作用的产物蔗糖向块根中输送和积累，提高了块根含糖率。日照时数多，则光合作用时间长，积累光合有机物增多，净光合率提高，光合作用的产物随之增多，块根中蔗糖积累量相应提高。因此，在选择甜菜的种植区域时，尽量选择昼夜温差较大、日照时数较长的地区。甜菜生育后期降水量与含糖率呈负相关，甜菜块根膨大期，需要充足的水分满足根部生长膨大，并成为糖分积累的基础。降水或灌溉补给不足导致叶片数少、株型小、根瘦小。甜菜生长进入糖分积累期，降水量与含糖率呈负相关，与根产量呈正相关。土壤中 N、P、K 含量影响甜菜含糖率，增加土壤氮素会降低块根含糖率。N 素对甜菜含糖率的影响受制于土壤中 N 素的含量变化，随施氮量增加，块根中全氮、有害氮、氨基酸、酸胺及灰分含量增加，这些物质含量均与含糖量呈负相关；施氮过量，光合产物将用于地上部徒长，根中的干物质和蔗糖含量下降，而增加土壤中速效磷和有效钾的含量，可较大幅度地增加块根产量，提高含糖率。

1.2　世界甜菜生产现状

目前，国外糖甜菜生产主要集中在俄罗斯、法国、美国、德国、土耳其等国家。俄罗斯是世界上最大的甜菜生产国，2014 年甜菜种植面积为 90.5 万 hm^2，总产量为 3 350.3 万 t，占世界甜菜总产量的 12.56%。法国以提高单产为主要方向，甜菜平均产量可达 90 t/hm^2 左右。日本采用甜菜纸筒育苗的方式，兼顾单产和品质，平均产量在 60 t/hm^2 以上，含糖量也较高。进入 21 世纪，意大利甜菜种植面积不断扩大，在 2003 年已升为欧洲第三大甜菜生产国家，世界甜菜生产发达国家（如法国、德国、美国、日本等）

的甜菜种植面积一直处于稳定发展状态。表 1-1 为 2014 年世界甜菜种植面积和产量排世界前十的国家，甜菜种植面积最大的是俄罗斯，其次是美国、法国、德国、乌克兰和土耳其等。

表 1-1 2014 年世界甜菜产量排前 10 名的国家

项目	俄罗斯	法国	美国	德国	土耳其	乌克兰	波兰	埃及	中国	英国	世界
播种面积 （万 hm²）	90.5	40.7	46.4	37.3	29.0	33.0	19.8	21.2	17.2	11.6	447.7
总产量 （万 t）	3 350.3	3 761.9	2 845.7	2 978.8	1 657.4	1 572.5	1 351.4	1 105.6	842.3	842.9	26 682.9
平均产量 （t/hm²）	37.02	92.43	61.33	79.86	57.15	47.65	68.25	52.15	48.97	72.67	59.60

注：世界甜菜主要生产国家种植面积和产量数据来自联合国粮农组织。

从表 1-1 可以看出，2014 年法国甜菜总产量和单产都居世界首位，其总产量高达 3 761.9 万 t，我国总产量仅为其 22.4%，单产仅是法国的 53.0%。世界甜菜生产面积最大的国家为俄罗斯，达 90.5 万 hm²，我国仅为其 19.0%，俄罗斯、乌克兰和中国的单产相对较低，分别为 37.02、47.65、48.97 t/hm²，法国、德国和波兰单产相对较高，分别为 92.43、79.86、68.25 t/hm²。世界上许多国家（如美国、法国、英国、德国、俄罗斯、日本等）甜菜生产机械化发展快、程度高，早在 20 世纪六七十年代就实现了甜菜生产全程机械化。

1.3 我国甜菜生产现状

我国甜菜种植面积较大，但产量较低，各地区平均单产差异很大，且与世界先进水平相差很多。据国家统计局数据，近年来受多种因素影响，我国甜菜种植面积曾一度下滑，甜菜糖业的发展受到了部分影响，但甜菜这一经济作物与其他作物一样受到了国家的高度重视。目前，甜菜作物已被新疆、黑龙江和内蒙古等省、自治区列为主要农作物，是重点扶持和发展的产业。2016 年我国甜菜种植面积为 16.6 万 hm²，总产量为 956.7 万 t，平均单产 57.63 t/hm²。河北省甜菜种植面积约 1.93 万 hm²，排名第三位，平均单产约 48.25 t/hm²，低于全国平均水平。我国甜菜种植面积相对较大，但产量较低。随着科技的进步，我国甜菜的单位面积产量和总产量在不断提高，单位面积产量从 2006 年的 39.7 t/hm² 增长到 2016 年 57.6 t/hm²（表 1-2、图 1-1），10 多年增长了约 45%。

表 1-2　2016 年我国甜菜主要生产区甜菜生产情况

项目	新疆	黑龙江	内蒙古	河北	全国
播种面积（万 hm²）	7.71	0.33	6.02	1.93	16.60
总产量（万 t）	555.00	11.39	266.20	93.14	956.70
平均产量（t/hm²）	71.98	34.47	44.21	48.25	57.63

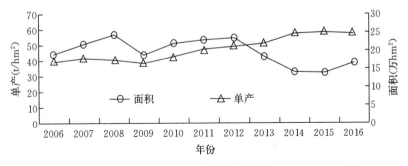

图 1-1　我国甜菜种植面积及单产变化趋势（2006—2016 年）

2 华北寒旱区甜菜的生物学基础

2.1 甜菜的生长动态特征

2.1.1 甜菜株高动态特征

冀西北寒旱区甜菜生育期内株高的动态变化见图 2-1，整体呈现前期快速增长、中期保持稳定、后期缓慢下降的特征。

肥水环境明显影响甜菜株高。在低肥水地，取样与定株甜菜的株高约 7 月 30 日达到顶峰，分别为 46.0、44.0 cm，8 月 30 日以后株高均开始降低，至收获时取样甜菜株高为 35.6 cm，定株甜菜 36.0 cm。高肥水地甜菜长势强劲，株高在 8 月 20 日达高峰，取样和定株甜菜的株高分别为 63.6、52.0 cm，9 月 10 日以后株高开始下降，收获时株高分别为 56.5、40.2 cm。高肥水地比低肥水地甜菜平均株高增加 34.3%。

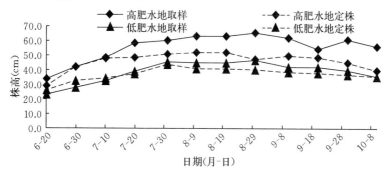

图 2-1　甜菜株高的变化动态

综上所述，无论高肥水地还是低肥水地，均呈现取样甜菜高于对应定株甜菜株高的特征，这可能与每次测定时对定株甜菜的人为扰动有关。

2.1.2 甜菜绿叶数动态特征

甜菜绿叶叶片数（图2-2）呈现缓苗后迅速增加、后期缓慢下降的趋势。甜菜移栽后，6月处于缓苗生长阶段，叶片数缓速增长，进入7月，新叶片迅速分生，到8月中旬绿叶叶片数达到最多，之后缓速下降。

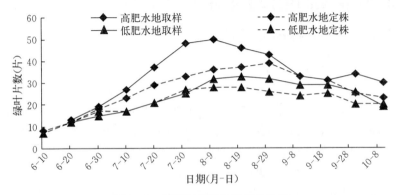

图2-2 甜菜绿叶叶片数增长动态

肥水环境明显影响甜菜绿叶叶片数。在低肥水地，取样和定株甜菜最高叶片数分别为33、28片；高肥水地则分别达50、36片，是低肥水地甜菜的1.5、1.3倍。

综上所述，高肥水地甜菜在9月下旬后又分生出小型的新叶片，而致后期取样甜菜叶片数出现小幅回升。同株高性状一样，取样甜菜叶片数多于对应的定株甜菜。

2.1.3 甜菜叶面积动态特征

甜菜叶面积（图2-3）呈现先增加、后降低的曲线变化特征，进入7月快速增长，8月上旬达最高水平，之后新老叶片交替，全株叶面积略有下降，初霜（9月20日）之后大幅下降。表明7月是华北寒旱区甜菜叶片生长的主要时段。

肥水环境明显影响甜菜叶面积动态。在低肥水地，取样和定株甜菜峰值叶面积分别为 5 552、4 815 cm²/株；高肥水地甜菜为 9 557、7 448 cm²/株，是相应低肥水地甜菜的 1.7、1.5 倍。较高的叶面积与较长的持续期为甜菜光合生产奠定了物质基础。

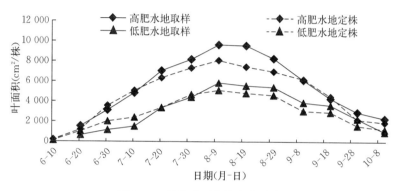

图 2-3　甜菜叶面积的变化动态

2.2　甜菜的干物质积累特征

2.2.1　甜菜全株和块根干物质积累特征

甜菜全株和块根干物质积累动态表现为 Logistic 曲线趋势（图 2-4、图 2-5）。甜菜全株干物质积累量在 9 月 20 日达到高峰，低肥水地和高肥水地峰值分别为 355.7、485.9 g/株；初霜期后，干物质积累量有所下降。块根干物质积累量同样于 9 月 20 日达到高峰，低肥水地和高肥水地块根干物质积累量峰值分别为 272.3、352.5 g/株，高肥水地是低肥水地甜菜的 1.29 倍；收获期，低肥水地、高肥水地的甜菜块根干物质积累量分别为 245.3、343.3 g/株，较 9 月 20 日下降了 9.9%、2.6%。

肥水环境影响甜菜干物质积累动态。对甜菜全株和块根干物质

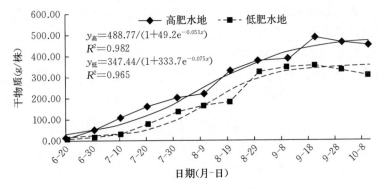

图 2-4　甜菜全株干物质积累动态

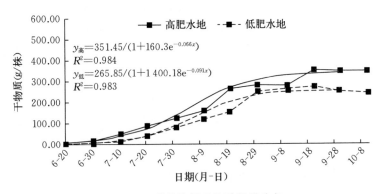

图 2-5　甜菜块根干物质积累动态

积累动态进行 Logistic 曲线分析（表 2-1）。高肥水地较低肥水地，甜菜全株和块根干物质积累具有快速增长日期早、快速增长期持续时间长的特征。高肥水地甜菜全株和块根干物质快速增长始期分别为 7 月 13 日和 7 月 20 日，较低肥水地甜菜的 7 月 23 日和 7 月 28 日分别提前了 10 d 和 8 d；相应高肥水地甜菜全株和块根干物质积累持续时长达 51 d 和 40 d，较低肥水地甜菜延长 16 d 和 11 d。表明低肥水地块根干物质积累的快速增长期在 7 月 28 日～8 月 27 日，高肥水地在 7 月 23 日～9 月 3 日，即 8 月是华北寒旱区甜菜块根的主要生长期。

低肥水地甜菜全株和块根干物质积累呈现最大增速高、平均增速快的特点，其全株和块根干物质平均增速分别为 5.72、5.30 g/(d・株)（表 2-1）。

表 2-1　甜菜全株和块根干物质积累变化特征

项目		Logistic 方程	R^2	平均增速 [g/(d・株)]	最大增速 [g/(d・株)]	速增日期
低肥水地	全株	$y=347.44/(1+333.7e^{-0.075x})$	0.965	5.72	6.52	7-23～8-27
	块根	$y=265.85/(1+1400.18e^{-0.091x})$	0.983	5.30	6.05	7-28～8-26
高肥水地	全株	$y=500.72/(1+49.24e^{-0.049x})$	0.964	5.37	6.18	7-15～9-7
	块根	$y=359.81/(1+167.6e^{-0.063x})$	0.964	4.97	5.70	7-23～9-3

2.2.2　甜菜叶片干物质积累特征

甜菜全株叶片干物质积累（图 2-6）呈现初霜前持续增加、霜后降低趋势，高肥水地叶片干物质积累量高于低肥水地。甜菜叶片在 9 月 20 日（初霜期）干物质积累达到高峰，高肥水地为 133.37 g/株，是低肥水地（82.98 g/株）的 1.61 倍。初霜后叶片干物质积累量有所下降。

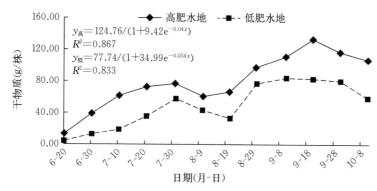

图 2-6　甜菜叶片干物质积累动态

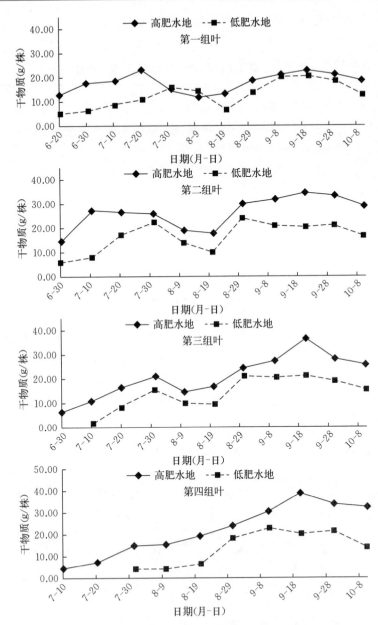

图 2-7 甜菜分组叶片干物质积累动态

不同肥水环境下，甜菜分组叶片的干物质积累（图2-7）特征与全株叶片趋势近似。甜菜前两组叶片干物质积累量达到峰值后一直维持至初霜，在8月9日～8月19日出现低谷；第三、第四组叶片干物质积累量初霜前呈近线性的持续增长特征。高位叶片的霜前干物质持续积累，为甜菜块根后期的糖分生产奠定了重要物质基础。低肥水地甜菜叶片干物质积累的峰值期较高肥水地具有明显提前的趋势。

2.2.3　甜菜块根含糖率与糖产量变化特征

甜菜含糖率是影响甜菜品质的重要指标，从图2-8可以看出块根含糖率随生育期的推移而逐渐增加，在甜菜生育前期，低肥水地甜菜含糖率略高于高肥水地甜菜含糖率，在9月30日达到最高，分别为16.7%（低肥水地）和16.5%（高肥水地）。9月20日后，低肥水地与高肥水地甜菜含糖率接近，之后趋于平行状态。

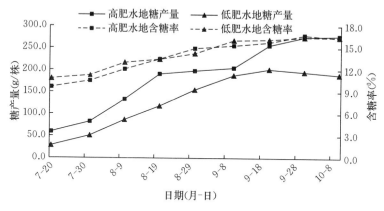

图2-8　甜菜含糖率和糖产量

随着生育期推移，甜菜块根糖产量逐渐增加，后期高肥水地甜菜糖产量基本稳定，低肥水地甜菜糖产量略有下降（图2-8）。高肥水地甜菜糖产量在整个生育期内高于低肥水地甜菜。高肥水地甜菜最后两期糖产量相差不多，分别为274.78、276.68 g/株，低肥水地在 9 月 20 日达到最高水平，糖产量为 201.55 g/株。收获时，糖产量分别为 276.68（高肥水地）、188.87 g/株（低肥水地），高肥水地甜菜糖产量比低肥水地高出 46.5%。

2.2.4 甜菜冠根比变化特征

随着生育期推移，两类地甜菜的冠根比快速减小（图 2-9），中后期缓速下降。在 6 月 20 日～7 月 10 日缓苗期间，冠根比下降迅速；7 月 10 日～8 月 9 日叶丛快速增长期内，冠根比慢速下降；8 月 9 日至收获，甜菜冠根比仍呈缓速下降趋势。

不同肥水环境下，低肥水地冠根比略高于高肥水地冠根比；8 月 9 日之后，两块地的冠根比相差不大，收获时分别为 0.308（高肥水地）、0.239（低肥水地）。

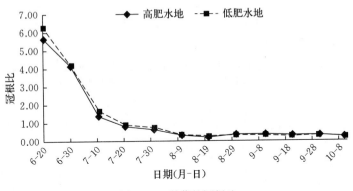

图 2-9 甜菜的冠根比

2.3 甜菜的养分积累特征

2.3.1 甜菜块根养分积累特征

随着生育期推移，甜菜块根 N、P、K 含量总体呈下降趋势（图 2-10）。在 7 月 10 日前的移栽缓苗期间，甜菜块根 N、P、K 含量快速下降；在 7 月 10 日～8 月 9 日的叶丛形成期，N、P、K

含量呈现慢速下降；自 8 月 10 日甜菜进入块根膨大糖分积累期后，甜菜块根 N、P、K 含量表现缓慢下降的特征。

高肥水地甜菜块根 N、P、K 含量均高于同期低肥水地甜菜。块根膨大期（8 月 9 日）后，统计显示，高肥水地与低肥水地甜菜块根的养分含量差异明显。

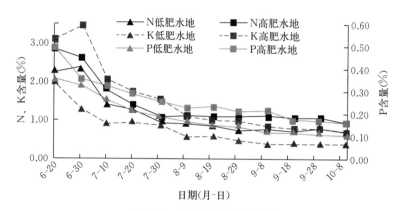

图 2-10　甜菜块根养分含量

收获期，高肥水甜菜块根 N、P、K 含量较最高值分别下降了1.925、0.322、2.801 个百分点，低肥水地下降了 1.659、0.250、1.621 个百分点，其中高肥水钾素含量降低率最高，可能与钾的可再分配性有关。收获时，低肥水地甜菜块根的 N、P、K 含量分别为 0.705%、0.108%、0.412%；高肥水地 N、P、K 含量为0.933%、0.168%、0.673%，较低肥水地分别高出 32.3%、55.6%、63.3%。

甜菜 N、P、K 积累量呈现前期近线性增长、中期稳定、后期下降的趋势（图 2-11）。低肥水地甜菜的氮素积累量在 9 月 8 日达到高峰期，较高肥水地甜菜的积累高峰期（9 月 18 日）提前了10 d，这可能与低肥水地的甜菜土壤环境较差而使甜菜承受水、养胁迫过早衰亡有关。氮素作为蛋白质的重要组成部分，在甜菜植株的整个生育期内，都在不停地积累，参与植株体内的生理生化活动。高肥水地甜菜块根的磷、钾素积累高峰期早于低肥水地，高肥水地磷、钾素积累高峰期在 8 月 19 日，低肥水地在 8 月 29 日。

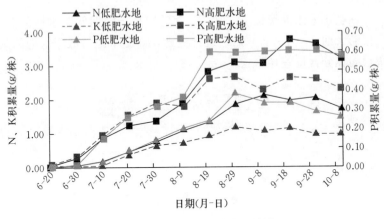

图 2-11 甜菜块根养分积累量

2.3.2 甜菜第一组叶片养分积累特征

甜菜第一组叶片全生育期 N、P、K 含量总体呈下降趋势（图 2-12）。第一组叶片氮、磷素含量从移栽至 8 月 19 日的叶丛形成期表现慢速下降，在 8 月 19 日之后的块根膨大糖分积累期呈

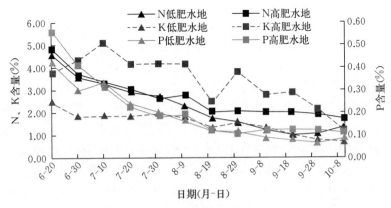

图 2-12 甜菜第一组叶片养分含量

现缓速下降特征。与低肥水地甜菜第一组叶片的氮素含量相比，高肥水地甜菜前期氮素含量与低肥水地基本一致，7月30日之后高肥水地氮素含量高于低肥水地。收获时，低肥水地甜菜氮素含量为1.334%，高肥水地为1.763%，较低肥水地高0.430个百分点；低肥水地甜菜磷素含量为0.091%，高肥水地为0.110%，较低肥水地高0.019个百分点。

整个生育期间，第一组叶片的钾素含量一直呈波动性下降的趋势。移栽后高肥水地缓苗迅速，因此，高肥水地前期钾素略有提升。收获时，低肥水地钾素含量0.698%，高肥水地为1.176%，较低肥水地高0.478个百分点。

甜菜第一组叶片N、P、K积累量表现为围绕8月19日的双峰曲线特征，并且前期峰值高于后期峰值（图2-13）。第一组叶片氮素积累前期峰值分别为0.70 g/株（高肥水地，7月20日）、0.43 g/株（低肥水地，7月30日前后）。8月19日进入低谷之后，叶片氮素积累继续缓速增长，高肥水地在9月20日、低肥水地在9月10日左右达到后期峰值，分别为0.45、0.25 g/株，之后缓速下降直至收获。收获时，第一组叶片氮素积累量分别为0.33（高肥水地）、0.16 g/株（低肥水地）。全生育期内高肥水地氮素积累

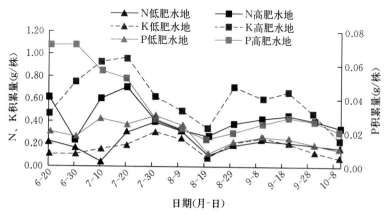

图2-13　甜菜第一组叶片养分积累量

量一直高于低肥水地。

通过分析第一组叶片磷素的积累量（图2-13），表明在前峰值期内高肥水地叶片磷素积累量明显高于低肥水地，6月20日，叶片磷素积累量分别为0.07（高肥水地）、0.02 g/株（低肥水地）；后峰值期内磷素积累量差异减小，收获时，叶片磷素积累量分别为0.02（高肥水地）、0.01 g/株（低肥水地）。

第一组叶片钾素的积累量在全生育期内呈现最为明显的双峰曲线特征。在前峰值期内，至7月20日高肥水地叶片钾素的积累量达到峰值，为0.96 g/株，7月31日低肥水地达到峰值，为0.32 g/株；在后峰值期，高肥水地在8月30日、低肥水地在9月10日叶片钾素积累量达到峰值，分别为0.71、0.28 g/株。收获时，第一组叶片钾素积累量分别为0.22（高肥水地）、0.09 g/株（低肥水地），较最高值分别减少了0.74、0.23 g/株，降低率高达77.08%和71.88%。

比较表明，高肥水地甜菜第一组叶片的氮、钾素积累高峰期均为7月20日，而低肥水地甜菜第一组叶片氮、钾素积累高峰期均为7月30日，晚于高肥水地，与块根的情况相反。这可能与高肥水地甜菜生长发育较快、第一组叶片较低肥水地衰老较早等因素有关。

8月19日第一组叶片N、P、K积累量（图2-12）进入低谷，与甜菜块根的养分积累量（图2-11）以及甜菜全株干物质积累量（图2-4）变化进行综合分析，表明8月19日为甜菜株体叶片光合、自养生产与块根存储、异养生产的转折点，而8月19日正值甜菜叶丛生长末期与块根快速增长的中期。此期的田间水、养资源供给对甜菜生产至关重要。

2.3.3　甜菜第二组叶片养分积累特征

第二组甜菜叶片氮、磷素含量变化与第一组叶片类似，全生育期呈下降趋势（图2-14）。在8月29日之前氮素含量、9月8日之前磷素含量降速较快，之后下降速度减慢。与第一组叶片相比，全生育期甜菜第二组叶片钾素含量略有起伏，总体呈相对稳定特征，收获前有所下降。

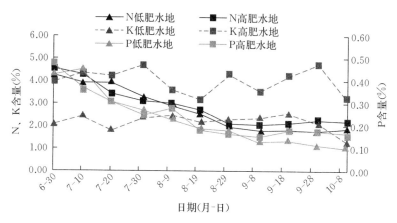

图 2-14　甜菜第二组叶片养分含量

在不同肥水环境下，甜菜生长前期第二组叶片氮素含量相差不大，8月30日之后，高肥水地叶片氮素含量高于低肥水地。收获时，低肥水地第二组叶片氮素含量为 1.888%，高肥水地为 2.143%，较低肥水地高 0.255 个百分点。图 2-14 表明，第二组叶片磷素变化与氮素相似，9月8日之后，高肥水地叶片磷素含量高于低肥水地，收获时，低肥水地磷素含量为 0.109%，高肥水地为 0.156%，较低肥水地高出 0.047 个百分点。高肥水地第二组叶片钾素含量高于低肥水地，收获时，低肥水地钾素含量为 1.284%，高肥水地为 3.247%，较低肥水地高 1.963 个百分点。

同第一组叶片一样，第二组叶片 N、P、K 积累量表现为围绕 8月19日的双峰曲线特征，氮、磷素积累量前峰值高于后峰值，钾素积累量则后峰值高于前峰值（图 2-15）。全生育期内，高肥水地叶片 N、P、K 积累量一直高于低肥水地。

第二组叶片氮素积累前峰值高肥水地与低肥水地分别为 1.18 与 0.73 g/株；后峰值分别为 0.75、0.47 g/株。至收获时，第二组叶片氮素积累量分别为 0.62（高肥水地）、0.32 g/株（低肥水地）。

第二组叶片磷素的积累量（图 2-15）表明，在前峰期高肥水地叶片磷素积累量明显高于低肥水地，7月10日高肥水地叶片磷素积累量达前峰值，为0.10 g/株；7月30日低肥水地叶片磷素积累量达前峰值，为0.06 g/株；后峰值期内，不同肥水环境下的第二组叶片磷素积累量差异依然很大，9月20日高肥水地甜菜叶片磷素积累量为0.06 g/株，低肥水地为0.03 g/株。收获时，叶片磷素积累量分别为0.05（高肥水地）、0.02 g/株（低肥水地）。

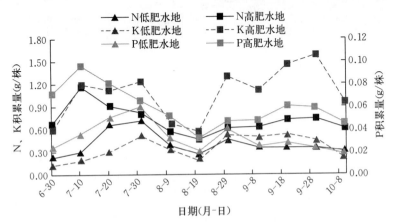

图 2-15　甜菜第二组叶片养分积累量

第二组叶片钾素的积累量在全生育期内呈现典型的双峰曲线特征。高肥水地与低肥水地甜菜叶片钾素积累量于7月30日达到前峰值，分别为1.23、0.53 g/株；在后峰期，高肥水地在9月30日叶片钾素积累量达到峰值，为1.58 g/株，低肥水地8月30日达到峰值，为0.55 g/株。高肥水地第二组叶片较低肥水地钾素积累时间长。收获时，第二组叶片钾素积累量分别为0.94（高肥水地）、0.22 g/株（低肥水地），较最高值降低率分别为40.51%、60.00%。

2.3.4　甜菜第三组叶片养分积累特征

第三组叶片氮、磷素含量均呈持续下降的趋势，9月8日之前下降更加明显，之后波动式下降；叶片钾素含量则表现波动性相对稳定变化特征，收获前有所下降（图2-16）。

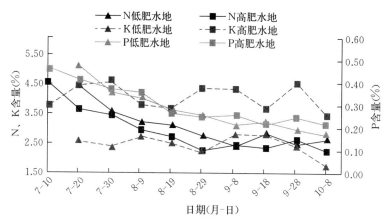

图 2-16 甜菜第三组叶片养分含量

在不同肥水环境下，甜菜生长前期低肥水地第三组叶片氮素含量一直高于高肥水地；高肥水地甜菜叶片磷素含量略高于低肥水地。这可能与低肥水地甜菜生长相对滞后、叶片营养转移较差有关。全生育期高肥水地甜菜叶片钾素含量依然明显高于低肥水地。

甜菜的第三组叶片 N、P、K 积累量表现为围绕 8 月 19 日的典型双峰曲线特征，并且后峰值高于前峰值。全生育期内，高肥水地叶片 N、P、K 积累量一直高于低肥水地（图 2-17）。

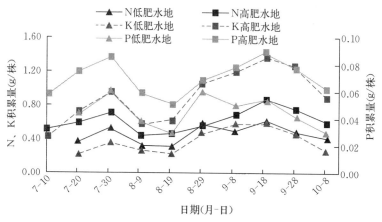

图 2-17 甜菜第三组叶片养分积累量

第三组叶片氮素积累在 7 月 30 日达到前峰值，高肥水地、低肥水地分别为 0.71、0.54 g/株；在 9 月 18 日达到后峰值，分别为 0.85、0.61 g/株，是前峰值的 1.20、1.13 倍。至收获时，氮素积累量分别为 0.58（高肥水地）、0.41 g/株（低肥水地）。

高肥水地和低肥水地第三组叶片磷积累量的后峰值和前峰值积累量相近，分别为 0.08、0.05 g/株；高肥水地、低肥水地叶片钾素积累量的后峰值分别是前峰值的 1.67、1.43 倍。与第二组叶片相比，第三组叶片钾素积累量增加的持续时间更长，积累量更多，到收获时，高肥水地钾素积累为 0.88 g/株，低肥水地为 0.27 g/株。

2.3.5 甜菜第四组叶片养分积累特征

甜菜第四组叶片 N、P 含量均呈现持续下降的趋势，9 月 18 日之前下降更加明显，之后波动式下降；叶片钾含量则表现波动性下降趋势（图 2-18）。

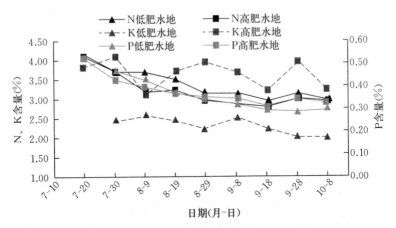

图 2-18 甜菜第四组叶片养分含量

在不同肥水环境下，甜菜生长期第四组叶片氮素含量低肥水地略高于高肥水地，这可能与前期低肥水地甜菜的第四组叶片少，较高肥水地新叶占的比重较大有关。至收获时，叶片氮素含量高肥水地为 2.927%、低肥水地为 2.914%。磷素含量在甜菜生长后期高肥水地略高于低肥水地,收获时,高肥水地磷素含量为0.326%、低肥水地为0.305%。叶片钾素含量全生育期高肥水地依然明显高于低肥水地,收获时高肥水地钾素含量为3.233%、低肥水地为1.994%。

甜菜的第四组叶片N、P、K积累量呈现单峰曲线特征,9月18日高肥水地甜菜第四组叶片N、P、K积累量达到峰值,分别为1.09、0.12、1.34 g/株;9月8日低肥水地甜菜第四组叶片N、P、K积累量达到峰值,分别为0.72、0.07、0.59 g/株。全生育期内,高肥水地叶片N、P、K积累量一直明显高于低肥水地(图2-19)。

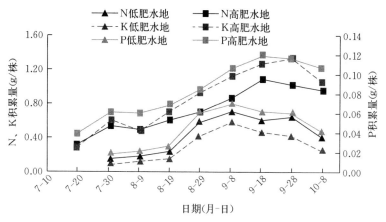

图2-19 甜菜第四组叶片养分积累量

收获时,高肥水地甜菜叶片氮素积累量为0.96 g/株,较最高值下降了12.4%,低肥水地甜菜叶片氮素积累量为0.41 g/株,较最高值下降了42.8%;高肥水地甜菜叶片磷素积累量为0.11 g/株,较最高值下降了9.1%,低肥水磷素积累量为0.04 g/株,较最高值下降了42.9%;高肥水地甜菜叶片钾素积累量为1.05 g/株,较最高值下降了21.4%,低肥水钾素积累量为0.28 g/株,较最高值下降了52.6%。

2.3.6 四组叶片间养分积累特征的比较

四组叶片间N、P、K养分含量的峰值没有明显的差别,至甜菜收获时,各组叶片养分含量均下降(表2-2)。收获时,叶片

N、P、K 含量呈现随叶组上升而升高的特征，高肥水地氮素含量第四组叶片是第一组叶片的 1.66 倍，低肥水地氮素含量第四组叶片是第一组叶片的 2.18 倍；高肥水地和低肥水地第四组叶片磷素含量分别是第一组叶片的 2.96、3.35 倍；高肥水地和低肥水地第四组叶片钾素含量分别是第一组叶片的 2.75、2.86 倍。收获时 N、P、K 含量呈现随叶组上升而升高的趋势，在低肥水地表现更为明显。

表 2-2 四组叶片与块根养分含量的比较

| 养分 | 时期 | 栽培环境 | 养分含量与降低率 | | | | |
			第一组叶	第二组叶	第三组叶	第四组叶	块根
N	峰值期	高肥水	4.803	4.533	4.523	4.083	2.858
	（%）	低肥水	4.589	4.244	4.516	3.700	2.363
	收获期	高肥水	1.763	2.143	2.247	2.927	0.933
	（%）	低肥水	1.334	1.888	2.686	2.914	0.705
	收获期较峰值期降低	高肥水	63.3	52.7	50.3	28.3	67.4
	（%）	低肥水	70.9	55.5	40.5	21.2	70.2
P	峰值期	高肥水	0.558	0.477	0.460	0.522	0.490
	（%）	低肥水	0.424	0.457	0.481	0.469	0.358
	收获期	高肥水	0.110	0.156	0.216	0.326	0.322
	（%）	低肥水	0.091	0.109	0.176	0.305	0.108
	收获期较峰值期降低	高肥水	80.3	67.3	53.0	37.5	65.7
	（%）	低肥水	78.5	76.1	63.4	35.0	69.9
K	峰值期	高肥水	5.132	4.743	4.302	4.073	3.474
	（%）	低肥水	2.488	2.586	2.818	2.622	2.033
	收获期	高肥水	1.176	3.247	3.434	3.233	0.673
	（%）	低肥水	0.698	1.284	1.751	1.994	0.412
	收获期较峰值期降低	高肥水	77.1	31.5	20.2	20.6	80.6
	（%）	低肥水	71.9	50.3	37.9	24.0	79.7

与峰值期相比，收获期四组叶片间的 N、P、K 养分含量降低率明显随叶组上升而下降。收获期高肥水地第四组叶片 N、P、K 含量分别是第一组叶片的 1.66、2.96、2.75 倍；低肥水地第四组叶片 N、P、K 含量是第一组叶片的 2.18、3.35、2.86 倍。甜菜收获时，叶片养分含量随叶组上升而升高，叶片养分含量降低率随叶组上升而下降，表明高位叶组具有更高的生理活性与更低的养分转移率。

比较不同肥水环境下甜菜四组叶片间的养分含量表明，各组叶片 N、P、K 含量峰值期表现出高肥水地高于低肥水地趋势，钾素含量较氮、磷素含量增幅更大，高肥水地四组叶片的钾素含量是低肥水地的 1.53～2.06 倍。收获期，不同肥水环境下甜菜各组叶片养分含量特征同峰值期一致。

四组叶片间 N、P、K 养分积累量的峰值没有明显特征，至甜菜收获时各组叶片养分积累量均下降（表 2-3）。收获时叶片 N、P、K 积累量呈现随叶组上升而逐渐增加的特征，高肥水地甜菜第四组叶片 N、P、K 积累量分别是第一组叶片的 2.91、5.50、4.77 倍；低肥水地甜菜第四组叶片 N、P、K 积累量分别是第一组叶片的 2.56、4.00、3.11 倍。随着收获时高位叶片 N、P、K 积累量的增加，其相应较峰值期的养分积累量的降低率减小，这在高肥水地表现最为明显。收获时，高肥水地第四组叶片 N、P、K 积累量降低率分别只有第一组叶片的 22.5%、11.6%、28.0%；低肥水地第四组叶片 N、P、K 积累量降低率是第一组叶片的 68.6%、64.3%、73.0%。高位叶养分的低转移率降低了叶片干物质对甜菜块根增重的贡献。与高肥水地甜菜相比，低肥水地甜菜叶片具有更高的养分转移率。

比较不同肥水环境下甜菜叶片养分积累量表明，峰值期各组叶片 N、P、K 积累量均表现为高肥水地明显高于低肥水地。高肥水地第一至第四组叶片的氮素积累量分别是低肥水地的 1.63、1.62、1.39、1.51 倍；相应磷素积累量分别是低肥水地的 2.33、1.67、1.60、1.71 倍；钾素积累量分别是低肥水地的 3.00、2.87、2.27、

2.27 倍。收获期各组叶片 N、P、K 积累量同样表现为高肥水地高于低肥水地。高肥水地第一组至第四组叶片氮素积累量分别是低肥水地的 2.06、1.94、1.41、2.34 倍；磷素积累量分别是低肥水地的 2.00、2.50、2.00、2.75 倍；钾素积累量分别是低肥水地的 2.44、4.27、3.26、3.75 倍。

表 2-3　甜菜四组叶片与块根养分积累量与降低率

养分	时期	栽培环境	养分积累量与降低率				
			第一组叶	第二组叶	第三组叶	第四组叶	块根
N	峰值期	高肥水	0.70	1.18	0.85	1.09	3.77
	(g/株)	低肥水	0.43	0.73	0.61	0.72	2.16
	收获期	高肥水	0.33	0.62	0.58	0.96	3.20
	(g/株)	低肥水	0.16	0.32	0.41	0.41	1.73
	收获期较峰值期降低	高肥水	52.90	47.50	31.80	11.90	15.10
	(%)	低肥水	62.80	56.20	32.80	43.10	21.30
P	峰值期	高肥水	0.07	0.10	0.08	0.12	0.60
	(g/株)	低肥水	0.03	0.06	0.05	0.07	0.39
	收获期	高肥水	0.02	0.05	0.06	0.11	0.58
	(g/株)	低肥水	0.01	0.02	0.03	0.04	0.26
	收获期较峰值期降低	高肥水	71.40	50.00	25.00	8.30	3.40
	(%)	低肥水	66.70	66.70	40.00	42.90	33.30
K	峰值期	高肥水	0.96	1.58	1.36	1.34	2.69
	(g/株)	低肥水	0.32	0.55	0.60	0.59	1.21
	收获期	高肥水	0.22	0.94	0.88	1.05	2.31
	(g/株)	低肥水	0.09	0.22	0.27	0.28	1.01
	收获期较峰值期降低	高肥水	77.10	40.50	35.30	21.60	14.10
	(%)	低肥水	71.90	60.00	55.00	52.50	16.50

3 华北寒旱区甜菜的光合特性

3.1 施肥对甜菜光合特性的影响

3.1.1 光合环境因子日变化

华北寒旱区甜菜糖分积累期与收获期环境因子日变化如图 3 - 1 所示。大气温度（T）与光合有效辐射（PAR）均呈单峰曲线。糖分积累期大气温度在 15:00 达到峰值为 29.26 ℃，光合有效辐射在 14:00 达到峰值为 2 018.00 $\mu mol/(m^2 \cdot d)$。收获期温度在 13:00 达峰值为 23.38 ℃，光合有效辐射在 11:00 达到峰值为 2 035.66 $\mu mol/(m^2 \cdot d)$。由图 3 - 1 可得，糖分积累期与收获期 7:00～10:00 温度相差不大，11:00～18:00 开始温差则逐渐增大。比较两个时期 7:00～18:00 的日温光积累量，糖分积累期较收获期温度高 39.69 ℃时，光合有效辐射较收获期低 477.21 $\mu mol/(m^2 \cdot d)$。大气相对湿度（RH）趋势与光强、温度相反，糖分积累期大气相对湿度明显高于收获期。相比糖分积累期（9 月 7 日）较低的温度与更高的辐射量，甜菜在华北寒旱区生长季后期的光合效能，对农田光温资源利用具有显著的影响。

3.1.2 施肥对甜菜光合生理参数日变化的影响

（1）净光合速率（Pn）　在糖分积累期（9 月 7 日）施肥与不施肥甜菜 Pn 日变化趋势相似（图 3 - 2），但仍有差异。日变化均呈双峰曲线，具有"午休"现象，第一峰值均出现在上午 11:00 左右，第二峰值均出现在下午 16:00 左右，且第一峰值都高于第二峰

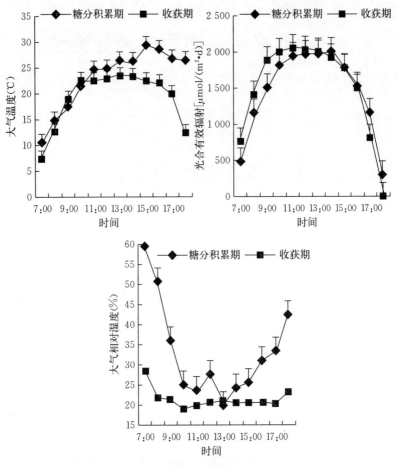

图 3-1　光合环境因子的日变化

值。施 肥 甜 菜 在 糖 分 积 累 期 的 两 个 峰 值 分 别 为 29.69、22.36 $\mu mol/(m^2 \cdot d)$，不施肥甜菜第一峰值为 23.08 $\mu mol/(m^2 \cdot d)$，较施肥甜菜降低 22.3%，第二峰值为 17.25 $\mu mol/(m^2 \cdot d)$，较施肥甜菜降低 22.9%。

收获期（10 月 6 日）施肥与不施肥甜菜的 Pn 与糖分积累期相比明显下降，且施肥甜菜 Pn 日变化呈现特殊的"三峰"曲线

（图 3-3），第一峰值在 10:00 为 17.70 $\mu mol/(m^2 \cdot d)$，第二峰值在 13:00 为 18.22 $\mu mol/(m^2 \cdot d)$，第三峰值在 15:00 为 19.53 $\mu mol/(m^2 \cdot d)$，且下午峰值比上午峰值高。而不施肥甜菜在收获期仍表现为两个峰值，第一峰值和施肥甜菜第一峰值出现时间一致；第二峰值与施肥甜菜第三峰值一致，在上午 10:00 和下午 15:00，两个峰值分别为 15.90、16.43 $\mu mol/(m^2 \cdot d)$，且在 13:00 出现了一个明显的谷值，其 Pn 只有 10.41 $\mu mol/(m^2 \cdot d)$。

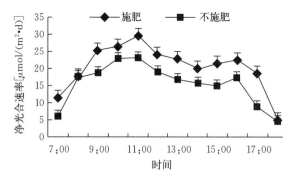

图 3-2　糖分积累期净光合速率日变化

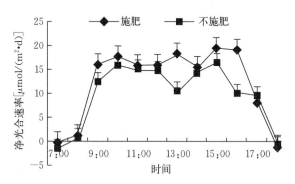

图 3-3　糖分收获期净光合速率日变化

由甜菜光合速率结果测算，施肥较不施肥甜菜糖分积累期 Pn 日积累量高出 63.29 $\mu mol/(m^2 \cdot d)$，而收获期高出 23.81 $\mu mol/(m^2 \cdot d)$。

结果表明，施肥明显提高了甜菜 Pn，成为高效利用区域温光资源的有效技术因素。

（2）蒸腾速率（Tr）和水分利用效率（WUE） 糖分积累期甜菜 Tr 的日变化曲线与 Pn 的基本一致（图 3-4），呈双峰曲线，第一峰值都出现在上午 11:00，第二峰值在 15:00，Tr 在 16:00 以后迅速下降。施肥甜菜 Tr 的两个峰值分别为 8.30、7.26 $\mu mol/(m^2 \cdot d)$，第一峰值高于第二峰值。不施肥甜菜的两个峰值分别为 6.77、6.98 $\mu mol/(m^2 \cdot d)$，第二峰值高于第一峰值。

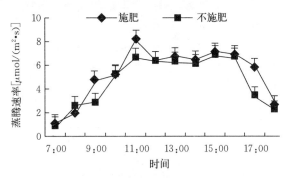

图 3-4 糖分积累期蒸腾速率（Tr）日变化

收获期甜菜 Tr 的日变化曲线（图 3-5）与 Pn 趋势一致，施肥甜菜呈现"三峰"曲线，且峰值出现的时间同 Pn 一致，Tr 分别为 5.13、5.48、5.40 $\mu mol/(m^2 \cdot d)$。不施肥甜菜呈现双峰曲线，峰值出现时间同 Pn 一致，分别为 5.13、4.17 $\mu mol/(m^2 \cdot d)$，且在 13:00 出现了明显的谷值。

WUE 的大小可以反映植物对逆境的适应能力。施肥与不施肥甜菜在不同时期的 WUE 日变化趋势均呈"L"型（图 3-6、图 3-7）。施肥与不施肥甜菜的平均水分利用效率在糖分积累期平均分别为 4.51、3.73 mmol/mol，在收获期平均为 4.55、3.73 mmol/mol。监测结果表明，在糖分积累期直至收获的后期生长阶段，甜菜 WUE 并不下降，这成为甜菜水分高效生产的生理基础，而施肥较不施肥处理 WUE 提高了 20.9%～22.0%。

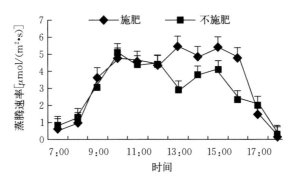

图 3-5 糖分收获期蒸腾速率（Tr）日变化

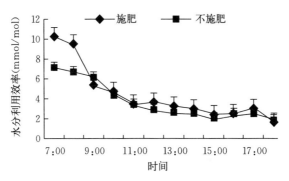

图 3-6 糖分积累期水分利用效率日变化

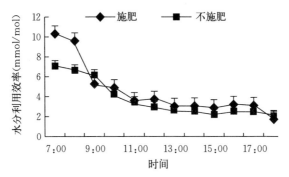

图 3-7 糖分收获期水分利用效率日变化

（3）气孔导度（Gs）、胞间 CO_2 浓度（Ci）及气孔限制值（Ls） 导致植物光合作用下降的因素可分为气孔因素和非气孔因素。当 Pn、Gs 和 Ci 变化趋势一致，且与 Ls 趋势相反时，即可认为 Pn 的变化主要由气孔因素引起；反之，就要归因于非气孔因素。

在糖分积累期（图 3-8），施肥甜菜 Pn 与 Gs 在 7:00～9:00 随光辐射量和温度的升高而上升，相应 Ci 下降，说明这一时段的 Pn 增长主要受光温环境因素制约。在 9:00～11:00 时段，Gs 开始下降，而 Pn 仍在上升，Ci 下降，表明此时 Pn 已开始受到环境及气孔因素的影响。11:00～13:00，Pn 与 Gs、Ci 同呈下降趋势，并伴随 Ls 的上升，表明此时段甜菜 Pn 的下降主要遭受了气孔因素限制及叶肉细胞光合活性的降低（降活）。13:00～15:00，Pn 与 Gs 继续下降，而 Ci 与 Ls 近乎不变，表明此时段气孔限制的逐渐消除和叶肉细胞光合活性降低因素的遗留。15:00～17:00，Pn 与 Gs 呈小幅上升后下降并 Ci 呈上升趋势，表明此时段叶片细胞限制消除。17:00 之后 Ci 快速上升，Pn 的下降则主要受环境因素影响。图 3-8 分析表明，围绕 11:00～13:00 的午间，由叶片失水引发的部分气孔关闭与叶肉细胞降活，成为甜菜 Pn 下降的主要因素，缓解与突破逆境限制的技术创新，对于发挥甜菜光合潜力与维持光合效率具有重要的作用。

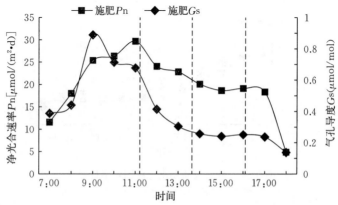

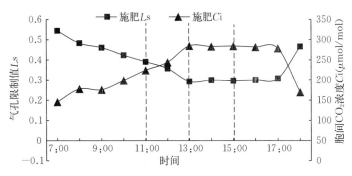

图 3-8　糖分积累期施肥甜菜气孔导度及胞间 CO_2 浓度日变化

糖分积累期不施肥甜菜的 Gs、Ls 和 Ci 日变化以及光合限制因素分析见图 3-9。不施肥甜菜由于缺水—气孔关闭—细胞降活所引发的"午休"从 11:00 持续至 14:00，较施肥处理（图 3-8）延长了 1 h。由缺肥所致的逆境胁迫，成为限制不施肥甜菜 Pn 的重要因素。

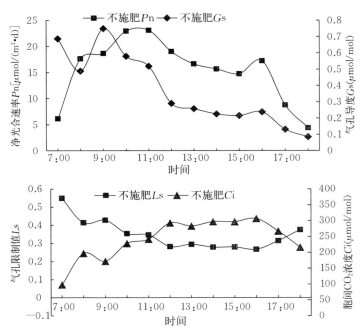

图 3-9　糖分积累期不施肥甜菜气孔导度及胞间 CO_2 浓度日变化

收获期施肥与不施肥甜菜的 Gs、Ls 和 Ci 日变化及光合限制因素分析见图 3-10、图 3-11。施肥甜菜由缺水—气孔关闭—细胞降活所引发的"午休"从 10:00 持续至 12:00,不施肥甜菜延后至 11:00~13:00。施肥甜菜较高的耗水能力,对于缓解午间逆境胁迫发挥了重要作用。

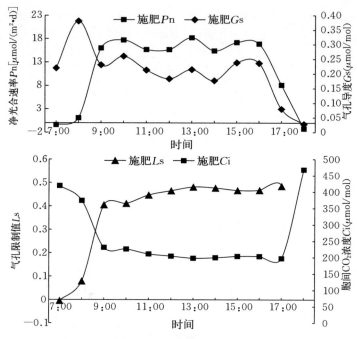

图 3-10 收获期施肥甜菜气孔导度及胞间 CO_2 浓度日变化

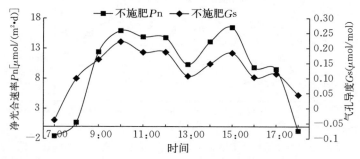

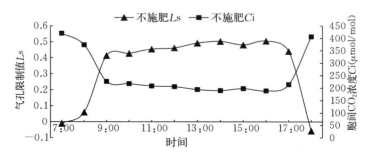

图 3 - 11　收获期不施肥甜菜气孔导度及胞间 CO_2 浓度日变化

3.1.3　施肥对光响应曲线及表观量子效率的影响

华北寒旱区施肥与不施肥甜菜在不同时期的叶片 Pn - PAR 的响应均表现为二次曲线特征。回归分析表明（表 3 - 1），施肥甜菜表现出更高的 LSP 特征。在糖分积累期，施肥甜菜 LSP 为 1 971.7 $\mu mol/(m^2 \cdot d)$，较不施肥甜菜的 1 750.0 $\mu mol/(m^2 \cdot d)$ 提高了 221.7 $\mu mol/(m^2 \cdot d)$；收获期施肥甜菜 LSP 为 1 665.0 $\mu mol/(m^2 \cdot d)$，较不施肥提高了 385.0 $\mu mol/(m^2 \cdot d)$。随施肥后 LSP 的提高，LCP 也相应增长。在糖分积累期，施肥甜菜的 LCP 为 61.7 $\mu mol/(m^2 \cdot d)$，较不施肥甜菜的 53.3 $\mu mol/(m^2 \cdot d)$ 提高了 8.4 $\mu mol/(m^2 \cdot d)$；收获期施肥甜菜 LCP 为 66.7 $\mu mol/(m^2 \cdot d)$，较不施肥提高了 20.0 $\mu mol/(m^2 \cdot d)$。

施肥同样提高了甜菜的表观量子效率（AQY）和最大净光合速率。糖分积累期施肥甜菜 AQY 为 0.048、最大净光合速率为 32.88 $\mu mol/(m^2 \cdot d)$，分别较不施肥提高了 0.002、5.75 $\mu mol/(m^2 \cdot d)$；收获期施肥较不施肥甜菜 AQY 与最大光合速率分别提高了 0.005、6.97 $\mu mol/(m^2 \cdot d)$。施肥使甜菜具有更高的 AQY 和 LSP，表明施肥提高了甜菜对光辐射能的利用潜力，而为其高产奠定了生理基础。

表 3-1　不同时期施肥与不施肥甜菜的光补偿点、光饱和点和表观量子效率

生育时期		LCP [μmol/ (m² · d)]	LSP [μmol/ (m² · d)]	表观量子效率 AQY	最大净光合速率 [μmol/ (m² · d)]
糖分积累期	施肥	61.7±3.6	1 971.7±17.7	0.048±0.003	32.88±0.82
	不施肥	53.3±7.6	1 750.0±66.8	0.046±0.002	27.13±0.26
收获期	施肥	66.7±5.4	1 665.0±93.5	0.041±0.005	23.60±0.93
	不施肥	46.7±2.7	1 280.0±82.1	0.036±0.002	16.63±0.41

注：LSP：光饱合点，LCP：光补偿点；平均值 ±SE（n=3）。

3.2　水分胁迫及复水对甜菜光合特性的影响

2013—2014 年甜菜的水分胁迫及复水试验共设置了全生育期正常供水（ck）、苗期开始水分胁迫（ah）、苗期水分胁迫-块根膨大期开始复水（as）、叶丛生长期开始水分胁迫（bh）、叶丛生长期水分胁迫-糖分积累期开始复水（bs）、块根膨大期开始水分胁迫（ch）、块根膨大期水分胁迫-糖分积累期开始复水（cs）、糖分积累期开始水分胁迫（dh）等处理。

3.2.1　水分胁迫及复水对甜菜净光合速率日变化的影响

甜菜不同生育时期的日光合有效辐射（PAR）、空气温度（Ta）与空气相对湿度（RH）见图 3-12。2013 年 PAR 的日变化幅度呈现为先升高后降低的单峰曲线，中午维持在较高水平，最大值为 1 288.66 μmol/(m² · s)。叶丛生长晚期（7 月 24 日）光合有效辐射日平均值较高，为 790.55 μmol/(m² · s)，叶丛生长前期（7 月 12 日）、块根膨大期（8 月 17 日）和糖分积累期（9 月 25 日）较低，为 724.40 μmol/(m² · s) 左右。大气温度日变化同样呈现先升高后降低的趋势，在 7 至 9 月呈递减趋势，前 3 个时期变化范围为 19.28~37.04 ℃，糖分积累期明显降低，变化范围为

17.85～30.35 ℃。RH 变化趋势与 Ta 相反，呈现先降低后升高的单谷曲线，糖分积累期明显低于其他 3 个时期。

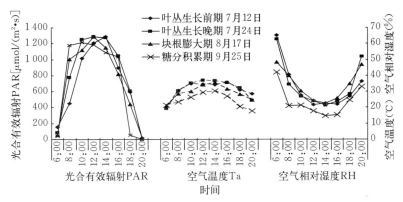

图 3-12　环境因子日变化的季动态（2013 沙地）

不同水分处理条件下，4 个生育时期甜菜净光合速率（Pn）日变化曲线见图 3-13。比较表明，全生育期补水（ck）处理 4 个时期甜菜净光合速率（Pn）日变化呈近单峰型；水分胁迫处理除 bh 处理在块根膨大期外，均呈双峰型，中午前后出现"午休"现象，且上午 Pn 大于下午；而胁迫后的复水处理，其 Pn 日变化线形则偏向全生育期补水处理。

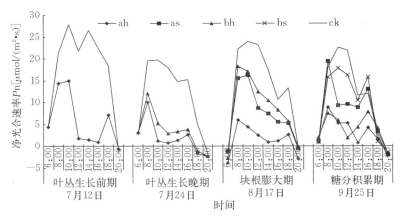

图 3-13　水分胁迫及复水对甜菜净光合速率日变化的影响（2013 沙地）

全生育期补水处理（ck）土壤湿度适宜，4 个时期 Pn 皆为最大（图 3-13），水分胁迫使甜菜叶片 Pn 大幅度下降。ah 处理在叶丛生长前期、叶丛生长后期、块根膨大期随生育时期推后，土壤水分减少、Ta 上升、Pn 降低越多；而在糖分积累期随 Ta 下降，大气蒸发减慢，Pn 有所回升，其 DPC 为 53.19 $\mu molCO_2/(m^2 \cdot d)$，较 ck 降低了 69.96%（表 3-2）。bh 水分胁迫后叶丛生长期 Pn 降低，在块根膨大期由于叶片大量枯死，植株需水减少，Pn 开始回升，至糖分积累期 DPC 为 64.66 $\mu molCO_2/(m^2 \cdot d)$，较 ck 降低了63.48%。

表 3-2　沙地水分胁迫及复水下的甜菜日光合量、日蒸腾量和日水分利用效率（2013 年）

时期	项目	ck	ah	as	bh	bs
叶丛生长前期 （7 月 12 日）	DPC	279.88	83.78	—	—	—
	DTC	153.10	39.64	—	—	—
	WUEd	1.83	2.11	—	—	—
叶丛生长后期 （7 月 24 日）	DPC	183.52	34.11	—	57.33	—
	DTC	110.07	13.99	—	21.94	—
	WUEd	1.67	2.44	—	2.61	—
块根膨大期 （8 月 17 日）	DPC	218.08	31.69	116.54	141.62	—
	DTC	89.13	13.75	35.55	43.66	—
	WUEd	2.45	2.30	3.28	3.24	—
糖分积累期 （9 月 25 日）	DPC	177.04	53.19	127.23	64.66	155.01
	DTC	58.49	14.73	30.27	17.45	40.58
	WUEd	3.03	3.61	4.20	3.70	3.82

注：DPC：日光合量 [$\mu molCO_2/(m^2 \cdot d)$]，DTC：日蒸腾量 [$mmolH_2O/(m^2 \cdot d)$]，WUEd-日水分利用效率（$mmolCO_2/molH_2O$）。

水分胁迫延长了甜菜光合"午休"时间。监测表明（图 3-13），ah 和 bh 处理在块根膨大期和糖分积累期中的 Pn 第一个峰值均在8:00，而复水处理 as、bs 和 ck 的 Pn 第一个峰值则出现在 10:00。

结果表明，水分胁迫不仅降低了甜菜 Pn 峰值，且使其第一个峰值提前出现，从而延长了光合"午休"时间，成为水分胁迫影响甜菜光合生产的重要机制。

水分胁迫后复水促使甜菜叶片 Pn 恢复，且随着复水时间延长，Pn 回升越多。监测期内，as 在糖分积累期 Pn 最大，DPC 为 127.23 $\mu molCO_2/(m^2 \cdot d)$，较 ck 降低了 28.13%；bs 在块根膨大期 Pn 回升之时对甜菜进行复水，使得 Pn 进一步增加，在糖分积累期时 DPC 达到 155.01 $\mu molCO_2/(m^2 \cdot d)$，较 ck 仅降低 12.44%（表 3 - 2）。

2014 年，甜菜 PAR 的日变化幅度呈现为先升高后降低的单峰曲线，中午维持在较高水平，最大值为 1 277.73 $\mu mol/(m^2 \cdot s)$，叶丛生长期、块根膨大期与糖分积累期三者之间差异不大，收获期较低。Ta 同 PAR 变化趋势一致，前 3 个时期变化范围为 17.22～36.30 ℃，收获期明显降低，变化范围为 14.00～22.38 ℃。RH 变化趋势同 PAR 与 Ta 相反，呈现先降低后升高的单谷曲线，糖分积累期明显低于其他 3 个时期（图 3 - 14）。

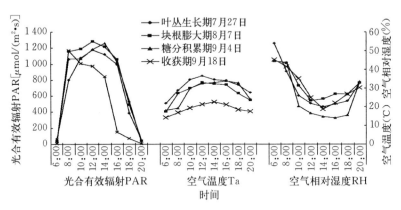

图 3 - 14　沙地环境因子日变化的季动态（2014 年）

不同水分处理条件下，全生育期补水（ck）处理除在叶丛生长期（7 月 14 日）外甜菜 Pn 日变化呈近单峰型；水分胁迫处理除 ah 在叶丛生长期外，均呈双峰型，中午前后出现"午休"现象，

且上午的峰值大于下午（图 3 - 15）。以 bh 为例，在 4 个生育时期
里上午的峰值分别为下午的 2.52、3.61、2.96、2.40 倍，这主要
由于甜菜在经过上午的光合作用之后，叶片中的光合产物因积累而
发生反馈抑制的原因；而胁迫后的复水处理，其 Pn 日变化则偏向
全生育期补水处理。全生育期补水处理（ck）土壤湿度适宜，4 个
时期中糖分积累期 Pn 皆为最大（表 3 - 3），日光合量（DPC）依
次为 102.31、145.54、176.83、120.18 $\mu molCO_2/(m^2 \cdot d)$。

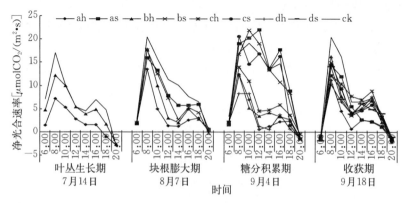

图 3 - 15 水分胁迫及复水对甜菜净光合速率日变化的影响（2014 沙地）

　　水分胁迫使甜菜叶片 Pn 大幅度下降，ah 处理在叶丛生长期
DPC 为 37.40 $\mu molCO_2/(m^2 \cdot d)$，较 ck 降低了 63.44%（表 3 - 3）；
在块根膨大期因 PAR 增大、Ta 降低、RH 增加，Pn 有所回升，
DPC 为 55.15 $\mu molCO_2/(m^2 \cdot d)$，较 ck 降低了 62.11%；其后随
着水分胁迫的加重及叶片自然老化，在糖分积累期与收获期，Pn
依次下降，DPC 分别为 52.17、42.75 $\mu molCO_2/(m^2 \cdot d)$，较 ck
分别降低了 70.50%、64.43%。bh 处理在叶丛生长期、块根膨大
期与糖分积累期 Pn 动态变化趋势与 ah 吻合，但在收获期由于叶
片大量枯死，植株需水减少，Pn 开始回升，DPC 分别较 ck 降低
了 22.32%、42.48%、64.59%、32.58%。ch 和 dh 处理同样在收
获期 Pn 表现出回升趋势，DPC 分别较 ck 降低了 19.90%、35.90%。

表3-3　沙地水分胁迫及复水下的甜菜日光合量、日蒸腾量和日水分利用效率（2014年）

时间	项目	ah	as	bh	bs	ch	cs	dh	ds	ck
叶丛生长期（7月14日）	DPC	37.40		79.47						102.31
	DTC	22.10		37.73						60.71
	WUEd	1.69		2.11						1.69
块根膨大期（8月7日）	DPC	55.15	111.09	83.71	100.64					145.54
	DTC	19.85	43.49	28.90	46.57					63.68
	WUEd	2.78	2.55	2.90	2.16					2.29
糖分积累期（9月4日）	DPC	52.17	203.52	62.62	180.43	88.63	167.24	46.97		176.83
	DTC	18.43	97.92	28.28	94.12	38.09	93.20	24.82		100.77
	WUEd	2.83	2.08	2.21	1.92	2.33	1.79	1.89		1.75
收获期（9月18日）	DPC	42.75	72.78	81.02	85.49	96.27	74.86	72.09	77.03	120.18
	DTC	13.41	17.77	19.54	21.64	24.16	20.36	18.77	22.06	35.89
	WUEd	3.19	4.09	4.15	3.95	3.98	3.68	3.84	3.49	3.35

注：DPC：日光合量 $[\mu molCO_2/(m^2 \cdot d)]$，DTC：日蒸腾量 $[mmolH_2O/(m^2 \cdot d)]$，WUEd：日水分利用效率 $(mmolCO_2/mol\ H_2O)$。

结果表明，随着水分胁迫时间延长，甜菜生育期缩短且 Pn 下降，在收获期不同水分胁迫处理下 DPC 表现为 ch＞bh＞dh＞ah，dh 因该时期叶面积较大，消耗水分多，叶片萎蔫，DPC 较小。且水分胁迫后，甜菜 DPC 降低，后期均表现出回升趋势，表明甜菜在逐渐适应水分胁迫对叶片造成的伤害。

从整个生长历程来看，4 个复水处理的 DPC 恢复基本规律为：as＞bs＞cs＞ds。as 在叶丛生长期和收获期的 DPC 分别为 111.09、72.78 $\mu molCO_2/(m^2 \cdot d)$，分别较 ck 降低了 23.67％、39.44％。as 在糖分积累期出现了超补偿效应，这与甜菜受到水分胁迫后叶片数减少，光源充足有关，有利于提高甜菜叶片的水分利用效率（WUE）。监测表明，从整个生长历程来看，水分胁迫后复水，甜菜叶片 Pn 难以达到未受水分胁迫的 Pn 水平，水分胁迫给甜菜叶片光合系统带来了长久性损害。

3.2.2 水分胁迫及复水对甜菜蒸腾速率与水分利用效率日变化的影响

2013 年，水分处理对甜菜蒸腾速率（Tr）的影响特征与 Pn 相似（图 3-16）。ck 在 4 个时期内 Tr 日变化呈近单峰型，叶丛生长前期甜菜蒸腾量（DTC）最大，为 153.10 $mmolH_2O/(m^2 \cdot d)$，随生育期推移 Tr 降低。持续的水分胁迫，使甜菜 Tr 日变化呈现午间降低的双峰特征。在糖分积累期，水分胁迫处理 ah 和 bh 的 DTC 最小（表 3-2），为 14.73、17.45 $mmolH_2O/(m^2 \cdot d)$，较 ck 分别降低了 74.81％和 70.16％；复水使 Tr 回升，但仍低于 ck，as 和 bs 的 DTC 分别为 30.27、40.58 $mmolH_2O/(m^2 \cdot d)$，较 ck 分别降低了 48.25％和 30.63％。结果表明，复水后叶片持续的低 Tr 水平，成为水分胁迫下甜菜叶片光合低效的重要原因。与全生育期补水（ck）相比，水分胁迫处理 Tr 的第一个峰值具有提前的特征。图 3-16 表明，块根膨大期 ah 和 bh 的 Tr 第一个峰值出现在 8:00，as 在 10:00，ck 则出现在 12:00。分析表明，由于难以满足午间高温下的植株蒸腾，水分胁迫处理较早结束，Tr 值增长以降低日均蒸腾速率，由此成为 Pn 降低的直接原因。

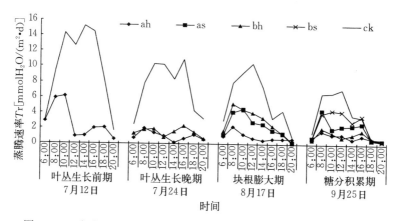

图 3-16　水分胁迫及复水对甜菜蒸腾速率日变化的影响（2013 沙地）

不同水分处理甜菜的水分利用效率（WUE）均呈双峰型（图 3-17）。比较表明，水分胁迫处理下 WUE 的两个峰值均不同程度地高于 ck，而午间的谷值则在重度水分胁迫时明显低于 ck。在糖分积累期，as 处理的日水分利用效率（WUEd）最高（表 3-2），达 4.20 $mmolCO_2/molH_2O$，较 ck 提高了 38.86%；ah、bh 和 bs 处

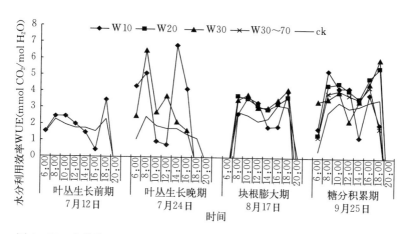

图 3-17　水分胁迫及复水对甜菜水分利用效率日变化的影响（2013 沙地）

理的 WUEd 分别为 3.61、3.70、3.82 mmolCO$_2$/molH$_2$O，分别
较 ck 提高了 19.28%、22.39%、26.21%。结果表明，适度水分
胁迫是提高甜菜水分利用效率的有效途径。

2014 年，ck 在 4 个时期内 Tr 日变化呈近单峰型，日蒸腾量
（DTC）在叶丛生长期、块根膨大期和糖分积累期依次增大，分别
为 60.71、63.68、100.77 mmolH$_2$O/（m^2·d）（表 3 - 3），在糖分
积累期因 PAR 与 Ta 未明显下降、RH 则较低，日蒸腾量达到最
大；至收获期 PAR 与 Ta 降低、RH 升高，DTC 降低，为
35.89 mmolH$_2$O/（m^2·d）。持续的水分胁迫，使甜菜 Tr 日变化呈
现午间降低的双峰特征，这可能是由于上午随着 PAR 的增强，Ta
升高，RH 降低，蒸腾加剧，叶片内水分暂时亏缺，从而导致正午
Tr 的降低，上午的峰值大于下午，且 DTC 随着胁迫时间的推后
降低。

水分胁迫使甜菜叶片 Tr 大幅度下降，且随着胁迫时间加长，
叶片失水越加严重，Tr 降低越多。ah 处理的 DTC 在 4 个时期依
次降低，分别为 22.10、19.85、18.43、13.41 mmolH$_2$O/（m^2·d），
较 ck 分别降低了 63.61%、68.83%、81.71%、62.64%。bh、ch
与 dh 的 Tr 变化趋势均是随着胁迫时间延长依次降低，收获期的
RH 升高无法弥补甜菜植株内部缺失的水分。

复水之后，甜菜的 Tr 开始回升（图 3 - 18），as 的 DTC 在块
根膨大期较 ck 降低了 31.70%，之后在糖分积累期继续上升，与
ck 差异不明显；在收获期因叶片老化 DTC 降低，较 ck 降低了
50.47%，差异极明显。结果表明，复水后甜菜的蒸腾速率在糖分
积累期恢复至对照水平。bs、cs 与 ds 的 Tr 变化趋势与 as 一致。

与全生育期补水（ck）及胁迫后复水处理相比，水分胁迫处理
Tr 的第一个峰值具有提前的特征（图 3 - 18）。在块根膨大期，水
分胁迫处理第一个峰值出现在 8:00 或者 10:00，相对应的复水处
理则出现在 10:00 或 12:00。分析表明，由于难以满足午间高温下
的植株蒸腾，水分胁迫处理较早结束，Tr 值增长，以降低日均蒸
腾速率，由此成为 Pn 降低的直接原因。

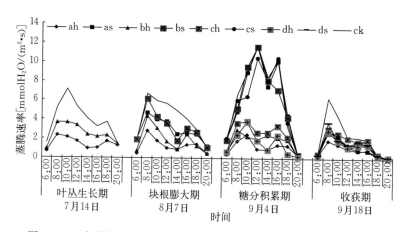

图 3-18 水分胁迫及复水对甜菜蒸腾速率日变化的影响（2014 沙地）

水分胁迫及复水对甜菜水分利用效率（WUE）日变化的影响呈双峰型（图 3-19），在叶丛生长期的 6:00，ck 和 bh 净光合速率较大，因而，此时水分利用效率较大。ck 由于供水较充足，生育期内日水分利用效率（WUEd）一直较低（表 3-3），4 个时期

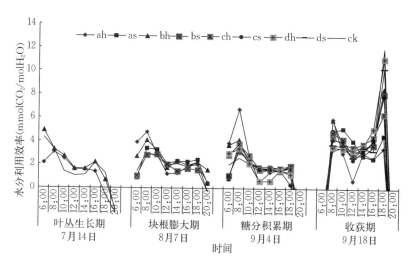

图 3-19 水分胁迫及复水对甜菜水分利用效率日变化的影响（2014 沙地）

分别为 1.69、2.29、1.75、3.35 mmolCO$_2$/molH$_2$O。水分胁迫后 WUEd 均较 ck 增高，且胁迫时间越长，WUEd 越大。ah 在叶丛生长期与 ck 无明显差异，这是因为在胁迫初期，甜菜未适应干旱环境，叶片净光合速率与蒸腾速率同时下降；而在之后的 3 个时期 WUEd 均大于 ck，主要是由于植物在减少影响光合速率的前提下，可以尽可能地降低蒸腾速率，这也是作物适应干旱的一种重要机制。结果表明，适度水分胁迫是提高甜菜水分利用效率的有效途径。

3.2.3 水分胁迫及复水对甜菜气孔限制值与胞间 CO$_2$ 浓度日变化的影响

2013 年，甜菜全生育期补水处理（ck）在 6:00 后随着 PAR 的上升 Ls 持续增大，日变化近单峰型（图 3-20）。叶丛生长前期在 12:00 达到峰值，叶丛生长后期、块根膨大期与糖分积累期则推迟至 14:00 与 16:00。与 ck 比较，各水分胁迫处理 Ls 呈现增速快、量值高的变化特征，表明水分胁迫明显抑制了气孔的通透性。监测表明（图 3-20），在极度缺水环境下，Ls 日变化具有双峰特征。ah 在叶丛生长后期 8:00 达到第一峰值后于 10:00~12:00 进入低谷，之后 Ls 再度快速增大在 16:00 达第二峰值。分析表明，极

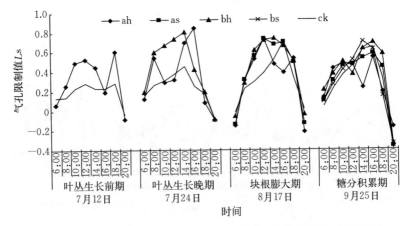

图 3-20　水分胁迫及复水对甜菜气孔限制值日变化的影响（2013 年）

度水分胁迫下 Ls 午间出现低谷与气孔运动及叶肉细胞活性等有关。

甜菜光合参数胞间 CO_2 浓度（Ci）的监测结果见图 3-21。表明全生育期补水处理（ck）的 Ci 与 Ls 具有反向性同步变化特征，日变化近"单谷"型。午间强光高温环境下的高额蒸腾作用，成为甜菜叶片气孔部分关闭与胞间 CO_2 浓度降低的主要原因。与 ck 相比，各水分胁迫处理表现降速快、量值低的特征；并在极度缺水环境下，Ci 出现"双谷"型变化且不与 Ls 时序反向。分析表明株体缺水所加剧的午间强光高温胁迫，导致了叶肉细胞活性降低甚至出现光呼吸，这成为午间光合低效的重要原因。

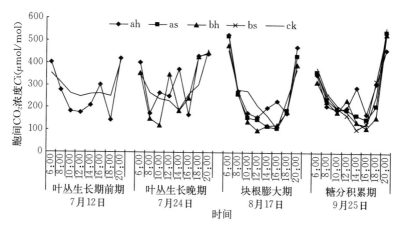

图 3-21　水分胁迫及复水对甜菜胞间 CO_2 浓度日变化的影响（2013 沙地）

判断叶片光合速率降低的主要原因是气孔因素还是非气孔因素的两个可靠判据是胞间 CO_2 浓度（Ci）和气孔限制值（Ls）的变化方向。Ci 降低和 Ls 升高表明气孔导度降低是主要原因；而 Ci 增高和 Ls 降低则表明非气孔因素是主要原因。ck 在 6:00 之后随着 PAR 的上升，Pn 出现第一个峰值，之后进入低谷期，此时 Ci 在 4 个时期里均呈降低趋势，表明 ck 在整个生育期内补水充足，Pn 主要受到气孔因素限制。

以糖分积累期为例，8:00~14:00，ah 的 Pn 下降，在此期间，

8：00～10：00，Ls 上升、Ci 下降，表明此时甜菜未受到水分胁迫的影响，Pn 下降主要是受到气孔因素限制；10：00～14：00，甜菜 Ls 下降、Ci 上升，表明此时甜菜已受到水分胁迫的影响，叶肉细胞活性降低，Pn 下降主要是受到非气孔因素限制。bh 表现同 ah 类似，在 8：00～12：00 Pn 下降期间，Ls 在 8：00～10：00 上升，10：00～12：00 下降，Ci 则与之相反，表明 Pn 下降先因气孔因素，持续下降时则因受到水分胁迫而导致的叶肉细胞失活。as 与 bs 的 Pn 分别在 8：00～14：00 和 10：00～14：00 下降，该期间两个处理同时表现出 Ls 上升、Ci 下降的趋势，表明水分胁迫后再复水，甜菜叶片水分胁迫得到缓解，叶肉细胞活性得到恢复，Pn 下降主要是受到气孔因素限制。

水分胁迫后，甜菜 Pn 下降，先因气孔限制，后因水分胁迫造成的非气孔限制；水分胁迫后再复水与一直补水的处理，其 Pn 下降主要是受气孔因素限制，这是因为叶片得到充足补水，保证了叶肉细胞的活性。ah 受到非气孔因素限制的时间较 bh 延长了 1 h，表明随着胁迫程度的加深，气孔因素的作用减少，非气孔因素即叶肉细胞光合活性降低的因素加大。

2014 年，甜菜光合参数气孔限制值（Ls）的日变化见图 3-22。全生育期补水处理（ck）在 6：00 后随着 PAR 的上升 Ls 持续增大，在叶丛生长期日变化呈双峰型；块根膨大期、糖分积累期与收获期日变化呈单峰型，峰值在 12：00 或 14：00。与 ck 比较，各水分胁迫处理 Ls 呈现增速快、量值高的变化特征，表明水分胁迫明显抑制了气孔的通透性。在极度缺水环境下，Ls 日变化具有双峰特征。甜菜的 Ci 与 Ls 具有反向性同步变化特征（图 3-23），2014 年甜菜 Ci 变化趋势同 2013 年一致。

由图 3-22、图 3-23 可知，ck 在叶丛生长期 8：00～14：00 Pn 下降，在此期间，10：00～12：00 Ci 上升、Ls 下降，在其余 3 个时期 Pn "午休" 时段，Ls 上升、Ci 下降，表明 ck 在整个生育期内补水充足，Pn 主要受气孔因素限制。在叶丛生长期，8：00～14：00 ah 的 Pn 下降，在此期间，8：00～10：00 Ls 上升、Ci 下降，表明

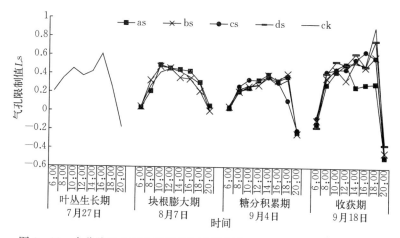

图 3-22　水分胁迫及复水对甜菜气孔限制值日变化的影响（2014 沙地）

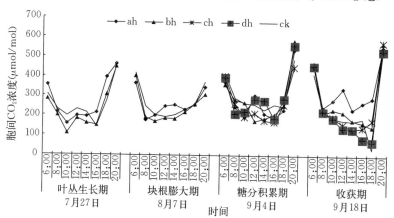

图 3-23　水分胁迫及复水对甜菜胞间 CO_2 浓度日变化的影响（2014 沙地）

此时甜菜未受到水分胁迫的影响，Pn 下降主要是受到气孔因素限制；10：00～14：00 甜菜 Ls 下降，Ci 上升，表明此时甜菜已受到水分胁迫的影响，叶肉细胞活性降低，Pn 下降主要是受到非气孔因素限制。在块根膨大期、糖分积累期与收获期 ah 均于 8：00～12：00 Pn 下降，并在此时段 Ls 下降、Ci 上升。as 的 Pn 在块根膨大期 8：00～14：00 呈现"午休"状态，伴随 Ls 先上升再下降、Ci

先下降后上升；在糖分积累期的 12：00～14：00 Ls 上升、Ci 下降；在收获期 Pn 则为单峰曲线。表明水分胁迫后再复水，甜菜叶片水分胁迫得到缓解，叶肉细胞活性得到恢复，Pn 下降主要受气孔因素限制。

3.2.4 水分胁迫及复水对甜菜 PSⅡ 最大光化学量子产量的影响

2013 年，不同水分处理的甜菜最大光化学量子产量（Fv/Fm）的日变化均呈 V 形曲线（图 3 - 24），午间强光高温时段 Fv/Fm 降至低谷，这与期间株体的水分亏缺有关。比较分析表明，全生育期补水处理（ck）Fv/Fm 午间降幅最小；而随水分胁迫的加重，Fv/Fm 午间降幅越大。极度缺水处理 ah 在叶丛生长前期、叶丛生长后期、块根膨大期和糖分积累期 Fv/Fm 日均值分别较 ck 降低了 6.49%、5.00%、10.98%、7.23%（表 3 - 4）；复水后 as 的 Fv/Fm 有所回升，块根膨大期和糖分积累期日均值分别较 ck 降低了 6.10%、3.61%。bh 在水分胁迫后 Fv/Fm 同样降低，叶丛生

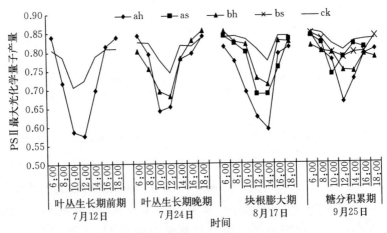

图 3 - 24　水分胁迫及复水对甜菜 PSⅡ 最大光化学量子
产量日变化的影响（2013 沙地）

长后期、块根膨大期和糖分积累期日均值分别较 ck 降低了
3.75%、2.44%、6.02%。结果表明，水分胁迫加重了午间 PSⅡ
光化学反应中心的抑制效应，这成为午间 Pn 低效的基本机制；然
而这一光化学反应的抑制具有可逆性。

表3－4　水分胁迫及复水下的甜菜 PSⅡ 最大光化学量子
产量日平均值（2013 沙地）

处理	叶丛生长前期 （7 月 12 日）	叶丛生长后期 （7 月 24 日）	块根膨大期 （8 月 17 日）	糖分积累期 （9 月 25 日）
ah	0.72	0.76	0.73	0.77
as	—	—	0.77	0.80
bh	—	0.77	0.80	0.78
bs	—	—	—	0.81
ck	0.77	0.80	0.82	0.83

2014 年，不同水分处理的甜菜最大光化学量子产量（图 3 - 25）
Fv/Fm 的日变化均呈 V 形曲线，全生育期补水处理（ck）Fv/Fm 午
间降幅最小，监测期内，ck 的 Fv/Fm 日均值皆在 0.8 以上（表 3 - 5）；
而随水分胁迫的加重，Fv/Fm 午间降幅越大，日均值越低。

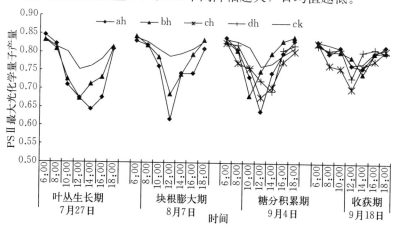

图 3 - 25　水分胁迫及复水对甜菜 PSⅡ 最大光化学量子
产量日变化的影响（2014 沙地）

表 3-5　水分胁迫及复水下的甜菜 PSⅡ 最大光化学量子
产量日平均值（2014 沙地）

处理	叶丛生长期 （7 月 27 日）	块根膨大期 （8 月 7 日）	糖分积累期 （9 月 4 日）	收获期 （9 月 18 日）
ah	0.74	0.76	0.77	0.80
as	—	0.79	0.80	0.82
bh	0.76	0.79	0.79	0.80
bs	—	0.80	0.81	0.81
ch	—	—	0.76	0.77
cs	—	—	0.79	0.81
dh	—	—	0.78	0.80
ds	—	—	—	0.79
ck	0.80	0.82	0.80	0.80

ah 在叶丛生长期、块根膨大期和糖分积累期 Fv/Fm 日均值分别较 ck 降低了 7.50%、7.30%、3.75%，差异明显，在收获期与 ck 无明显差异，这主要由于此时温度低、空气相对湿度高、蒸腾小，此外叶片由于水分胁迫大量死亡以致甜菜需水大量减少所造成；复水后，as 的 Fv/Fm 在糖分积累期恢复到了对照水平，在收获期较对照提高了 2.50%，差异明显。其他处理的 Fv/Fm 变化趋势同 ah 与 as 一致，但降幅减小。

3.3　遇旱补水对甜菜光合生产的影响

遇旱补水试验分别在华北寒旱区沙质栗钙土农田（沙地）及草甸栗钙土农田（滩地）进行。沙地及滩地均设置补水 5、10、15、20 及 0 mm（不补水、对照）等 5 个处理，沙地各处理依次以 S5、S10、S15、S20、S0 表示；滩地各处理依次以 T5、T10、T15、T20、T0 表示。2014 年补水时间为 7 月 13 日，2015 年补水时间为 8 月 10 日，采用"压力补偿式滴灌管"隔行补灌。

3.3.1 补水量对甜菜蒸腾速率的影响

滩地各处理甜菜全天蒸腾速率表现出不同的变化趋势（图 3-26）。对照 T0 全天蒸腾速率呈现单峰型变化，上午随光照增强温度升高，甜菜蒸腾速率逐渐增大，中午 13:30 蒸腾速率达到全天最大值，为 4.70 $\mu mol/(m^2 \cdot s)$，而后急剧下降，在 17:30 下降为 0.86 $\mu mol/(m^2 \cdot s)$。补水 5 mm 的 T5 处理与对照 T0 全天蒸腾速率的变化趋势一致。补水量较大的 T20、T15、T10 3 个处理全天蒸腾速率整体呈逐渐降低的变化趋势。T15、T10 在 9:30 蒸腾速率达到全天最大值，分别为 5.00、4.24 $\mu mol/(m^2 \cdot s)$，较对照分别提高了 57.2%、33.3%。至 13:30，T5 蒸腾速率持续升高并达到全天最大值，而 T20、T15 两处理在 9:30~13:30 这段时间蒸腾速率变化不大，在 13:30 对照 T0 蒸腾速率略高于 T20、T15，但差异不明显，而补水量相对较少的 T10 在中午强光高温下蒸腾速率降低较为明显。对照在 13:30 达到最大值后，持续的强光高温使 T0 蒸腾速率迅速降低，各补水处理在这一时间段内也有所降低，但降低幅度较 T0 小。至 15:30，各补水处理蒸腾速率均高于 T0，即使是少量补水的 T5、T10 两处理与对照相比也差异明显。随着

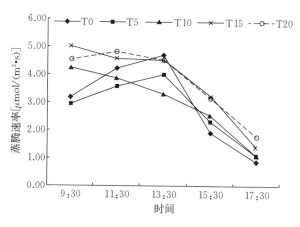

图 3-26　补水量对甜菜蒸腾速率的影响（滩地，8 月 16 日）

光照减弱、气温降低，各处理蒸腾速率进一步下降，在 17:30 降为最低值，T0、T5、T10、T15、T20 蒸腾速率分别为 0.86、1.09、1.04、1.40、1.77 $\mu mol/(m^2 \cdot s)$。

作物通过蒸腾失水降低叶片温度，使叶片不被高温灼伤，同时还能为作物根系吸水提供拉力。通过对滩地甜菜叶片蒸腾速率的测定，未补水的对照甜菜蒸腾速率在早上和下午各处理中均为最低，从光合生产的角度来看，这表明此时甜菜已经进入了全天萎蔫的状态。略有不同的是，未补水的对照及补水 5 mm 的 T5 蒸腾速率在中午时较大，甚至超过补水量最大的 T20 处理。虽然此时甜菜进入了全天萎蔫的状态，但是滩地土质相对较好，土壤水分含量高于沙地，地表相对较干，午间的强光高温使这两处理的地表温度骤然上升，叶片温度也随之升高，所以这两处理甜菜通过蒸腾失水来降低叶片温度，但土壤中的少量水分不足以支撑长时间的高蒸腾量，故蒸腾速率在达到全天最大值后迅速降低。

从图 3-27 可以看出，对照 S0 蒸腾速率峰值出现于 13:00，为 2.25 $\mu mol/(m^2 \cdot s)$，各补水处理甜菜蒸腾速率总体呈现下降趋势，在 9:00 测得最大值，S5、S15、S20 蒸腾速率分别为 2.97、4.39、5.71 $\mu mol/(m^2 \cdot s)$。上午 11:00 各补水处理甜菜蒸腾速率均高

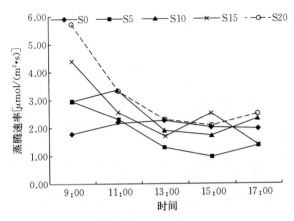

图 3-27　补水量对甜菜蒸腾速率的影响（沙地，8 月 15 日）

于对照 S0，9:00 对照 S0 蒸腾速率值为 1.76 $\mu mol/(m^2 \cdot s)$，S5、S15、S20 分别较对照增长了 68.8%、149.4%、224.4%，这说明补水甜菜经过夜间冷凉环境的恢复，缓解了甜菜全天萎蔫的状态，而未补水甜菜仍然处于全天萎蔫。但是上午各补水处理与对照的巨大差异并未延续到下午，从 13:00 开始，补水处理 S10、S15、S20 与对照无明显差异，5 mm 补水的 S5 蒸腾速率出现大幅度下降趋势。这是由于沙地地温升高较快，导致甜菜加大蒸腾量降低叶表温度，然而所补水量已经基本蒸发殆尽，土壤水分明显不足。综合全天来看，S0、S5、S10、S15、S20 甜菜日蒸腾量分别为 16.62、13.36、19.23、19.30、23.54 $\mu mol/(m^2 \cdot s)$，S10、S15、S20 三个处理分别较对照提高了 15.7%、16.1%、41.6%。

上述结果表明，在滩地和沙地两种土壤类型下，遇旱补水措施均提高了甜菜蒸腾速率，且补水量越大，蒸腾速率提高越多。在两种土壤类型条件下，甜菜蒸腾速率表现出不同的变化趋势，滩地甜菜蒸腾速率总体呈现为单峰型变化趋势，而沙地甜菜蒸腾速率则呈现为上午较大，而后全天逐渐减小的变化趋势。这是由土壤质地的不同所决定，沙地土壤保水性差，土壤中水分含量较低，在正午的强光高温环境中甜菜不能从土壤中吸取水分维持蒸腾失水，所以导致正午以后沙地甜菜蒸腾速率急剧下降。

3.3.2 补水量对甜菜净光合速率的影响

从图 3-28 可以看出，对照 T0 净光合速率表现为上午缓慢增大，13:30 达到全天最大值，为 7.92 $\mu mol/(m^2 \cdot s)$，正午过后净光合速率迅速降低，至 15:30 净光合速率仅为 2.46 $\mu mol/(m^2 \cdot s)$；甜菜补水处理则表现为净光合速率上午 9:30 最大，而后逐渐变小的趋势。补水明显提高了甜菜的净光合速率，尤其是补水量最大的 T15、T20 两处理，T15、T20 在补水后的全天监测中，净光合速率均高于对照 T0。补水量较小的 T5、T10 处理在 9:30 高于对照，随着光照增强，气温升高，少量补水的 T5、T10 在 11:30 比对照降低了 28.3%、4.3%，午后随着光照减弱，气温降低，T5、T10

两处理净光合速率在 15:30 较 T0 提高了 58.1%、91.9%，补水处理均表现为上午 9:30 最大，而后逐渐变小，对照 T0 则表现为先缓慢增大，又迅速下降。这是由于午间强光高温致使甜菜叶片增大蒸腾量，而对照土壤含水量极低，导致叶片气孔被迫关闭，所以对照净光合速率午间急剧下降。

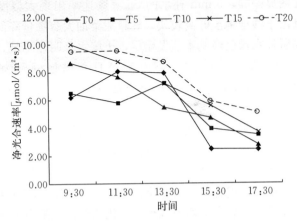

图 3-28 补水量对甜菜净光合速率的影响（滩地，8月16日）

沙地甜菜净光合速率呈现出与蒸腾速率相同的变化趋势（图 3-29）。未补水的 S0 全天净光合速率曲线变化较为平缓，并未出现明显的峰值，全天均处于较低水平，最大值出现在 11:00，甜菜净光合速率仅为 3.81 $\mu mol/(m^2 \cdot s)$，说明此时甜菜受到了水分胁迫的明显抑制，处于全天萎蔫的状态。各补水处理净光合速率均于 9:00 达到全天最大值，S5、S10、S15、S20 净光合速率分别为 8.25、8.87、12.87、15.93 $\mu mol/(m^2 \cdot s)$，而此时对照 S0 净光合速率仅为 2.72 $\mu mol/(m^2 \cdot s)$，S5、S10、S15、S20 分别为 S0 的 3.0、3.3、4.7、5.9 倍。各处理净光合速率于 13:30 均达到全天低谷，此时各处理净光合速率表现为 S20＞S10＞S0＞S15＞S5，分别为 2.08、1.44、1.19、1.07、0.26 $\mu mol/(m^2 \cdot s)$，可以看出，此时补水处理甜菜净光合速率与对照 S0 之间已无明显差异，S15 与 S5 两处理甜菜净光合速率甚至低于对照，午后甜菜净光合速率略有回升，但补水处理与对照仍然无明显差异。虽然午后补水处理与对照净光合速率无明显差异，但综合沙地甜菜全天净光合速率数据来看，对照 S0 日光合总量为 20.36 $\mu mol/(m^2 \cdot s)$，S20、S15、S10 等 3 种处理日光合总量达到了 42.78、32.78、29.56 $\mu mol/(m^2 \cdot s)$，分别比对照增加了 110.1%、61.0%、45.2%，补水提高了甜菜的日光合总量。

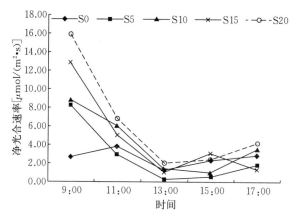

图 3-29　补水量对甜菜净光合速率的影响（沙地，8 月 15 日）

作物通过光合作用制造干物质，甜菜净光合速率的大小代表了甜菜进行干物质生产的快慢程度。以上结果表明，在沙地及滩地两种土壤类型条件下，遇旱补水措施均能改善甜菜受到干旱胁迫时出现的萎蔫状况，明显提高了甜菜叶片的净光合速率，且补水量越多净光合速率提升幅度越大。但如果补水量太小，且补水后再次经历长时间干旱则会导致少量补水被甜菜吸收殆尽，反而会使甜菜净光合速率出现小幅度降低。滩地甜菜净光合速率明显高于沙地，这是由于滩地土壤含砾石少，地温上升慢，对叶片灼伤作用较小，缓解了甜菜的受旱萎蔫状况，而沙地土壤砾石含量多，且保水性差，与滩地相比甜菜受旱萎蔫程度重，导致沙地甜菜净光合速率低于滩地。

3.3.3　补水量对甜菜气孔限制值（Ls）及胞间 CO_2 浓度的影响

由图 3-30 可知，对照 T0 在 9:30 达到全天所测 Ls 最大值 0.53，之后逐渐减小，午后急剧下降，在 15:30 对照 T0 气孔限制值仅为 0.38。T5、T15 补水处理甜菜叶片全天气孔限制值大致呈现为先升高再降低的单峰型变化趋势，补水量最大的 T20 为先缓慢降低后又升高，到 17:30 光照减弱后又降低的趋势。9:30 各处理 Ls 表现为 T0＞T20＞T15＞T5＞T10，分别为 0.53、0.51、0.49、0.48、0.44，对照 T0 甜菜气孔限制值在 9:30 高于其他补水处理，这说明此时对照 T0 甜菜叶片气孔处于关闭状态，限制甜菜光合作用的主要因素为气孔因素。在 9:30～11:30，随着光照增强，气温升高较快，T5、T10、T15 三处理气孔限制值均出现了不同程度的增大，而对照 T0 及 T20 两处理气孔限制值略有降低，在光照最强的 13:30，补水量较大的 T20、T15、T10 气孔限制值明显低于对照 T0，T5 在 13:30 气孔限制值取得全天最大值，达到 0.56，表明水分胁迫限制了叶片气孔的通透性，而适量的补水能够缓解水分胁迫对叶片气孔通透性的限制。在 15:30～17:30，

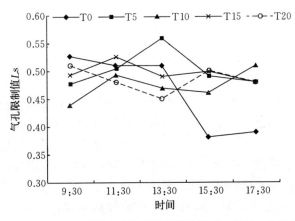

图 3-30　补水量对甜菜叶片气孔限制值的影响（滩地，8 月 16 日）

补水处理气孔限制值逐渐趋于稳定，且 T0 气孔限制值远低于其他补水处理，可能与持续的强光高温使叶肉细胞内酶活性降低有关，此时光合作用的主要限制因素已经由气孔因素转变为酶的活性。

叶片胞间 CO_2 浓度的大小在一定程度上可以反映叶肉细胞光合作用的强弱（图 3-31），胞间 CO_2 浓度的变化呈现与气孔限制值反向一致的变化趋势。对照 T0 上午胞间 CO_2 浓度较小，说明此时对照甜菜叶片萎蔫，气孔关闭，在 15:30 胞间 CO_2 浓度迅速增加，达到最大值，为 236.21 $\mu mol/mol$。各补水处理叶片胞间 CO_2 浓度全天基本维持在一个稳定水平，补水量相对较少的 T5 在光照最强的正午（13:30）胞间 CO_2 浓度出现了较为明显的下降趋势后又缓慢上升。在全天的观测中，对照 T0 在 9:30～11:30 胞间 CO_2 浓度小于各补水处理（T15 除外），T5、T10、T20 胞间 CO_2 浓度均比对照高，正午光照最强、温度最高，除 T5 外，各补水处理胞间 CO_2 浓度仍高于对照 T0，到 17:30 各补水处理胞间 CO_2 浓度基本处于稳定水平，而 T0 胞间 CO_2 浓度明显高于各补水处理（T15 除外），这可能与经历长时间强光高温后叶片气孔的关闭有关。

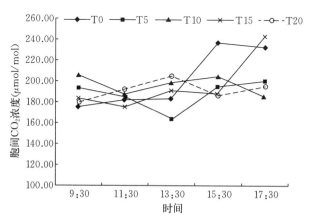

图 3-31　补水量对胞间 CO_2 浓度的影响（滩地，8 月 16 日）

补水对沙地光合气孔限制值的影响与滩地略有不同（图 3 - 32）。9:00 时光照并不强且温度较适宜，但对照 S0 气孔限制值仍然达到了 0.65，远大于补水处理，补水处理 S10、S15、S20 气孔限制值仅为 0.44、0.47、0.50，较对照 S0 分别降低了 32.31%、27.69%、23.08%，差异明显。补水最少的 S5 处理全天气孔限制值均较大，S5 在 9:00 气孔限制值低于对照，说明 5 mm 的补水量也促进了甜菜生长，短时间内对缓解甜菜萎蔫也有一定促进作用，但气温升高后，S5 叶片蒸腾量加大导致气孔关闭，气孔限制值迅速提高，且全天气孔限制值均远大于其他补水处理，与对照也有较大差异。其原因可能由于 5 mm 的补水及时拯救了甜菜叶片，甜菜叶片的生长又会加大蒸腾量，而 5 mm 的补水量不能长期维持叶片的高蒸腾量，因而导致了气温升高后 S5 气孔限制值迅速升高的现象。

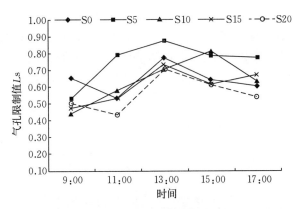

图 3 - 32　补水量对甜菜气孔限制值的影响（沙地，8 月 15 日）

综上所述，遇旱补水措施可以缓解甜菜全天萎蔫的状况，当甜菜由于高蒸腾量导致甜菜叶片气孔关闭时，气孔因素为甜菜光合作用主要限制因素，当温度升高导致叶肉细胞内与光合作用有关酶类活性降低时，光合作用主要限制因素则转变为非气孔因素，即酶的活性。

3.3.4 补水量对甜菜叶绿素荧光特性的影响

不同补水量条件下甜菜叶片 PSII 最大光化学量子产量呈现近 V 形（图 3-33），9:30 各处理间 Fv/Fm 值彼此差异不大，随光照增强，各处理 Fv/Fm 值均有所降低，但对照 T0 下降更为明显，降幅较大。到 13:30，各处理 Fv/Fm 值均达到最小值，这与午间的强光高温有关，对照 T0 的 Fv/Fm 值仅为 0.57，补水量较大的 T15、T20 分别比对照高出 15.8%、14.1%，补水量相对较小的 T5、T10 与对照相比增长 5.3%、12.3%。13:30 以后，各处理 Fv/Fm 值开始回升，而持续的强光高温反而使补水处理更加明显，至 15:30，T15、T20 较对照 T0 提高了 20.6%、18.4%，T5、T10 较对照提高了 8.9%、9.5%。在 17:30 这一观测时间点，由于此时光照较弱，各处理间 PSII 最大光化学量子产量之间差异不再明显。

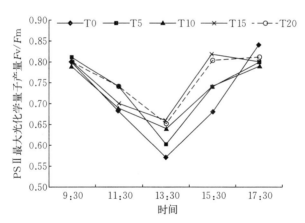

图 3-33　甜菜光转换效率的变化特征（滩地，8 月 16 日）

与滩地相似，沙地各处理甜菜全天 PSII 最大光化学量子产量也呈现为 V 形变化趋势（图 3-34）。上午 9:00 光照充足且气温适宜，各处理甜菜叶片 Fv/Fm 值均达到全天最大值，总体表现为 S15＞S10＞S20＞S0＞S5，Fv/Fm 值分别为 0.84、0.82、0.80、0.77、0.76，各处理差异不明显。光照增强后气温随之升高，由于沙地砾石较多，导致沙地地温上升较快，11:00 过高的地温使甜菜叶片发生萎蔫并且对贴近地面的叶片造成灼伤，此时补水效果较为明显，补水量较大的 S10、S15、S20 三处理 Fv/Fm 值明显高于对照 S0，分别较对照提高了 33.44%、22.95%、27.71%，而补水仅 5 mm 的 S5 处理 Fv/Fm 值略低于对照，这可能是由于沙地地温高蒸发量大，所补水量不能长时间支撑高强度蒸发，导致补水效果不再明显。但笔者认为即使是 5 mm 的微量补水，对于处在全天萎蔫状态甜菜的光转换效率也有短暂且及时的提升效果，这在前期对甜菜生长指标的测定中已经得到证实。13:00 光照最强，气温最高，各处理甜菜 Fv/Fm 值均降至全天最低，但补水量较大的 S10、S15、S20 的 Fv/Fm 值仍高于对照。午后各处理甜菜 Fv/Fm 值均升高，但 S15、S20 提升幅度显然更大，综合 15:00 和 17:00 两个时间点的测定数据，S15、S20 两处理分别比对照 S0 提高了38.75%、50.98%。

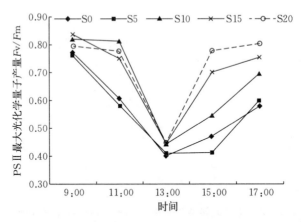

图 3-34　甜菜光转换效率的变化特征（沙地，8 月 15 日）

以上结果表明，在甜菜遭遇干旱胁迫时对甜菜补充"保命水"虽然不能改变甜菜叶片 PSⅡ 最大光化学量子产量中午降低的状况，但遇旱补水措施提高了甜菜全天整体的 PSⅡ 最大光化学量子产量，补水越多，PSⅡ 最大光化学量子产量提高幅度越大，两种土壤类型条件下均得到相同的试验结果，且在两种土壤类型条件下甜菜 PSⅡ最大光化学量子产量全天变化趋势一致。补水使甜菜叶片不被高温地面灼伤，从而使叶片更多的接收和转换光能，这也是补水提高甜菜净光合速率的重要原因。

3.3.5 补水量对甜菜光合水分利用效率的影响

光合水分利用效率反映作物对水分的有效利用程度。遇旱补水对甜菜光合水分利用效率的影响如表 3-6、表 3-7 所示。滩地甜菜补水后 9:30～15:30 这段时间，各处理水分利用效率变化趋势一致，均缓慢减小，这是由于这段时间气温升高使甜菜蒸腾量加大，而强光高温又迫使叶片气孔关闭，从而导致甜菜净光合速率降低造成的，但水分利用效率总体表现为补水处理高于对照 T0。正午时分，光照最强、气温最高，此时补水效果开始凸显，对照 T0 在 15:30 水分利用效率为 1.30 $mmolCO_2/molH_2O$，补水处理 T5、T10、T15、T20 水分利用效率分别达到了 1.70、1.86、1.74、1.87 $mmolCO_2/molH_2O$，分别比对照增长了 30.77%、43.08%、33.85%、43.85%。15:30～17:30 光照减弱，气温降低，各处理水分利用效率均快速回升，在 17:30 各处理水分利用效率达到全天最大值，总体表现为 T5＞T20＞T0＞T10＞T15，分别为 3.15、2.86、2.83、2.67、2.60 $mmolCO_2/molH_2O$，但此时水分利用效率的提高并不代表甜菜光合作用增强。

表 3-6 不同补水处理下滩地甜菜光合水分利用效率日变化（$mmolCO_2/molH_2O$）

土壤类型	处理	时　　间				
		9:30	11:30	13:30	15:30	17:30
滩地	T0	1.95	1.89	1.69	1.30	2.83
	T5	2.22	1.61	1.79	1.70	3.15
	T10	2.05	1.96	1.63	1.86	2.67
	T15	2.00	1.91	1.59	1.74	2.60
	T20	2.07	1.97	1.92	1.87	2.86

表3-7 不同补水处理下沙地甜菜光合水分利用效率日变化 (mmolCO₂/molH₂O)

土壤类型	处理	时间				
		9:00	11:00	13:00	15:00	17:30
沙地	S0	1.55	1.74	0.53	1.19	1.46
	S5	2.78	1.29	0.20	0.56	1.35
	S10	2.96	1.81	0.77	0.59	1.55
	S15	2.93	1.98	0.63	1.24	1.00
	S20	2.79	2.06	0.91	1.19	1.68

沙地试验结果与滩地类似,补水效果在 9:00 尤为明显,经过夜间的恢复,对照 S0 水分利用效率仅为 1.55 mmolCO₂/molH₂O,而 S5、S10、S15、S20 水分利用效率则分别达到 2.78、2.96、2.93、2.79 mmolCO₂/molH₂O,分别是对照的 1.79、1.91、1.89、1.80 倍。这也从水分利用效率的角度证明了遇旱补水的有效性。

8月中旬左右,甜菜进入块根膨大期,甜菜群体结构已经基本构建完成,甜菜生长旺盛。此时光照充足、昼夜温差大,十分适宜甜菜进行光合生产积累干物质。但此时长期干旱少雨使土壤含水量降低,土壤中存储的少量水分明显不足以满足甜菜叶片高强度的蒸腾耗水,迫使甜菜处于全天萎蔫的状态。通过对各项光合指标的分析,遇旱补水明显提高了甜菜的净光合速率和蒸腾速率,并且随补水量的加大,甜菜净光合速率和蒸腾速率增长量越多,且即使少量的补水也可以短暂的缓解甜菜全天萎蔫的情况,帮助甜菜度过干旱胁迫的“困难时期”,使甜菜可以更好地利用这一时期的光热资源制造更多的干物质。

滩地甜菜田补水效果如表3-8所示。由此可以看出,滩地 2014 年对照 T0 经济产量为 16 729 kg/hm²,补水处理 T5、T10、T15、T20 甜菜经济产量分别为 19 498、19 143、21 636、22 368 kg/hm²,比对照分别提高了 16.55%、14.43%、29.33%、33.71%,且差异明显;补水处理提高经济产量的同时,降低了甜菜的含糖率,但补水处理产糖量均高于对照，20 mm 补水量的产糖量达到了 3 815 kg/hm²，比对照增加了 32.47%。WUE 方面，对照 T0 为 16.8 kg/(mm·hm²)，补水处理 T5、T10、T15、T20 分别为 18.0、27.1、24.5、28.6 kg/(mm·hm²)，是对照 T0 的 1.07、1.61、1.46、1.70 倍。滩地 2015 年试验结果与 2014 年相似，2015 年甜菜生育后期降水较多，甜菜利用了这一时期的适宜气候迅速生长，最终经济产量与 2014 年相比有很大的提升，对照 T0 经济产量达到 24 505 kg/hm²，补水 5 mm（T5）和 10 mm（T10）两处理的经济产量分别为 24 623、25 187 kg/hm²，比对照提高了 0.48% 和 2.78%，但这两处理与对照之间的差异不明显，这说明后期充足的降水弥补了前期干旱胁迫对甜菜生长的影响，而补水 15 mm、20 mm 的 T15、T20 两处理经济产量分别为 26 107、26 374 kg/hm²，比对照提高了 6.54%、7.63%，且差异明显。2015 年滩地各处理 WUE 无明显差异，T0、T5、T10、T15、T20 水分利用效率分别为 20.3、23.0、21.1、25.6、27.7 kg/(mm·hm²)。

表 3-8 遇旱补水的效果（滩地）

年份	处理	经济产量		糖产量		补水效率	WUE
		kg/hm²	%	kg/hm²	%	kg/(mm·hm²)	kg/(mm·hm²)
2014	T0	16 729	—	2 880	—	—	16.8
	T5	19 498	16.55	3 357	16.56	553.8	18.0
	T10	19 143	14.43	3 265	13.37	241.4	27.1
	T15	21 636	29.33	3 405	18.23	308.9	24.5
	T20	22 368	33.71	3 815	32.47	282.0	28.6
2015	T0	24 505	—	4 313	—	—	20.3
	T5	24 623	0.48	4 284	−0.67	23.6	23.0
	T10	25 187	2.78	4 433	2.78	68.2	21.1
	T15	26 107	6.54	4 699	8.95	106.8	25.6
	T20	26 374	7.63	4 536	5.17	93.5	27.7

沙地甜菜田补水效果在 2014 年尤为明显，补水 15 mm 和
20 mm 的 S15、S20 两处理在各项指标对比中全面占优（表 3 - 9）。
对照 S0 经济产量为 16 008 kg/hm²，补水量较大的 S15、S20 两处
理分别达到了 18 661、20 224 kg/hm²，较对照提高了 16.57%、
26.34%，且差异明显，补水 10 mm 的 S10 比对照仅增长 1.62%，而
补水 5 mm 的 S5 经济产量甚至比对照降低了 3.96%；产糖量方面，
S15、S20 分别为 3 060、3 218 kg/hm²，对照 S0 仅为 2 520 kg/hm²，
较对照提高了 21.43%、27.70%，说明在沙地进行补水不仅可以
提高甜菜的经济产量，而且会明显增加甜菜的含糖率。对照 S0 水
分利用效率为 9.7 kg/(mm·hm²)，补水后甜菜 WUE 均有不同程
度的提高，即使是 5 mm 补水量的 S5 处理，WUE 也达到了
11.2 kg/(mm·hm²)，S15、S20 两处理 WUE 分别为 21.7、
35.6 kg/(mm·hm²)，是对照的 2.24、3.67 倍。沙地 2015 年试
验结果与滩地 2015 年试验结果相似，补水效果被后期充足的降水
有所弥补，但 S5、S10、S15、S20 经济产量比对照仍然增加了
5.59%、7.81%、9.74%、12.73%。

表 3 - 9　遇旱补水的效果（沙地）

年份	处理	经济产量		糖产量		补水效率 kg/(mm·hm²)	WUE kg/(mm·hm²)
		kg/hm²	%	kg/hm²	%		
2014	S0	16 008	—	2 520	—	—	9.7
	S5	15 374	−3.96	2 546	1.03	−126.8	11.2
	S10	16 267	1.62	2 747	9.01	25.9	22.5
	S15	18 661	16.57	3 060	21.43	176.9	21.7
	S20	20 224	26.34	3 218	27.70	210.8	35.6
2015	S0	30 764	—	4 861	—	—	21.6
	S5	32 485	5.59	5 068	4.26	344.2	25.4
	S10	33 167	7.81	5 075	4.40	240.3	27.1
	S15	33 761	9.74	4 895	0.70	199.8	29.4
	S20	34 680	12.73	5 167	6.30	195.8	29.9

以上结果表明，遇旱补水提高了甜菜最终的经济产量，补水量越多，经济产量提升幅度越大，甜菜最终产糖量也表现出相同的变化趋势。由于 2015 年后期降水较多，各处理间甜菜最终经济产量差异缩小，但这种差异仍然存在，这也说明遇旱补水的有效性。

3.4　间作群落甜菜的光合特性

间作试验采用了甜菜与白菜起垄覆膜双行带状的种植模式，试验采用起垄覆膜双行带状种植模式，膜宽 90 cm，带间距为 110 cm。试验设计分为 4 个处理，分别为：白菜 2 行、甜菜 1 行间作（BT1）；白菜 2 行、甜菜 2 行间作（BT2）；白菜单作（CK1）；甜菜单作（CK2）。每处理小区面积 254 m²，3 次重复。BT1 模式为 2 行白菜行间错位间作单行甜菜，株距 50 cm；BT2 模式为 2 行白菜行内株间间作甜菜，白菜与甜菜间株距 30 cm；CK1 与 CK2处理区株距均为 50 cm。

3.4.1　甜菜叶片叶绿素含量的变化

甜菜生育期内叶片叶绿素含量变化平缓（图 3 - 35）。7 月 7日~8 月 16 日，单作甜菜叶片叶绿素含量高于间作甜菜，间作甜菜间差异不明显。间作白菜对甜菜具有一定的遮阴与挤迫作用，造成甜菜实际密度增加，空间减小，叶片不能完全展开，因而叶片的

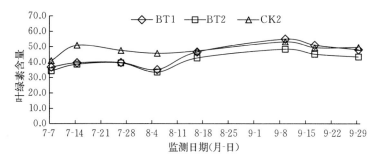

图 3 - 35　甜菜叶片叶绿素含量（SPAD）变化（2011 年）

叶绿素含量低。白菜收获后，BT1 处理甜菜叶片叶绿素含量增加高于 BT2 处理，与单作甜菜叶片叶绿素含量差异不明显，由于白菜收获后，BT1 处理比 BT2 处理甜菜叶片空间展开幅度大，接受太阳辐射的叶片面积增加。

3.4.2 甜菜群落冠层温度、光有效辐射、净光合速率及蒸腾速率的变化

由图 3-36 可知，间作甜菜与单作甜菜冠层大气温度（T1）各时期差异不明显。7 月 3 日～8 月 8 日，植株冠层大气温度由平均 31.4 ℃上升至平均最高温度 38.2 ℃；此后至甜菜收获冠层大气温度持续下降，收获前达平均最低温度 13.3 ℃。

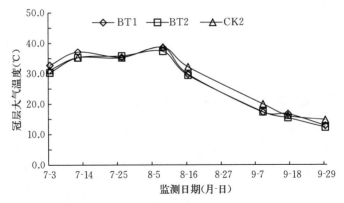

图 3-36 甜菜各时期大气温度的变化（2011 年）

由图 3-37 可知，甜菜生育期内，叶片表面光有效辐射（PAR）变化平缓。7 月上旬至 8 月上旬甜菜叶片表面 PAR 缓慢下降，PAR 由平均 1 892 mmol/(m² · d) 下降至平均最低 1 705 mmol/(m² · d)，之后至收获前叶片表面 PAR 缓慢上升，平均达最高 2 132 mmol/(m² · d)，收获前略有下降。

由图 3-38 可知，甜菜生育期内各处理甜菜蒸腾速率（Tr）间差异不明显。7 月 3 日～8 月 8 日，甜菜蒸腾速率平缓上升，之后直至收获甜菜蒸腾速率持续下降，收获前平均达最低 0.76 mmol H_2O/

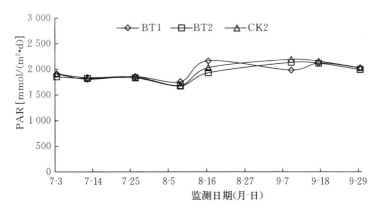

图 3 - 37　不同时期甜菜光有效辐射（PAR）的变化（2011 年）

（$m^2 \cdot d$）。在叶片表面 PAR 变化不明显的情况下，大气温度影响甜菜的蒸腾速率，随温度升高蒸腾速率相应提高。

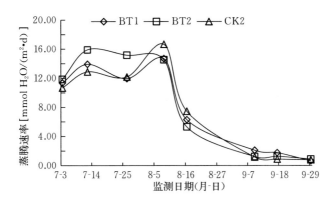

图 3 - 38　甜菜各时期蒸腾速率（Tr）的变化（2011 年）

由图 3 - 39 可知，各处理甜菜净光合速率（Pn）差异不明显，均呈下降趋势。7 月 3 日甜菜 Pn 平均达最大值 35.17 $\mu mol\ CO_2$/（$m^2 \cdot d$）；之后先下降后上升，在 8 月 8 日升至顶峰，Pn 平均达 26.71 $\mu mol\ CO_2$/（$m^2 \cdot d$）；之后至霜降（9 月 9 日），Pn 持续下降达平均最低值 6.59 $\mu mol\ CO_2$/（$m^2 \cdot d$）；至甜菜收获 Pn 缓慢回

升，在收获前稳定在 $6.93\ \mu mol\ CO_2/(m^2 \cdot d)$。

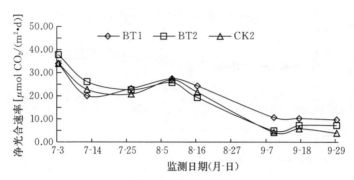

图 3-39　甜菜各时期净光合速率（Pn）的变化（2011 年）

综上所述，7 月 3 日～8 月 8 日，叶片表面 PAR 缓慢下降，蒸腾速率缓慢上升，导致甜菜净光合速率缓慢下降；晴朗无风的天气叶片表面的 PAR 较稳定，但随着温度的持续下降，蒸腾速率随之下降，净光合速率也相应下降，说明温度是影响蒸腾速率与净光合速率的主导因素。

由图 3-40 可知，随甜菜生长，甜菜叶片水分利用效率（WUE）缓慢提高，至收获前，甜菜叶片水分利用效率变化明显。7 月 3 日～7 月 12 日，甜菜生长处于叶丛生长前期，此时植

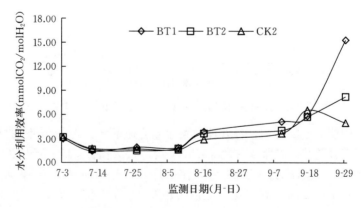

图 3-40　甜菜各时期水分利用效率（WUE）的变化（2011 年）

株新生叶片增加迅速，叶片水分利用效率降低。甜菜生长进入块根膨大期（7 月 11 日），叶片进行光合作用供给块根生长，水分利用效率随之提高。甜菜收获前，低温导致叶片蒸腾速率降低，水分利用效率随之升高，至收获期，BT1 和 BT2 处理甜菜叶片水分利用效率分别达 15.29、8.22 $mmolCO_2/molH_2O$。受霜冻影响（9 月 9 日），CK2 处理甜菜尤为严重，导致收获前甜菜叶片期净光合速率下降，水分利用利用效率随之下降至 4.97 $mmolCO_2/molH_2O$。

3.4.3 间作群落作物照光叶面积变化

由图 3-41 可知，6 月 11 日～7 月 1 日白菜单位面积照光叶面积急速上升，此时白菜生长进入莲座期，白菜叶片生长迅速；7 月 11 日 BT1、BT2 和 CK1 处理白菜单位面积照光叶面积分别达到最大值 0.825、0.795、0.895 m^2/m^2，7 月 11 日至白菜收获，白菜生长进入包心期，外部展开叶片数增长渐缓，各处理白菜单位面积照光叶面积下降。间作白菜单位面积照光叶面积下降较单作白菜快，由于间作处理甜菜 6 月 21 日～7 月 21 日单位面积照光叶面积均上升，生长进入叶丛生长期，对白菜生长造成一定影响，导致间作白

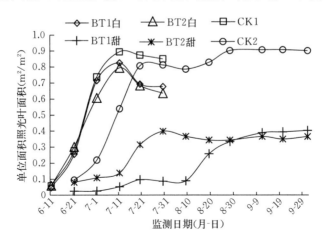

图 3-41 甜菜各时期单位面积照光叶面积变化（2011 年）

菜单位面积照光叶面积下降速率大于单作白菜；BT1 处理白菜种植密度大于 BT2 处理，且甜菜单株所占面积小于 BT2 处理，导致白菜生育期内 BT1 处理白菜单位面积照光叶面积总是高于 BT2，且间作白菜对间作甜菜拥挤效果明显，导致此时期甜菜单位面积照光叶面积下降（图 3-41）。

CK2 处理甜菜 7 月 1 日～7 月 21 日进入叶丛生长期，叶片生长迅速，展开叶片面积增大，单位面积照光叶面积迅速上升，7 月 21 日～9 月 20 日单作甜菜单位面积照光叶面积缓慢上升，达最大值 0.908 m^2/m^2，此时甜菜生长处于块根膨大期和糖分积累期，新生叶片增长速度降低，9 月 20 日至甜菜收获大气温度降低，新生叶片增长速度更低，霜冻危害甜菜叶片，使其衰老速度加快，导致此时期甜菜单位面积照光叶面积下降（图 3-41）。

甜菜生育前期，BT1 处理甜菜受白菜影响效果大于 BT2 处理，6 月 11 日～7 月 31 日甜菜单位面积照光叶面积均低于 BT2 处理；BT1 处理甜菜受白菜收获影响，叶片受害，导致 7 月 31 日～8 月 10 日单位面积照光叶面积缓慢下降。白菜收获后，甜菜叶片空间展开，得到光补偿，8 月 9 日～9 月 11 日 BT1 处理甜菜单位面积照光叶面积迅速增加；而 BT2 处理甜菜 7 月 31 日至收获，单位面积照光叶面积缓慢下降，补偿效果低于 BT1 处理，导致 8 月 30 日至甜菜收获 BT1 处理甜菜单位面积照光叶面积总大于 BT2 处理甜菜，但差异不明显，至甜菜收获 BT1 处理甜菜单位面积照光叶面积达最大值 0.404 m^2/m^2，较 BT2 最大值 0.399 m^2/m^2 高 1.25%（图 3-41）。

3.4.4 甜菜照光叶面积与叶面积指数的关系

由图 3-42 可知，甜菜生育期内，群体叶面积指数总是高于单位面积照光叶面积，表明群体间存在叶片交互，叶片不能全部接受光有效辐射；CK2 处理甜菜群体叶面积指数与单位面积照光叶面积总是高于 BT1 与 BT2 处理甜菜，且 BT2 处理甜菜叶面积指数总是高于 BT1 处理。

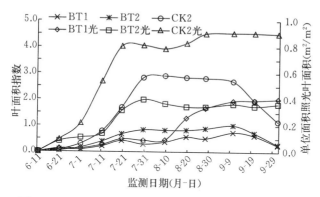

图 3-42 甜菜照光叶面积与叶面积指数关系（2011 年）

　　白菜收获（7 月 30 日）后，BT1 处理甜菜单位面积照光叶面积逐渐增加且高于 BT2 处理，表明 BT1 处理的群体光补偿效应高于 BT2 处理甜菜群体。甜菜收获前受霜冻（9 月 9 日）危害，甜菜叶片受到损伤，导致群体叶面积指数下降，但植株单位面积照光叶面积变化不明显，这对霜后块根干物质的积累有作用。

3.4.5　间作群落漏光率变化

　　间作与单作甜菜的群体株间漏光率存在明显的时序差异。白菜生育期为甜菜的一半，以白菜为主作物的栽培方式，间作处理白菜收获前的群体密度相对较大，由图 3-43 可知，2010 年白菜收获前群体株间中部漏光率 4.0%～5.5%，群体截获光量较单作甜菜群体高 3.2～17.0 个百分点；白菜收获（8 月 10 日）后间作甜菜处理株间漏光率迅速增加，BT1 群体中部漏光率高达48.5%，BT2 为 46.1%，群体株间底部漏光率也相应增加。白菜收获后 4 d（8 月 14 日），间作甜菜的株间中部漏光率较白菜收获时 BT1 降低了 12.7 个百分点，BT2 降低了 18.7 个百分点；相应底部株间漏光率 BT1 降低了 11.7 个百分点，BT2 降低了11.6 个百分点。

　　由图 3-44 可知，2011 年白菜收获前，两种间作群体株间中

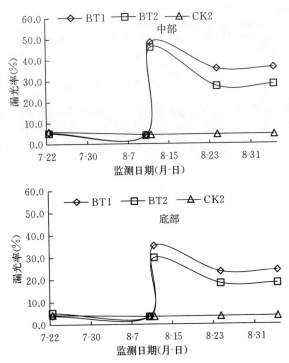

图 3-43　间作群体株间漏光率变化（2010 年）

部漏光率 7.9%～34.2%，底部漏光率 2.0%～4.4%，白菜收获
（7 月 30 日）后，间作处理群体株间漏光率迅速增加，BT1 群体中
部漏光率高达 89.0%，BT2 为 77.0%，群体株间底部漏光率也相
应增加，分别达 73.4%、63.2%。之后随着生育进展，间作甜菜
叶片空间展开，株间叶片形成遮阴，群体株间漏光率下降，BT1
与 BT2 处理群体株间中部漏光率分别为 75.4%、67.6%，底部
漏光率分别减至 46.8%、14.7%；随甜菜生长进入成熟期，叶
片开始枯黄，遮阴面积减小，群体株间漏光率增大，至收获前
达 100%。

　　田间监测表明，白菜收获后随着甜菜被挤压叶片的散开，间作
甜菜群体截获光量明显增加。由于后期甜菜叶面积指数变化很小，

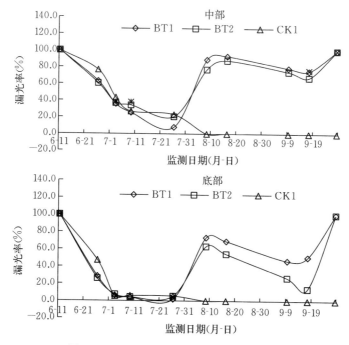

图 3-44　间作群体株间漏光率（2011 年）

间作甜菜群体叶层结构的自动调整，对提高田间光能截获效率具有重要的作用。由于更高的栽植密度，BT2 间作处理群体光量截获率始终高于 BT1（图 3-43、图 3-44）。

3.4.6　间作群落作物单株干物质积累变化

由图 3-45 可知，随着白菜生育期的变化，白菜叶片的干物质积累量呈直线上升趋势。7 月 21 日 BT1、BT2、CK1 处理白菜叶片干物质积累量分别增长至 182.4、169.3、192.8 g/株。之后白菜生长进入成熟期，叶片干物质积累量迅速增加，至白菜收获，BT1、BT2、CK1 处理分别达 339.2、272.8、392.8 g/株。表明间作白菜生长受到甜菜的影响，导致干物质积累量低于 CK1（单作白菜），且 BT2 处理受到的影响较 BT1 处理大。

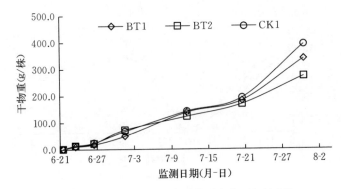

图 3 - 45　白菜单株叶片干物质变化（2011 年）

由图 3 - 46 可知，随着白菜生育期的变化，白菜根干物质逐渐增加。6 月 26 日开始白菜生长进入莲座期，叶片生长加快，促进叶片干物质积累增加，呈直线上升，至 7 月 21 日，BT1、BT2、CK1 处理叶片干物重在成熟期增加缓慢，至白菜收获，BT1、BT2、CK1 处理分别达 4.4、4.5、4.7 g/株。表明甜菜生长影响白菜地上部分的生长，对地下生长影响很小。

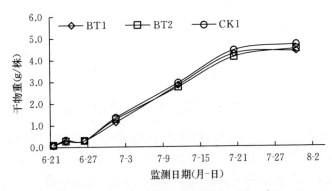

图 3 - 46　白菜单株根干物质变化（2011 年）

由图 3 - 47 可知，甜菜叶片干物质积累呈单峰型曲线增长。间作甜菜生长受到白菜的影响，甜菜全生育期内干物质明显低于单作甜菜，且生育期较单作甜菜推迟。单作甜菜叶片干物质在 8 月 28

日达到峰值 157.6 g/株，至甜菜收获稳定在 88.7 g/株。白菜收获
后间作甜菜叶片展开，增加光合面积，BT1 处理甜菜光补偿效果
较 BT2 处理明显，因此，叶片干物质含量较 BT2 处理高。9 月 11
日，BT1、BT2 处理甜菜叶片干物质分别达到最大值 82.8、81.5 g/
株，至甜菜收获，分别达 30.2、17.7 g/株。

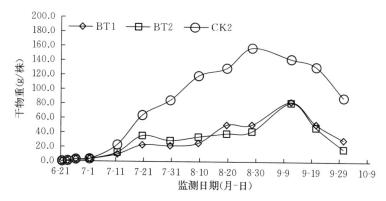

图 3-47　甜菜单株叶片干物质变化（2011 年）

　　由图 3-48 可知，甜菜块根干物质积累量随生育期逐渐增加。
单作甜菜根部干物质积累量至甜菜收获前达 433.9 g/株。单作甜菜
块根干物质积累量总是高于间作甜菜。白菜收获后，间作甜菜单位

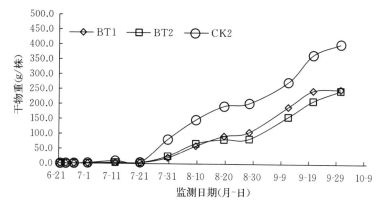

图 3-48　甜菜单株块根干物质积累变化（2011 年）

面积照光叶面积增加，且 BT1 增加大于 BT2 处理甜菜，BT1 处理甜菜叶片干物质含量较 BT2 处理高，相应地，回流至根部导致根部干物质含量高于 BT2 处理，因此，白菜收获后，BT1 处理甜菜块根干物质积累量高于 BT2 处理。至甜菜收获前，BT1、BT2 处理甜菜根部干物质含量上升，分别达 268.6、267.0 g/株，差别不明显。

4 水分胁迫对华北寒旱区
甜菜产量品质的影响

4.1 水分胁迫及复水对甜菜田水分的影响

4.1.1 水分胁迫及复水对甜菜田耗水量的影响

2013 年沙地水分胁迫及复水对甜菜田耗水量的影响见表 4 - 1，甜菜生育期田间耗水量为 314.45 mm。水分胁迫之后，田间耗水量明显降低，苗期开始水分胁迫（ah）、叶丛生长期开始水分胁迫（bh）、块根膨大前期开始水分胁迫（ch）和糖分积累前期开始水分

表 4 - 1 水分胁迫及复水下的甜菜田耗水量及其来源（2013 沙地）

处理	田间耗水量（mm）	灌水		土壤供水		0～40 cm 土层含水量	
		数量（mm）	比例（%）	数量（mm）	比例（%）	移栽期（mm）	收获期（mm）
ah	79.60	48	60.30	31.60	39.70	50.32	18.72
as	216.37	189	87.35	27.37	12.65	50.32	22.95
bh	147.88	116	78.44	31.88	21.56	50.32	18.44
bs	220.54	193	87.51	27.54	12.49	50.32	22.78
ch	212.15	182	85.79	30.15	14.21	50.32	20.17
cs	282.91	259	91.55	23.91	8.45	50.32	26.41
dh	273.23	246	90.03	27.23	9.97	50.32	23.09
ck	314.45	291	92.54	23.45	7.46	50.32	26.87

胁迫（dh）分别较未进行水分胁迫（ck）降低了 74.69％、52.97％、32.53％、13.11％，差异明显。这与期间土壤含水量较低及植株因为水分胁迫而株体较小有关，由此可见，甜菜在水分胁迫后通过大幅降低耗水量来减少对水分的消耗。复水之后，田间耗水量升高，苗期—块根膨大前期复水（as）、叶丛生长期—块根膨大中期复水（bs）和块根膨大前期—块根膨大后期复水（cs）分别较 ck 降低了 31.19％、29.86％、10.03％。

2014 年两种土壤类型条件下水分胁迫及复水对甜菜田耗水量的影响见表 4-2。在沙地，全生育期补水的甜菜耗水量为 309.15 mm，水分胁迫下的甜菜生育期田间耗水量明显低于 ck，比 ck 少耗水 34.32～222.32 mm，较 ck 降低了 11.10％～71.91％，且随着胁迫时间越长，耗水量越低，这与期间土壤含水量较低及植株因为水分胁迫而株体较小有关，由此可见，甜菜在水分胁迫后通过大幅降低耗水量来减少对水分的消耗。ah 胁迫时间最早，补水最少，为 48.00 mm，占总耗水量的 55.28％，其余的水分胁迫处理补水均占总耗水量的 74％以上。复水之后，灌水量增加，甜菜田耗水量随之增多。滩地 ck 耗水量为 310.96 mm，与沙地相差不大，但滩地土壤基础水分明显大于沙地，这主要因为滩地土壤质地较细，蓄水能力强。滩地水分胁迫后甜菜田耗水量变化趋势同沙地一致。

甜菜移栽后，整个生育期内无降雨情况下，灌水和土壤贮水是甜菜耗水的主要来源（表 4-2）。水分胁迫之后，收获时甜菜田土壤水分降低，土壤供应甜菜耗水的比例增加，这主要因为停止补水后，甜菜高效利用土壤中的水分维持正常的生长。灌溉补水是甜菜田间耗水量明显增加的主要原因，补水使甜菜对土壤贮水的消耗降低，补水消耗则成为耗水主体。水分胁迫后复水，灌溉补水量的增加引起田间耗水量的增加，同时收获时甜菜田土壤水分升高，土壤供水减少。充足的灌溉补水后，甜菜得到补偿，充分利用土壤水分来弥足甜菜因水分胁迫所带来的停滞生长。

表 4-2　水分胁迫及复水处理的甜菜田耗水量及其来源（2014 年）

土壤类型	处理	田间耗水量(mm)	灌水		土壤供水		0~40 cm 土壤水分	
			数量(mm)	比例(%)	数量(mm)	比例(%)	移栽期(mm)	收获期(mm)
沙地	ah	86.83	48.00	55.28	38.83	44.72	51.01	12.17
	as	213.01	189.00	88.73	24.01	11.27	51.01	27.00
	bh	154.80	116.00	74.93	38.80	25.07	51.01	12.20
	bs	281.79	257.00	91.20	24.79	8.80	51.01	26.22
	ch	216.97	182.00	83.88	34.97	16.12	51.01	16.04
	cs	280.62	259.00	92.30	21.62	7.70	51.01	29.39
	dh	274.83	246.00	89.51	28.83	10.49	51.01	22.17
	ds	290.10	276.00	95.14	14.10	4.86	51.01	36.90
	ck	309.15	291.00	94.13	18.15	5.87	51.01	32.85
滩地	ah	113.81	48.00	42.18	65.81	57.82	100.80	34.99
	as	192.31	157.00	81.64	35.31	18.36	100.80	65.48
	bh	158.13	116.00	73.36	42.13	26.64	100.80	58.67
	bs	270.53	225.00	83.17	45.53	16.83	100.80	55.26
	ch	231.83	182.00	78.50	49.83	21.50	100.80	50.96
	cs	258.06	227.00	87.96	31.06	12.04	100.80	69.74
	dh	287.10	246.00	85.68	41.10	14.32	100.80	59.70
	ds	298.40	276.00	92.49	22.40	7.51	100.80	78.40
	ck	310.96	291.00	93.58	19.96	6.42	100.80	80.83

　　在全生育期补水情况下，2013 年的土壤供水量大于 2014 年；在水分胁迫情况下，2014 年土壤供水量大于 2013 年，这主要因为 2014 年 6~9 月间降雨少且不均匀，在空气水分较低情况下，甜菜增加了吸收土壤残余水分的能力。

4.1.2 水分胁迫及复水对甜菜不同生育时段耗水的影响

2014年，两种土壤类型条件下水分胁迫及复水对甜菜不同生育时期耗水的影响见表4-3。全生育期补水（ck）情况下，叶丛生长期与块根膨大期耗水量占总耗水量的比例较大，沙地分别为41.05%、31.26%，滩地分别为36.11%、35.37%，苗期和糖分积累期所占比例较小。水分胁迫之后田间耗水量降低，在沙地，ah处理苗期的田间耗水量最大，为47.99 mm，占总耗水量的55.26%，这是因为它在叶丛生长期已开始胁迫，没有灌溉补水，之后耗水量大幅降低；复水之后甜菜田间耗水量较复水前增加，as处理在块根膨大期的田间耗水量最大，为79.64 mm，占总耗水量的37.39%，这缘于as在块根膨大期开始复水。bh、ch、dh与bs、cs、ds处理均在叶丛生长期田间耗水量达到最大，甜菜在此

表4-3　水分胁迫及复水处理的甜菜田不同生育时段耗水量（2014年）

土壤类型	处理	苗期 (6-10～6-25)		叶丛生长期 (6-25～7-25)		块根膨大期 (7-25～8-25)		糖分积累期 (8-25～9-25)	
		耗水量 (mm)	比例 (%)	耗水量 (mm)	比例 (%)	耗水量 (mm)	比例 (%)	耗水量 (mm)	比例 (%)
沙地	ah	47.99	55.26	37.41	43.08	−3.26	−3.75	4.70	5.41
	as	47.99	22.53	37.41	17.56	79.64	37.39	47.98	22.52
	bh	47.99	31.00	107.03	69.14	−2.54	−1.64	2.33	1.50
	bs	47.99	17.03	107.03	37.98	81.99	29.10	44.78	15.89
	ch	47.99	22.12	126.92	58.50	39.95	18.41	2.12	0.98
	cs	47.99	17.10	126.92	45.23	57.64	20.54	48.08	17.13
	dh	47.99	17.46	126.92	46.18	96.63	35.16	3.30	1.20
	ds	47.99	16.54	126.92	43.75	96.63	33.31	18.57	6.40
	ck	47.99	15.52	126.92	41.05	96.63	31.26	37.62	12.17

（续）

土壤类型	处理	苗期 (6-10～6-25)		叶丛生长期 (6-25～7-25)		块根膨大期 (7-25～8-25)		糖分积累期 (8-25～9-25)	
		耗水量 (mm)	比例 (%)	耗水量 (mm)	比例 (%)	耗水量 (mm)	比例 (%)	耗水量 (mm)	比例 (%)
滩地	ah	42.30	37.17	63.96	56.20	18.36	16.13	-10.81	-9.50
	as	42.30	21.55	63.96	32.58	43.65	22.24	46.40	23.64
	bh	42.30	27.44	112.30	72.86	9.83	6.38	-10.30	-6.68
	bs	42.30	15.64	112.30	41.51	43.07	15.92	72.86	26.93
	ch	42.30	18.57	112.28	49.28	66.72	29.28	6.53	2.87
	cs	42.30	16.65	112.28	44.19	66.72	26.26	32.76	12.89
	dh	42.30	14.73	112.28	39.11	109.98	38.31	22.55	7.85
	ds	42.30	14.18	112.28	37.63	109.98	36.86	33.84	11.34
	ck	42.30	13.60	112.28	36.11	109.98	35.37	46.41	14.92

期间，叶片大量繁盛，叶片数增多，叶面积增大，植株蒸腾升高，耗水量增加。沙地苗期耗水量高于滩地，这主要由于沙地地温高，有利于缓苗，甜菜苗期植株形态大于滩地，耗水多。

在滩地，水分胁迫之后，ah 在叶丛生长期耗水量最多，这主要由于滩地甜菜移栽前土壤基础水分较高，蓄水能力强，在苗期水分胁迫之后，土壤中所含水分依然能够提供甜菜叶丛生长期所需部分水分。滩地其余处理与沙地一致。

2013 年，沙地水分胁迫及复水对甜菜不同生育时段耗水的特征与 2014 年一致（表 4 - 4），全生育期补水处理的耗水量在糖分积累期高于 2014 年，这与 2013 年甜菜植株较 2014 年旺盛有关。ah 和 bh 处理的阶段耗水量在 2013 年的糖分积累期及 2014 年在沙地块根膨大期和滩地糖分积累期出现了负值（表 4 - 3、表 4 - 4）。甜菜田在停止补水、干旱胁迫之后，随着胁迫时间的延长，土壤过度干旱，水势降低，当外界空气相对湿度增大时，土壤则会主动吸水保持平衡。

表 4 - 4　水分胁迫及复水处理的甜菜田不同生育时段耗水量

(2013 沙地)

| 土壤类型 | 处理 | 苗期＋叶丛生长期
(6 - 5～7 - 25) | | 块根膨大期
(6 - 25～8 - 25) | | 糖分积累期
(8 - 25～9 - 25) | |
		耗水量 (mm)	比例 (%)	耗水量 (mm)	比例 (%)	耗水量 (mm)	比例 (%)
沙地	ah	79.14	99.42	2.94	3.69	−2.48	−3.12
	as	79.14	36.58	77.22	35.69	60.01	27.73
	bh	149.98	101.42	0.23	0.16	−2.33	−1.58
	bs	149.98	68.01	32.23	14.61	38.33	17.38
	ch	162.39	76.54	49.91	23.53	−0.15	−0.07
	cs	162.39	57.40	81.91	28.95	38.61	13.65
	dh	162.39	59.43	99.32	36.35	11.52	4.22
	ck	162.39	51.64	99.32	31.59	52.74	16.77

4.2　水分胁迫及复水对甜菜生长的影响

4.2.1　水分胁迫及复水对甜菜株高的影响

株高是反映植株生长特征的重要指标之一。2013 年水分胁迫及复水对甜菜株高的影响见图 4 - 1。不同时期的水分胁迫均明显降低了甜菜的株高。在全生育期补水（ck）条件下，甜菜的株高在 9 月 5 日前呈上升趋势，之后随着甜菜叶片衰亡开始降低。ah 水分胁迫之后，植株生长速度减慢，株高一直处于较平缓的状态，其全生育期平均株高比对照降低了 47.06%。bh、ch 和 dh 水分胁迫之后，株高出现大幅度降低，3 个处理全生育期平均株高分别较对照降低了 29.22%、22.93%、2.92%。田间缺水加速了甜菜叶片死亡，导致株高降低。

as 处理在 8 月 1 日复水后，甜菜的株高并没有出现明显增长，在生育中后期保持在 38 cm 左右，全生育期平均株高较对照降低了 40.91%。bs 和 cs 处理皆在 8 月 20 日开始补水，由图 4 - 1 可以看

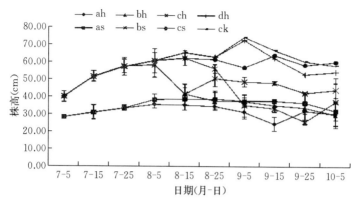

图 4-1　水分胁迫及复水对甜菜株高的影响（2013 沙地）

出，cs 处理在复水后，其株高在收获时已达对照水平，全生育期平均株高较对照降低了 4.17%；而 bs 在复水后株高虽然有小幅度的增长，但仍明显低于对照，全生育期平均株高较对照降低了 19.19%。

2014 年，滩地甜菜株高整体高于沙地，这与土质差异造成的土壤含水量不同有关（图 4-2）。两种土壤类型甜菜株高变化基本一致，不同时期的水分胁迫均降低了甜菜的株高。沙地正常供水（ck）下，甜菜的株高在 8 月 5 日达到最大值，为 53.03 cm，之后随着叶片衰亡开始降低。ah、bh、ch 和 dh 全生育期株高分别较 ck 降低了 37.23%、25.23%、15.74%、4.52%。滩地甜菜株高趋势整体高于沙地，处理间差异也较大，ah、bh、ch 和 dh 处理的全生育期平均株高较 ck 降低了 42.18%、24.06%、18.10%、4.29%。

对于沙地甜菜，as 和 bs 处理在 8 月 1 日复水后甜菜株高出现小幅度增长（图 4-2），全生育期平均值分别较 ck 降低了 27.14%、14.47%；cs 和 ds 处理复水后株高增长速度加快，其全生育期平均值分别较 ck 降低了 2.10%、1.71%。滩地甜菜复水后，株高变化趋势与沙地一致，as、bs、cs 和 ds 全生育期平均株高分别较 ck 降低了 35.07%、10.05%、9.04%、1.97%。结果表

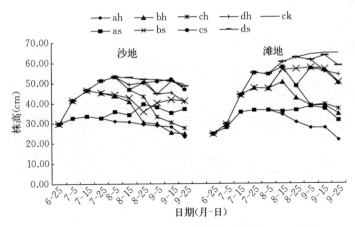

图 4-2　水分胁迫及复水对甜菜株高的影响（2014 年）

明，对于苗期和叶丛生长期的水分胁迫，复水不能补偿干旱对株高所造成的影响。

　　田间缺水加速了甜菜老叶片的死亡，而新叶片受到水分胁迫的影响，生长受到不同程度的抑制，致使株高降低，且水分胁迫越早，株高降低越多。甜菜苗期和叶丛生长期受到水分胁迫后，即使再复水也不能补偿对株高所造成的伤害；且水分胁迫后再复水对甜菜株高而言，胁迫越早，对株高的伤害越大。

4.2.2　水分胁迫及复水对甜菜叶片数及叶面积的影响

　　基于甜菜叶片数持续增长的生物学习性，甜菜叶片数在降水持续供给下无限生长；受到水分胁迫后，甜菜已分化叶片（绿色叶片）枯萎死亡，未分化叶片停止生长；复水后，甜菜叶片仍继续生长，直至枯霜期。

　　2013 年，沙地不同时期水分胁迫后甜菜叶片数受到影响，均明显低于对照（图 4-3）。ck 叶片数在 8 月 15 日达到最大值为 23 片，之后由于叶片的自然死亡而减少。ah 处理水分胁迫之后叶片数不再增多，较 ck 降低了 44.71%；bh、ch、dh 处理在水分胁迫之后叶片数均大幅度降低，分别较 ck 降低了 57.70%、43.41%、

14.84%。复水之后 as 处理叶片数先缓增后骤升，表明水分胁迫后，甜菜的生育期不再随着时间推移而延续，直至复水后，生育期继续生长，平均叶片数较 ck 降低了 18.92%；bs 与 cs 处理复水后，甜菜叶片先缓慢增长后趋至平稳，生育期平均叶片数分别较 ck 降低了 37.85%、18.37%。

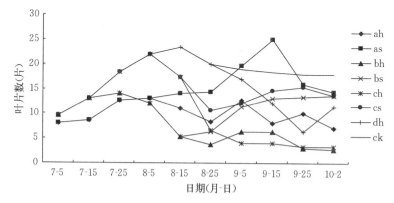

图 4-3　水分胁迫及复水对甜菜叶片数的影响（2013 沙地）

由图 4-4 可以看出，不同时期水分胁迫对甜菜叶面积的影响与株高相近，干旱明显减小了甜菜叶面积。ck 的甜菜叶面积在 8 月

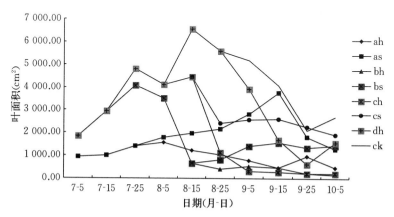

图 4-4　水分胁迫及复水对甜菜叶面积的影响（2013 沙地）

15 日达最大值，之后随着叶片衰亡而降低。ah 处理在 6 月 20 日后开始水分胁迫，叶面积 7 月有小幅度增加，其生育期总叶面积较对照减少了 75.07%；as 处理复水后叶面积开始缓慢增大，伴随 ck 叶面积的降低，在 9 月 15 日左右与 ck 相当，但生育期总面积较 ck 降低了 52.40%。bh、ch 和 dh 3 个处理的叶面积在水分胁迫后均明显降低，生育期总面积分别较 ck 减少了 62.85%、49.24%、16.68%。bs、cs 处理复水后总叶面积分别较 ck 降低了 40.88%、25.09%。

2014 年，两种土壤类型下不同水分胁迫处理对甜菜叶片数的影响见图 4-5。不同时期水分胁迫后甜菜叶片数急剧下降。沙地与滩地 ck 分别在 9 月 15 日和 9 月 5 日达到最大值，分别为 27、24 片，之后由于叶片的自然衰亡而减少。沙地甜菜的叶片数在生育前期增长速度缓慢，后期加快，滩地反之。沙地 ah 水分胁迫后叶片数小幅度下降，整体水平较低，主要因为 ah 水分胁迫时叶片数较少，全株耗水低；bh 处理因植株叶片多，且叶面积大，耗水高，胁迫后叶片数大幅度降低；ch 和 dh 同 bh 趋势一致，但因为胁迫时间晚，叶片数降低程度低于 bh。ah、bh、ch 和 dh 处理的

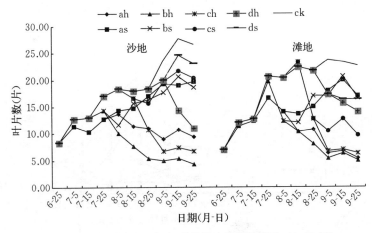

图 4-5　水分胁迫及复水对甜菜叶片数的影响（2014 年）

全生育期平均叶片数分别较 ck 降低了 41.38%、53.18%、36.12%、17.79%。滩地土壤含水量高于沙地，ah 水分胁迫后植株较大，叶片数降低趋势大于沙地，4 个处理分别降低了 45.98%、47.05%、30.95%、12.16%。结果表明，叶丛生长期水分胁迫叶片数增长表现出明显劣势，这是由于甜菜叶片在该时期处于迅速生长旺盛时期，此时水分胁迫导致叶片分化减速和绿叶数大量死亡。

由图 4-6 可以看出，沙地与滩地 ck 的甜菜单株叶面积皆在 9 月 5 日达到最大值，分别为 3 548.24、5 656.23 cm^2，之后随着温度下降叶片衰亡而逐渐降低。滩地 ck 生育期叶面积为沙地的 1.38 倍。这是由于滩地土壤含水量高、养分相对充足，甜菜生长旺盛，叶面积较大，各处理之间差距也较大。沙地 ah 处理在 6 月 20 日后开始水分胁迫，7 月叶面积有小幅度增加，其生育期总面积较对照减少了 66.98%；bh、ch 和 dh 3 个处理的叶面积在水分胁迫后均明显降低，生育期总面积分别较 ck 减少了 59.01%、41.19%、18.40%；滩地变化趋势与沙地一致，4 个处理依次较 ck 降低了 74.05%、62.21%、45.02、20.09%。

水分胁迫再复水后，叶片数均出现了不同程度的补偿性生长，甜菜叶片数停止减少，开始缓慢增加（图 4-5）。沙地复水后叶片数的补偿性增长效应明显大于滩地，as、bs、cs 和 ds 的全生育期叶片数分别较 ck 降低了 20.15%、18.87%、11.07%、5.63%；滩地复水后叶片数增加缓慢，as、bs 和 ds 处理较 ck 降低了 22.18%、21.11%、10.55%；而 cs 较 ck 降低了 24.06%，这是由于水分胁迫后叶片数急剧减少，在块根膨大后期复水错过叶丛生长阶段，因此复水所带来的补偿作用较小。

复水对两类农田甜菜叶面积的补偿作用远小于叶片数（图 4-6），沙地 as、bs、cs 和 ds 的全生育期叶面积较 ck 降低了 40.01%、29.47%、17.44%、6.11%；滩地则分别降低了 59.64%、39.81%、37.91%、15.62%。

试验结果表明，甜菜出现水分胁迫之后再次补水，对于增加与保持叶面积、具有一定的补偿作用，但难以全量补偿，因此，水分

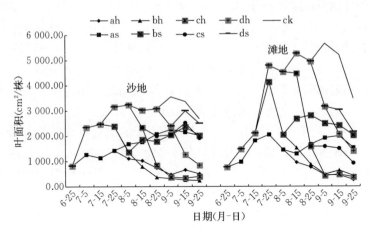

图 4 - 6　水分胁迫及复水对甜菜叶面积的影响（2014 年）

胁迫对于甜菜的叶片数及叶面积影响是持久性的，且水分胁迫越早，叶面积减少越多，补偿生长越少。生育前期的再次复水增加了甜菜的叶片数，而中后期的复水则主要是遏制了叶片的衰亡。复水的主要作用是对于甜菜叶面积的维持性生长，所以对于叶面积来讲，甜菜的水分临界期应为"叶丛生长期"，这是叶面积发展的关键期，后期只能保持叶面积，这成为促叶（营养）、保叶（水分）、护叶（病虫）的依据。

4.2.3　水分胁迫及复水对甜菜根直径的影响

由图 4 - 7 看出，2013 年甜菜根粗在全生育期表现持续增长趋势。与 ck 相比，各时期的水分胁迫均限制了根粗的增长，而复水对甜菜的根粗再长均有促进作用。从图 4 - 7 可看出，在水分胁迫之后，ah 处理的甜菜根粗表现缓慢增长，bh、ch 处理的根粗则快速下降而变细，之后缓速增粗。在全生育期补水（ck）情况下，收获时甜菜块根直径为 9.08 cm，ah、bh、ch 比 ck 分别减少了 47.19%、42.50%、27.79%。复水后，as、bs、cs 的块根出现补偿性增长，收获时根粗分别较 ck 降低了 33.6%、25.69%、

5.83％。dh 处理因水分胁迫开始较晚，对根粗影响较小，收获时直径为 8.86 cm，较 ck 降低 2.42％。

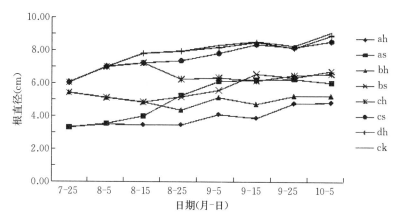

图 4-7　水分胁迫及复水对甜菜根直径的影响（2013 沙地）

2014 年，两种土壤不同时期水分胁迫甜菜根直径的变化趋势见图 4-8，ck 甜菜根直径在全生育期表现持续性增长，而各时期的水分胁迫均限制了根直径的增长。由图 4-8 可以看出，沙地 ck

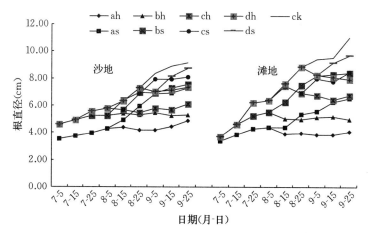

图 4-8　水分胁迫及复水对甜菜根直径的影响（2014 年）

甜菜收获时根直径为 9.18 cm；滩地 ck 甜菜块根增长速度较快，收获时根直径为 11.03 cm，为沙地的 1.20 倍，这是由于滩地土壤含水量多，促进了甜菜根系发育。水分胁迫之后，沙地 ah 处理的甜菜块根直径表现缓慢增长，bh、ch 和 dh 处理的根直径则略有下降之后缓速增粗，4 个处理收获时根直径分别较 ck 降低了 46.72%、42.36%、33.55%、20.18%；滩地甜菜水分胁迫之后，块根下降幅度大于沙地，4 个处理甜菜收获时根直径分别较 ck 降低了 63.25%、55.05%、38.66%、28.00%。

复水后，甜菜的块根出现补偿性增长（图 4-8），沙地甜菜收获时 as、bs、cs 和 ds 的块根直径分别为 7.30、7.55、8.09、8.74 cm，分别较 ck 降低了 20.48%、17.76%、11.87%、4.79%；滩地甜菜收获时，4 个处理的块根直径分别为 6.54、8.40、8.44、9.64 cm，分别较 ck 降低了 40.71%、23.84%、23.48%、12.60%。由此可知，沙地复水后的补偿性生产效果高于滩地。

结果表明，水分胁迫之后甜菜块根增长速度减慢，且胁迫越早收获时块根直径越小，因此，在生育前期应保障适当的土壤水分以供甜菜根的正常生长，后期可减少补水以提高水分利用效率。复水之后，甜菜块根增长速度加快，且胁迫时间越晚，块根直径相比 ck 受影响越小。

4.3　水分胁迫及复水对甜菜质量及产量的影响

4.3.1　水分胁迫及复水条件下甜菜质量、产量性状与水分利用效率

2013 年，水分胁迫及复水对甜菜含糖率及产量的影响见表 4-5。水分胁迫不同程度地提高了甜菜收获时的含糖率，其中 ah 和 bh 处理的含糖率分别为 23.56%、22.69%，比对照分别提高了 5.47、4.6 个百分点，差异明显；ch 和 dh 处理的含糖率分别为 21.16%、18.53%，与对照相比，虽然差异不明显，但比对照分别提高

3.07、0.44 个百分点。表明水分胁迫有利于提高甜菜的含糖率，且生长期内，水分胁迫时间越早，收获时块根的含糖率越高。

表 4-5　水分胁迫及复水下的甜菜质量、产量性状与

水分利用效率（2013 沙地）

处理	生物产量（kg/hm²）	经济产量（kg/hm²）	含糖率（%）	糖产量（kg/hm²）	叶出干率（%）	根出干率（%）	水分利用效率［kg/（mm·hm²）］
ah	10 785.71	6 464.29	23.56	1 523.07	21.24	28.51	81.21
as	35 526.79	21 770.83	20.66	4 498.73	18.96	30.49	100.62
bh	18 532.74	12 982.14	22.69	2 945.22	29.03	34.57	87.79
bs	36 556.55	24 017.86	18.91	4 542.90	14.52	24.81	108.90
ch	23 163.69	18 791.67	21.16	3 975.57	32.91	29.25	88.58
cs	52 690.48	35 720.24	18.97	6 775.89	15.28	25.04	126.26
dh	54 165.06	40 105.77	18.53	7 432.40	16.20	25.64	146.78
ck	64 907.81	43 328.13	18.09	7 840.08	15.60	24.44	137.79

水分胁迫后再复水对甜菜含糖率也有一定的影响（表 4-5）。与全生育期正常供水（ck）相比，as、bs、cs 处理含糖率分别为 20.66%、18.91%、18.97%，较对照分别提高了 2.57、0.82、0.88 个百分点，均无明显差异。与对照相比，水分胁迫后再复水甜菜含糖率虽然变化不大，但由于生育期内受到水分胁迫的影响，甜菜含糖率呈增加的趋势，而且水分胁迫时间越早增加的效果越明显。

水分胁迫不仅影响甜菜的含糖率，而且也影响块根产量（经济产量），见表 4-5，所有试验处理中，不受水分胁迫的正常供水（ck）甜菜产量最高为 43 328.13 kg/hm²，ah、bh、ch、dh 处理的产量较对照分别降低了 85.08%、70.04%、56.63%、7.44%，ah、bh 和 ch 处理块根产量明显低于对照，而 dh 与对照差异不明显。表明在甜菜生育期内，水分胁迫直接影响块根的产量，开始水分胁迫的时间越早，产量降幅越大，生育后期受到水分胁迫对块根产量的影响较小。复水对块根产量均有一定程度的补偿，as、bs、cs 处理的产量比对照分别降低了 49.75%、44.57%、17.56%。

全生育期补水（ck）的水分利用效率为 137.79 kg/(mm·hm²)（表 4-5），水分胁迫后甜菜产量降低，水分利用效率随之降低（dh 除外），dh 处理产量与对照无显著差异，水分利用效率高于 ck，由此可见，甜菜在糖分积累前期遇旱，可考虑不灌溉补水，以此达到节水节能效果。

2014 年，水分胁迫及复水对甜菜含糖率及产量的影响见表 4-6，沙地对照（ck）含糖率高于滩地，分别为 18.80%、17.38%，这主要是由于沙地砂砾含量较高、土壤孔隙较大导致土壤含水量较低，从而造成甜菜含糖率较高。

表 4-6　水分胁迫及复水下的甜菜质量、产量性状与水分利用效率（2014 年）

类型	处理	生物产量（kg/hm²）	经济产量（kg/hm²）	含糖率（%）	糖产量（kg/hm²）	叶出干率（%）	根出干率（%）	水分利用效率〔kg/(mm·hm²)〕
沙地	ah	10 228.13	6 368.75	26.40	1 681.60	21.62	27.59	73.34
	as	35 775.00	20 206.25	21.30	4 302.45	12.33	21.85	94.86
	bh	13 228.13	8 825.00	25.78	2 274.67	24.75	25.98	57.01
	bs	36 359.38	23 081.25	19.46	4 491.92	11.90	17.01	81.91
	ch	20 878.13	14 809.38	23.01	3 408.33	26.27	21.75	68.26
	cs	53 271.88	31 559.38	19.19	6 055.61	13.01	18.88	112.46
	dh	37 590.63	25 662.50	21.18	5 436.17	23.15	27.69	93.38
	ds	55 203.13	34 671.88	19.54	6 776.04	18.82	22.55	119.52
	ck	52 630.00	35 447.50	18.80	6 666.02	14.80	15.43	114.66

（续）

类型	处理	生物产量（kg/hm²）	经济产量（kg/hm²）	含糖率（%）	糖产量（kg/hm²）	叶出干率（%）	根出干率（%）	水分利用效率［kg/（mm·hm²）］
滩地	ah	7 384.38	4 187.50	30.72	1 286.51	32.97	37.93	36.79
	as	31 837.50	19 993.75	20.99	4 197.09	16.63	25.82	103.96
	bh	13 915.63	9 187.50	29.47	2 707.13	31.93	37.18	58.10
	bs	41 052.50	26 560.00	18.91	5 023.74	15.80	25.51	98.18
	ch	22 584.38	15 212.50	25.28	3 846.23	32.13	33.39	65.62
	cs	41 937.50	26 956.25	17.90	4 833.44	16.69	24.78	104.46
	dh	35 621.88	22 615.63	22.39	5 062.73	23.24	31.52	78.77
	ds	56 715.00	33 657.50	17.88	6 016.61	15.44	20.77	112.79
	ck	69 311.25	41 025.00	17.38	7 131.79	14.60	25.12	131.93

水分胁迫不同程度地提高了甜菜收获时的含糖率（表4-6），在沙地，ah、bh和ch的含糖率分别为26.40%、25.78%、23.01%，较ck分别增加了7.60、6.98、4.21个百分点，差异明显；dh的含糖率为21.18%，较ck增加了2.38个百分点，差异不明显。表明水分胁迫有利于提高甜菜的含糖率，且生长期内，水分胁迫时间越早，收获时块根的含糖率越高。

复水之后，甜菜的含糖率降低（表4-6）。在沙地，与全生育期正常供水（ck）相比，as的含糖率为21.30%，较对照提高了2.50个百分点，差异明显；bs、cs与ds则与对照之间无显著差异，但由于生育期内受到水分胁迫的影响，3个处理甜菜含糖率呈降低的趋势。滩地甜菜含糖率表现出同样趋势。

与含糖率相反，受到水分胁迫后甜菜块根产量（经济产量）均明显降低（表4-6），且胁迫时间越早，降低幅度越大。水分胁迫后甜菜糖产量降低，叶、根出干率增加；复水后反之。表明甜菜的糖产量主要由产量决定。全生育期供水（ck）条件下，甜菜产量最高，沙地生物产量与经济产量分别为 52 630.00、35 447.50 kg/hm²，滩地高于沙地，分别为 69 311.25、41 025.00 kg/hm²，这与滩地土壤含水量高有关。

在沙地，水分胁迫之后，ah、bh、ch 与 dh 的生物产量较 ck 分别降低了 80.57%、74.87%、60.33%、28.58%，差异明显；4 个水分胁迫处理的经济产量较 ck 分别降低了 82.03%、75.10%、58.22%、27.60%，差异明显。表明水分胁迫下，甜菜的生物产量与经济产量同时降低。滩地水分胁迫处理与沙地表现趋势一致。

沙地复水后，甜菜的产量得到一定程度的补偿效应（表 4 - 6），as 处理的生物产量与经济产量分别比对照降低了 32.03%、43.00%；bs 分别较 ck 降低了 30.92%、34.89%，差异明显。cs 和 ds 的生物产量与经济产量与 ck 均无明显差异。滩地复水后，as、bs 和 cs 的经济产量较 ck 分别降低了 51.26%、35.26% 和 34.29%，差异明显，ds 与 ck 之间无明显差异。

两种土壤类型下水分胁迫及复水对甜菜水分利用效率的结果表明（表 4 - 6），沙地与滩地的 ck 水分利用效率分别为 114.66、131.93 kg/(mm·hm²)，水分胁迫后，灌溉补水量的减少降低了甜菜田间耗水量，但随之带来的产量大幅度降低无法提高水分利用效率。复水之后产量增加，水分利用效率增加，在沙地，cs 与 ds 耗水减少，但水分利用效率与 ck 无明显差异；在滩地，随着耗水量的增加，产量也一直增加，ds 在耗水减少的情况下，水分利用效率较 ck 降低较少。综合评价水分胁迫及复水条件下的产量和水分利用效率，以沙地 cs、ds 和滩地 ds 最优。

在沙地于块根膨大前期和糖分积累前期，在滩地于糖分积累前期水分胁迫 20 d 后进行复水，尽管甜菜含糖率、产量及糖产量没有明显差异，但明显提高了水分利用效率。

4.3.2 甜菜产量、含糖率与耗水量、叶面积的关系

2013 年，统计分析甜菜块根产量、含糖率与耗水量、叶面积之间的相互关系（图 4 - 9、表 4 - 7）可知，甜菜块根产量与耗水

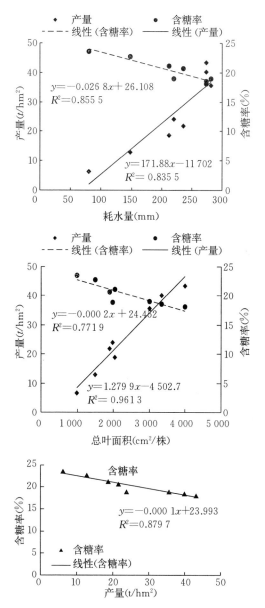

图 4-9　甜菜块根产量、含糖率与耗水量、叶面积的关系（2013 沙地）

量间存在正相关（$R^2 = 0.835\,5$）；含糖率与耗水量间存在负相关（$R^2 = 0.855\,5$）；甜菜块根产量与其含糖率间也呈负相关（$R^2 = 0.879\,7$）。表明甜菜生育期内的耗水量是影响其块根产量和品质重要因素，且对甜菜的生产具有两面性，即生育期内耗水量过高虽有利于提高块根产量但同时也降低了含糖率，生育期内耗水量过低虽可以提高含糖率但却影响块根产量的提高，因此，生育期适度的水分调控是兼顾甜菜块根产量与品质（含糖率）的关键技术。

表 4 - 7 水分胁迫及复水下的甜菜含糖率、块根产量、耗水量和总叶面积（2013 沙地）

项目	ah	as	bh	bs	ch	cs	dh	ck
产量（t/hm²）	6.46	21.77	12.98	24.02	18.79	35.72	40.11	43.33
含糖率（%）	23.56	20.66	22.69	18.91	21.16	18.97	18.53	18.09
耗水量（mm）	80.29	236.15	148.57	220.33	212.34	282.20	273.42	313.73
总叶面积（cm²）	996.75	1 889.64	1 485.13	1 964.69	2 029.39	2 994.49	3 330.94	3 997.70

由甜菜块根产量、含糖率与生育期总叶面积间的相互关系（图 4 - 9、表 4 - 7）看出，甜菜块根产量与生育期总叶面积间呈线性正相关（$R^2 = 0.961\,3$），而含糖率与生育期总叶面积间却存在负相关（$R^2 = 0.771\,9$），表明甜菜产量依赖于全生育期的总叶面积，总叶面积是甜菜产量的重要基础，但是叶面积过高，造成地上部旺长又会抑制甜菜含糖率的提高，因此，合理调控群体大小，适度调控单株及群体叶面积，是提高甜菜含糖率的关键。

2014 年，沙地与滩地四者之间相互关系与 2013 年一致（图 4 - 10、表 4 - 8、图 4 - 11）。

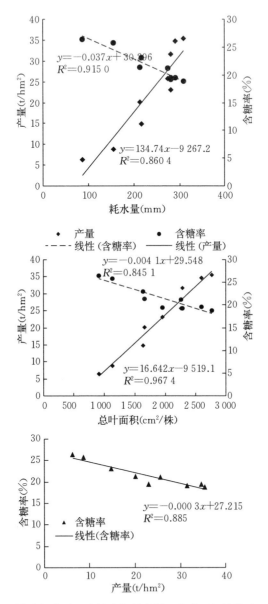

图 4-10 甜菜块根产量、含糖率与耗水量、总叶面积的关系（2014 沙地）

表 4-8　水分胁迫及复水下的甜菜含糖率、块根产量、
耗水量和总叶面积（2014 年）

| 处理 | 沙　地 | | | | 滩　地 | | | |
	产量 (t/hm²)	耗水量 (mm)	总叶面积 (cm²)	含糖率 (%)	产量 (t/hm²)	耗水量 (mm)	总叶面积 (cm²)	含糖率 (%)
ah	6.37	86.83	914.11	26.40	4.19	113.81	991.63	30.72
as	20.21	213.01	1 660.78	21.29	19.99	192.31	1 542.65	20.99
bh	8.83	154.80	1 134.95	25.78	9.19	158.13	1 444.13	29.47
bs	23.08	281.79	1 952.71	19.46	26.56	270.53	2 300.33	18.91
ch	14.81	216.97	1 628.09	23.01	15.21	231.83	2 101.18	25.28
cs	31.56	280.62	2 285.63	19.19	26.96	258.06	2 373.19	17.93
dh	25.66	274.83	2 259.30	21.18	22.62	287.10	3 054.22	22.39
ds	34.67	290.10	2 599.54	19.54	33.66	298.40	3 224.91	17.88
ck	35.45	309.15	2 768.60	18.81	41.03	310.96	3 821.94	17.38

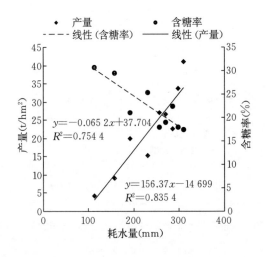

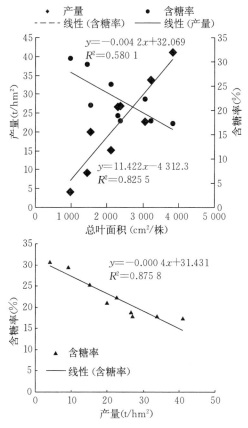

图 4 - 11 甜菜块根产量、含糖率与耗水量、总叶面积的关系（2014 滩地）

5 种植方式及补水对华北寒旱区甜菜生长的影响

5.1 种植方式及补水对甜菜根长的影响

5.1.1 种植方式对两类农田甜菜根长的影响

　　不同种植方式下华北寒旱区草甸栗钙土（滩地）与沙质栗钙土（沙地）农田甜菜根长变化趋势基本一致（图 5-1），7 月 4 日～8 月 13 日根长迅速增加，呈现直线上升趋势，且平作覆膜甜菜的根长优于其他处理，此阶段为叶丛生长及根系下扎、膨大的主要时期，甜菜的根系长度随生育期发展持续增加，8 月 13 日～10 月 2 日根长无明显变化，此时进入糖分积累期，主要进行营养物质的积累，根长生长缓慢。在整个生育期内雨水相对充足，土质疏松，不利于根系下扎，故各种植方式的根长差异不明显，在

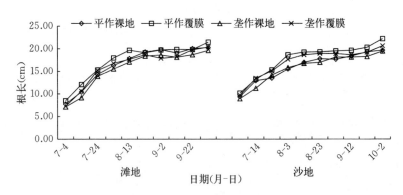

图 5-1　不同种植方式下不同时期甜菜根长变化（2013 年）

收获期，滩地垄作覆膜、平作覆膜、垄作裸地、平作裸地根长分别达 20.28、21.46、19.62、20.27 cm，沙地根长分别达 20.67、22.23、19.50、19.70 cm，沙地平作覆膜及垄作覆膜根长较滩地分别长 3.6%、1.9%，平作裸地及垄作裸地较滩地则短 2.8%、0.6%。收获时，滩地平作覆膜、垄作覆膜的根长较平作裸地分别高出 5.9%、0.05%，垄作裸地较平作裸地低 3.2%；沙地平作覆膜、垄作覆膜的根长较平作裸地分别高出 12.8%、4.9%，垄作裸地较平作裸地低 1.0%。说明覆膜改善了土壤紧实度，利于根系下扎。

5.1.2 补水对沙地甜菜根长变化的影响

沙地补水对不同种植方式甜菜根长变化如图 5-2 所示，8 月 23 日以后，未补水处理（W0）由于土壤中水分缺乏，促使根系下扎，又因不同种植方式的不同土壤水分及温度的影响，根系下扎速度也不尽相同，平作覆膜下扎速度较其他处理更明显。在 8 月 18 日补水 20 mm 后（W1），较 W0 各种植方式甜菜之间差异缩小，说明水分对于不同种植方式下根的生长具有一定影响。

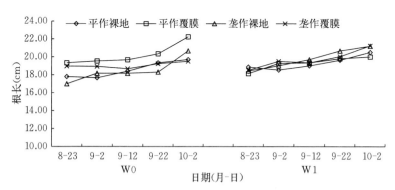

图 5-2 补水对沙地不同种植方式下不同时期甜菜根长的影响（2013 年）

5.2 种植方式及补水对两类农田甜菜根直径的影响

5.2.1 种植方式对两类农田甜菜根直径的影响

　　滩地不同种植方式甜菜根直径变化如图 5-3 所示，7月4日～8月13日根直径增长迅速，呈现近直线上升趋势，此阶段为根系膨大的主要时期，8月13日～10月2日根直径变化缓慢，此时进入糖分积累期主要进行营养物质的积累，根系的生长主要表现在体积和重量方面，根直径则变化较小。在收获期，滩地平作覆膜、垄作覆膜、垄作裸地、平作裸地的根直径分别达 11.63、11.65、10.29、11.43 cm，整个生育期根直径持续增长，且呈前快后慢的趋势，4个处理中，平作覆膜和垄作覆膜比平作裸地、垄作裸地根直径增长明显，可见覆膜具有良好的保温、保水作用，在前期使甜菜迅速缓苗，生长发育良好，为后期苗壮生长奠定良好基础，在后期，覆膜起到了改善土壤环境条件、提高土壤含水率、降低土壤容重、增加土壤孔隙度、增加土壤空气含量、增强根系吸收土壤养分的能力，促进根系发育。沙地根直径变化趋势同滩地。

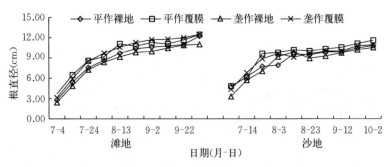

图 5-3　甜菜不同时期根直径变化（2013年）

5.2.2 补水对沙地甜菜根直径的影响

　　从图 5-4 可知，未补水处理（W0）和补水处理（W1），沙地甜菜根直径变化趋势一致，均表现为平作覆膜＞垄作覆膜＞平作裸地＞垄作裸地，两个覆膜处理明显大于两个裸地处理，说明覆膜能够减少土壤水分蒸发，促进根的生长发育，垄作裸地和平作裸地由于地表裸露，水分蒸发大，不利于保温保墒，不利于甜菜根的生长。W1 较 W0 处理甜菜根直径增长速度明显提高，可见补水对于养分吸收及根系膨大起到了积极的作用。

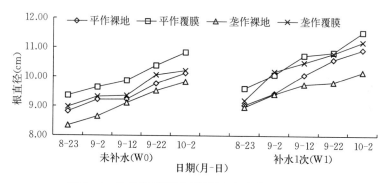

图 5-4　沙地甜菜不同时期根直径变化（2013 年）

5.3　种植方式及补水对甜菜株高的影响

5.3.1　种植方式对两类农田甜菜株高的影响

滩地不同种植方式对甜菜株高的影响如图 5-5 所示，7 月 4 日～8 月 13 日株高逐渐增加，并在 8 月 13 日达到最高峰，且表现为垄作覆膜＞平作覆膜＞垄作裸地＞平作裸地，分别为 68.17、65.38、59.47、56.38 cm，沙地各处理较滩地分别降低 20.3%、12.5%、6.4%、1.3%，这主要是由于 7～8 月气温升高，且在2013 年此期间降水频繁，雨量充足，加之沙地较滩地温差更大，水分蒸发快，造成高温高湿环境引起甜菜褐斑病的发生，甜菜叶片受到严重根伤害，致使甜菜株高下降迅速。在滩地，覆膜处理甜菜株高表现出相对优势明显，从 8 月 13 日以后，甜菜开始进入糖分积累期，叶丛生长缓慢且老叶片由于受到此时的环境条件影响开始脱落，株高开始缓慢下降，沙地则因褐斑病的影响而快速下降。在沙地，8月13日以后气温逐渐降低，褐斑病慢慢褪去，植株生长逐渐恢复，充足的水分供应使得甜菜株高后期略有回升后降低，从图中可以看出，受褐斑病的影响，沙地不同种植方式甜菜株高差异较滩地小。

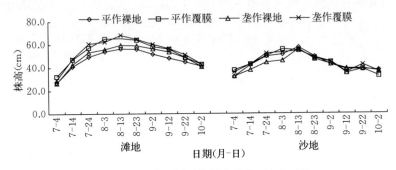

图5-5　甜菜不同时期株高变化（2013年）

5.3.2　补水对沙地甜菜株高的影响

从图5-6可知，8月23日～9月12日，无论补水与否，沙地各种植方式甜菜株高整体都表现为快速下降趋势，且两个覆膜处理较两个裸地处理下降速度更快，可见褐斑病的发生对长势旺盛的植

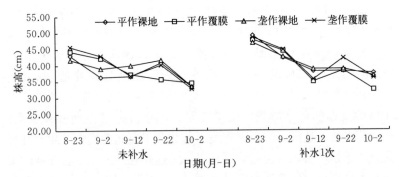

图5-6　沙地甜菜不同时期株高变化（2013年）

株造成的损伤更大，危害更为严重，9月12日～10月2日天气转凉，病斑褪去，株高略有回升后下降。对比未补水与补水处理可以看出，8月23日，补水处理的株高较不补水处理高，且在补水后，补水处理的4种种植方式之间株高差异缩小，说明平作裸地及垄作裸地甜菜在水分条件充足时能及时发挥其补偿作用，较两个覆膜处理更快的生长，提高水分利用效率，覆膜的两个处理由于植株较大，更多的水分用于蒸腾作用的消耗。

5.4 种植方式及补水对甜菜根干重的影响

5.4.1 种植方式对两类农田甜菜根干重的影响

两种土壤类型下，不同种植方式对甜菜块根干重的影响见图5-7。不同处理的块根干重均呈S形曲线，Logistic回归曲线能够较好地模拟块根干重增长过程（表5-1）。

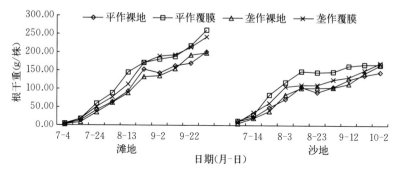

图5-7 滩地甜菜不同时期根干重变化（2013年）

在滩地，垄作覆膜的增长速率最大，为4.25 g/(株·d)，较平作裸地、垄作裸地、平作覆膜分别高20.1%、31.6%、7.9%。同时，垄作覆膜的块根干重平均增长速率也最大，为2.65 g/(株·d)，分别是平作裸地、垄作裸地、平作覆膜的1.20、1.31、1.08倍。快速增长持续的天数占整个生育期的63.7%～75.0%；其中，平作裸地与垄作覆膜低于平作覆膜与垄作裸地，差距达9～14 d。平

表 5-1 两种土壤类型下不同处理块根积累量的 Logistic 方程回归分析

土壤类型	处理	Logistic 方程	R^2	最大增速 [g/(株·d)]	平均增速 [g/(株·d)]	速增持续期 (d)	块根增速始期 (d)	块根增速末期 (d)	最大增速出现时间 (d)
滩地	平作裸地	$y=188.52/(1+175.37 \times e^{-0.075x})$	0.992	3.54	2.20	76.43	30.77	107.20	68.99
	平作覆膜	$y=239.15/(1+88.82 \times e^{-0.066x})$	0.982	3.94	2.46	86.87	24.65	111.52	68.09
	垄作裸地	$y=203.39/(1+116.25 \times e^{-0.064x})$	0.991	3.23	2.02	89.99	29.77	119.75	74.76
	垄作覆膜	$y=231.35/(1+165.43 \times e^{-0.074x})$	0.993	4.25	2.65	77.87	30.56	108.43	69.49
沙地	平作裸地	$y=144.55/(1+38.05 \times e^{-0.057x})$	0.989	2.06	1.28	100.48	13.63	114.11	63.87
	平作覆膜	$y=159.91/(1+382.22 \times e^{-0.118x})$	0.994	4.69	2.92	48.84	26.31	75.15	50.73
	垄作裸地	$y=160.52/(1+32.78 \times e^{-0.05x})$	0.962	2.02	1.26	113.75	12.47	126.22	69.34
	垄作覆膜	$y=153.30/(1+36.89 \times e^{-0.064x})$	0.965	2.44	1.52	89.99	11.72	101.71	56.72

作裸地、平作覆膜、垄作覆膜最大增长速率出现的时间均为缓苗后的第 69 天，比垄作裸地早 6 d。块根快速增长的始期以平作覆膜最早，比平作裸地早 6 d；块根快速增长的末期以平作裸地最早，较平作覆膜与垄作覆膜分别早 4.6、1.2 d。

在沙地，甜菜的块根最大增重速率以平作覆膜最大，高达 4.69 g/(株·d)，较平作裸地、垄作裸地、垄作覆膜分别高 127.7%、132.2%、92.2%（表 5-1）。平作覆膜的平均增长速率也最大，为 2.92 g/(株·d)，垄作裸地最低，为 1.26 g/(株·d)，仅为平作覆膜的 43.2%。快速增长始期和快速增长末期的出现时间以垄作覆膜和平作覆膜出现较早，沙地甜菜的块根快速增重期持续的天数，平作覆膜最短，仅占整个生育期的 40.7%，平作裸地与垄作裸地分别占生育期的 83.7%～94.8%。

无论在滩地还是沙地，甜菜块根的最大增速与平均增速两个覆膜处理均高于两个裸地处理，从图 5-7 中可以看出，对于甜菜块根增重，沙地表现出覆膜快速增重期早、增重速率高、快速增重期延续时间短的特征，块根增重基本完成了"S"增长的全过程；而滩地的甜菜块根增重，则表现出快速增重期晚、增重速率低、快速增重期延续时间长的特征，收获时仍处于线性增重期末，块根增重未能完成 S 增长的全过程。

5.4.2 补水对沙地甜菜根干重的影响

补水对沙地不同种植方式根干重变化影响如图 5-8 所示，补水后，不同种植方式甜菜根干重明显增加。收获时，补水处理甜菜平作裸地、平作覆膜、垄作裸地、垄作覆膜较未补水根直径分别增加 13.5%、24.4%、7.3%、10.5%。且在补水后，补水处理的 4 种种植方式之间根干重差异缩小，说明平作裸地及垄作裸地甜菜在水分条件充足时能及时发挥其补偿作用，较两个覆膜处理更快的生长，覆膜的两个处理由于植株较大，更多的水分用于蒸腾作用的消耗，出现植株的"维生耗水"现象。

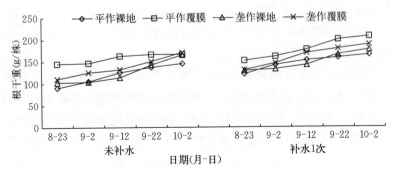

图 5-8 补水对沙地甜菜根干重变化的影响（2013 年）

5.5 种植方式及补水对两种土壤甜菜叶片数的影响

5.5.1 种植方式对两类农田甜菜展开叶片数的影响

由图 5-9 可知，滩地与沙地甜菜叶片数变化基本一致，均表现两个覆膜处理的叶片数明显大于裸地的两个处理，7 月 4 日～8 月 3 日，甜菜展开绿色叶片数目快速增长，且沙地较滩地增长更快，都在 8 月 3 日达最大值，滩地平作覆膜、垄作覆膜、垄作裸地、平作裸地处理甜菜展开叶片数分别为 18、18、18、16 片，沙

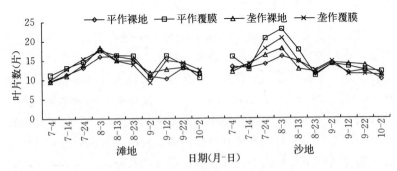

图 5-9 两类农田甜菜不同时期展开叶片数变化（2013 年）

地各处理较滩地略高，分别为 23、21、18、16 片，8 月 3 日开始甜菜外部展开绿色叶片数缓慢下降，外部叶片衰老速度明显大于叶片新生速度，甜菜光合积累有机物促进地下根部的生长，甜菜生长进入块根膨大期，各处理差异不明显。至甜菜收获，滩地平作覆膜、垄作覆膜、垄作裸地、平作裸地处理甜菜展开叶片数分别为 10、12、12、12 片，沙地则受褐斑病影响分别降至 13、11、11、9 片。

5.5.2　补水对沙地甜菜展开叶片数的影响

补水对沙地不同种植方式展开叶片数变化影响如图 5 - 10 所示，由于前期受褐斑病的影响，各处理甜菜叶片都受到严重损伤，随着气温的降低，病害得到缓解，补水后，W1 处理甜菜受损叶片逐渐恢复，8 月 23 日至 9 月 22 日，叶片数基本保持不变，但未补水的 W0 处理在 9 月 2 日出现短暂的恢复后又开始快速下降，其中两个覆膜处理较两个未覆膜处理下降更快，说明长势越好的甜菜植株在受到外界环境胁迫时比长势较弱的植株更容易受到伤害，破坏更严重，至甜菜收获 W0 平作覆膜、垄作覆膜、垄作裸地、平作裸地处理甜菜叶片数分别降至 12、11、11、10 片，W1 各处理则分别降至 11、12、13、11 片。

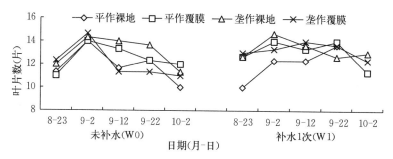

图 5 - 10　补水对沙地甜菜不同时期叶片数变化的影响（2013 年）

5.6　种植方式及补水对两类农田甜菜叶面积指数的影响

5.6.1　种植方式对两类农田甜菜叶面积指数的影响

不同种植方式对甜菜叶面积指数的影响如图 5-11 所示,滩地 4 种处理甜菜叶面积指数于 8 月 13 日达最大值,垄作覆膜＞平作覆膜＞垄作裸地＞平作裸地,分别为 3.69、3.46、3.11、2.74,垄作覆膜、平作覆膜比平作裸地高出 34.7%、26.3%。8 月 23 日以后,滩地平均叶面积指数为 1.50。整个生育期,平作裸地、平作覆膜、垄作裸地、垄作覆膜平均叶面积指数分别为 1.65、2.03、1.73、2.02,平作覆膜、垄作覆膜较平作裸地高出 23.0%、22.4%。

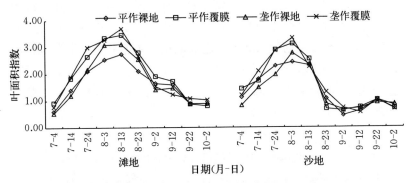

图 5-11　两类农田甜菜不同时期叶面积指数变化（2013 年）

在沙地,4 种处理甜菜叶面积指数于 8 月 3 日均达到最大值,表现为垄作覆膜＞平作覆膜＞垄作裸地＞平作裸地,分别是 3.33、3.12、2.78、2.44,垄作覆膜比平作裸地高 36.5%。沙地较滩地甜菜植株生长快,但后期易早衰;滩地整体叶面积指数较沙地高。沙地垄作覆膜与平作覆膜种植的甜菜叶面积指数最大值分别为 3.33、3.12,在 8 月 23 日以后,沙地平均为 0.80,较滩地叶面积指数减少近一半，这对于甜菜生长极为不利。整个生育期，沙地平作裸地、平作覆膜、垄作裸地、垄作覆膜平均叶面积指数分别为 1.39、1.55、1.34、1.60，平作覆膜、垄作覆膜较平作裸地高出 11.5% 和 15.1%，沙地不同种植方式的叶面积指数低于滩地。

5.6.2 补水对沙地甜菜叶面积指数变化的影响

补水对沙地不同种植方式叶面积指数变化影响如图 5－12 所示，补水后（W1 处理）甜菜叶面积指数较未补水（W0 处理）差异缩小，表现为垄作裸地＞平作覆膜＞垄作覆膜＞平作裸地，其中，平作裸地和垄作裸地较 W0 处理叶面积指数平均分别提高 89.8%、56.8%，而平作覆膜、垄作覆膜仅提高 21.6%、2.3%，说明补水对前期长势较弱的甜菜补偿作用更为明显。

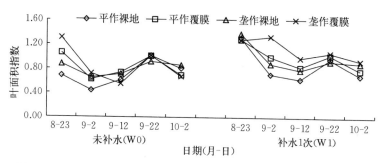

图 5－12　补水对沙地甜菜不同时期叶面积指数变化的影响（2013 年）

从图 5－12 中还可以看出，在 8 月 23 日至 9 月 2 日，未补水各种植方式甜菜叶面积指数下降较快，补水处理则下降缓慢，说明甜菜叶面积指数对水分的反应较为敏感。9 月 12 日至 9 月 22 日甜菜叶面积指数又有所回升，这是对前期褐斑病引起的叶面积急速下降的一种补偿现象，加之 9 月 17 日有 11.2 mm 降水及此期间气温较为稳定，出现一批新叶片，因此，叶面积指数短期回升后在收获期降低。

5.7　种植方式对甜菜田土壤温度的影响

5.7.1　种植方式对两类甜菜田 0～25 cm 日均地温的影响

　　两种土壤类型不同种植方式对甜菜田 0～25 cm 日平均地温的影响见图 5-13。整体来看，滩地与沙地不同种植方式对土壤日平均温度的影响趋势一致，在滩地，整个生育期积温由大到小为垄作覆膜、平作覆膜、垄作裸地、平作裸地，分别为 2 547.62、2 465.49、2 417.80、2 399.96 ℃，各处理生育期较平作裸地延长 2.42、2.34、2.30 d。叶丛生长期（8 月 5 日前）覆膜处理的日平均地温高于未覆膜处理，并以垄作覆膜最高，平作覆膜次之，平作裸地最低，垄作覆膜和平作覆膜积温较平作裸地高 80.00、46.00 ℃，此阶段覆膜处理高于未覆膜处理，这主要是甜菜植株小，地表覆盖物少，易接受太阳的辐射，覆膜处理易于保温，故覆膜处理温度较高。在块根膨大期（8 月 5 日～9 月 5 日），植株生长旺盛，遮阴作用明显，各处理温差不大，糖分积累期（9 月 5 日以后）植株开始衰老，地表逐渐暴露在太阳下，覆膜处理较未覆膜处理更易保持土壤温度，故覆膜处理仍高于未覆膜处理。

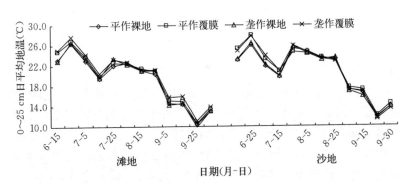

图 5-13　两种土壤类型下不同种植方式对甜菜田 0～25 cm 日
平均地温的影响（2013 年）

在沙地，苗期至叶丛生长期（8月5日前）不同种植方式差异较滩地更为明显。整个生育期积温由大到小为平作覆膜、垄作覆膜、平作裸地、垄作裸地，各处理生育期较平作裸地延长2.5、2.2、2.1 d，同时，4个处理生育期积温较滩地分别高180.46、88.52、151.07、172.30 ℃。叶丛生长期（8月5日前），平作覆膜生育期积温最高，垄作覆膜次之，二者积温分别较平作裸地高88.60、69.60 ℃，生育期延长3.81、3.00 d，8月5日以后的植株叶面积指数变化情况同滩地。垄作裸地在整个生育期中，地温一直低于平作裸地，主要是由于在沙地垄作裸地不但没有因加大土壤表面积而吸收更多的热量，反而因冀西北坝上地区海拔高、风速大加快了温度的降低，这一现象在刮风较多的春季尤为明显。

5.7.2 种植方式对两种土壤甜菜田土温垂直变化的影响

两类农田不同种植方式土壤耕层温度垂直变化特征见表5-2。从整体来看，无论滩地还是沙地，随着土壤深度的加深，土壤温度逐渐降低，但不同处理不同土层之间存在一定的差异。沙地地温均高于滩地相应处理的同一土层温度，平作裸地、平作覆膜、垄作裸地、垄作覆膜平均分别高出1.36、1.47、1.27、0.64 ℃。

表5-2 不同种植方式对两种土壤各土层温度变化的影响

单位：℃，年份：2013

土壤类型	处理	土层深度（cm）					
		0	5	10	15	20	25
滩地	平作裸地	21.32	20.44	19.14	19.28	18.45	17.91
	平作覆膜	22.21	21.95	20.04	19.33	19.04	18.28
	垄作裸地	21.54	20.64	20.20	19.54	18.03	17.01
	垄作覆膜	22.78	22.09	21.02	20.63	19.29	18.69

(续)

土壤类型	处理	土层深度（cm）					
		0	5	10	15	20	25
沙地	平作裸地	22.50	21.49	21.79	20.43	18.90	19.61
	平作覆膜	23.31	22.26	22.25	21.01	20.70	20.12
	垄作裸地	22.05	21.67	21.15	20.40	19.77	19.54
	垄作覆膜	23.40	23.21	22.11	21.98	19.05	18.61

在滩地，平作覆膜土壤温度在 5、10 cm 土层均高于平作裸地，且差异明显，其他土层均不明显。垄作裸地在 10 cm 土层明显高于平作裸地，在 25 cm 明显低于平作裸地，其他土层较平作裸地均差异不明显。垄作覆膜与平作裸地相比，各层土壤温度前者均明显高于后者。可见，在滩地单独覆膜或起垄措施可以在一定程度上提高土壤温度，而垄作配以覆膜是提高土壤温度、增加有效积温最为有效的措施。

在沙地，除 20 cm 土层外，平作覆膜的各层土壤温度多高于平作裸地。垄作裸地在 0、10、15、25 cm 土层温度均低于平作裸地，在 5、20 cm 土层温度高于平作裸地。垄作覆膜在 0、5、15 cm 土层均明显高于平作裸地，在 10、20 cm 土层差异不明显，在 25 cm 土层则明显低于平作裸地。

5.7.3 种植方式对两种土壤甜菜田不同时刻各土层温度变化

两类农田不同种植方式下不同时刻各土层温度变化见表 5-3，在甜菜生长发育期间，不同种植方式，6 个土壤耕层（0、5、10、15、20 和 25 cm）的温度基本上都是 14:00 最高，20:00 次之，8:00 最低。土壤耕层最高温度只出现在 14:00，并且垄作覆膜＞垄作裸地＞平作覆膜＞平作裸地。整体来看，8:00 和 14:00 土壤温度随着土壤深度的加深，温度不断降低，20:00 呈现先升后降的变化趋势，其中 14:00 时的变化幅度最大。

表 5-3　不同种植方式对两种土壤甜菜田不同时刻不同耕层土壤温度变化

单位：℃；年份：2013

土壤深度(cm)		8:00				14:00				20:00			
		平作裸地	平作覆膜	垄作裸地	垄作覆膜	平作裸地	平作覆膜	垄作裸地	垄作覆膜	平作裸地	平作覆膜	垄作裸地	垄作覆膜
滩地	0	17.92	19.02	17.92	18.22	28.12	27.15	29.09	31.22	18.82	20.02	18.68	20.11
	5	16.71	18.52	20.91	18.43	26.34	26.63	27.33	27.20	19.43	21.01	19.91	21.63
	10	15.63	16.45	15.81	16.42	22.63	23.39	24.52	25.02	20.22	21.03	21.56	22.91
	15	16.28	16.22	15.54	16.52	21.64	21.72	22.41	23.51	21.20	20.74	21.78	22.62
	20	16.91	17.28	16.64	16.53	19.52	20.22	20.63	20.41	19.81	20.52	19.64	21.23
	25	16.73	17.03	15.02	17.51	18.71	19.13	17.91	19.61	19.11	19.59	19.23	20.41
沙地	0	18.17	18.97	17.65	19.34	29.55	29.46	28.25	29.76	19.80	21.48	20.29	21.10
	5	16.35	17.34	16.41	18.37	27.25	27.60	27.40	30.18	20.87	21.83	21.22	21.08
	10	17.08	17.29	16.26	17.75	26.42	26.62	25.28	25.97	21.85	22.87	21.91	22.58
	15	16.23	17.17	16.42	17.83	22.93	23.14	23.26	25.43	22.14	22.75	21.54	22.67
	20	15.96	18.19	16.99	16.62	20.35	21.94	21.17	20.12	20.39	21.97	21.12	20.41
	25	17.21	18.17	17.59	16.57	20.41	20.84	20.29	19.85	21.19	21.35	20.73	19.67

5.8 种植方式及补水对甜菜田水分的影响

5.8.1 年度降水特征分析

图 5‑14、图 5‑15 分别为 2012 年、2013 年甜菜生育期（5 月下旬至 10 月上旬）降水量分布。2012 年、2013 年甜菜生育期降水量分别为 289.0、321.5 mm，2012 年较同期多年平均降水量（312.1 mm）少 23.1 mm，属于降水较为缺乏的年份，2013 年较常年则多 9.4 mm，属于降水较充足的年份。2012 年、2013 年甜菜苗期（5 月 20 日～6 月 10 日）降水量分别为 15.3、38.4 mm，2012 年较同期多年平均降水量（28.5 mm）少 13.2 mm，2013 年多 9.9 mm。叶丛生长期（6 月 11 日～7 月 20 日），2012 年降水量为 95.6 mm，较常年减少 6.00%，2013 年为 151.2 mm，增加 48.7%，其中，2012 年 6 月 24 日降水量达 29.5 mm，占该时期的 30.9%，2013 年 7 月 15 日降水高达 69.1 mm，占该时期的 45.7%，而占甜菜整个生育期的 21.5%。块根膨大期（7 月 21 日～8 月 31 日），2012、2013 年降水分别为 90.8、106.6 mm，较常年 128.0 mm 分别减少 29.1%、16.7%；糖分积累期（9 月 1 日～10 月初），2012 年降水量为 87.3 mm，较常年 53.9 mm 增加 62.0%，2013 年降水量为 45.3 mm，较常年降低 16.0%。

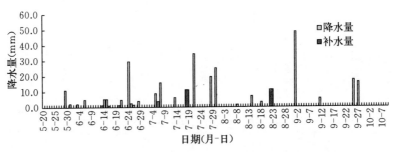

图 5‑14 甜菜生育期降水量及补水量（2012 年）

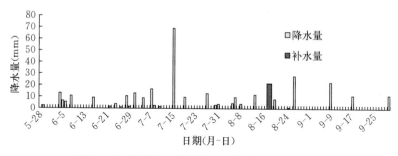

图 5-15 甜菜生育期降水量及补水量（2013 年）

由此可见，甜菜生育期内降水分布极不均匀。因此，只依靠自然降水很难保证甜菜的正常生长，采取相应的补水措施，提高作物水分利用效率对区域作物稳产与高产非常重要。图 5-14 中给出了 2012 年降水及补水情况，2 次补水，分别在 7 月 19 日和 8 月 23 日各补水 10 mm，2013 年在 8 月 19 日补水 20 mm。

5.8.2 种植方式及补水对两类甜菜田耗水量的影响

（1）种植方式对两类甜菜田耗水量的影响 两类农田不同种植方式下甜菜耗水量及其来源如表 5-4 所示，2012 年，滩地与沙地覆膜处理甜菜田水分利用效率均明显高于未覆膜处理，其中平作覆膜最高，较平作裸地明显高出 40.53%、25.59%，垄作覆膜同样明显高于平作裸地 39.94%、14.59%，垄作裸地则表现最差，其中，在滩地较平作裸地降低 5.63%，在沙地降低 23.58%。在滩地垄作裸地的耗水量最大，且明显高于平作裸地，两个覆膜处理较平作裸地差异不明显，说明起垄不仅没有起到保水作用，反而因其加大了土壤表面积加快了蒸发，增加了耗水量，在沙地两个覆膜处理的耗水量明显高于未覆膜处理，垄作较平作裸地差异不明显。

两类农田不同种植方式，2013 年的总耗水量较 2012 年都有增加，2013 年滩地不同种植方式的水分利用效率同 2012 年，平作覆膜、垄作覆膜较平作裸地明显高出 41.45%、32.24%，垄作裸地则较平作裸地差异不明显。平作覆膜的总耗水量明显低于平作裸地处理，垄作裸地总耗水量明显高于平作裸地（1.04 倍）。在沙地，垄作覆膜处理的水分利用效率较平作裸地明显提高 17.59%，平作覆膜、垄作裸地较平作裸地差异不明显，平作裸地总耗水量均明显高于垄作裸地及垄作覆膜，平作覆膜较平作裸地则差异不明显。

表 5-4 不同种植方式对两种土壤类型甜菜田耗水量的影响

年份	土壤类型	处理	土壤储水量（mm）		降水量（mm）	总耗水量（mm）	多耗水（mm）	水分利用效率 [kg/(mm·hm²)]	提高率（%）
			移栽期	收获期					
2012	滩地	平作裸地	119.35	122.96	289.0	283.97	—	105.17	—
		平作覆膜	125.42	127.75	289.0	286.01	2.04	147.80	40.53
		垄作裸地	135.47	132.19	289.0	291.51	7.54	99.25	-5.63
		垄作覆膜	127.50	125.36	289.0	290.42	6.45	147.18	39.94
	沙地	平作裸地	48.57	53.80	289.0	284.34	—	118.81	—
		平作覆膜	51.54	51.81	289.0	292.60	8.26	149.21	25.59
		垄作裸地	48.76	50.60	289.0	280.62	-3.72	90.79	-23.58
		垄作覆膜	53.02	54.56	289.0	293.49	9.15	136.14	14.59
2013	滩地	平作裸地	121.82	113.53	321.5	329.79	—	93.25	—
		平作覆膜	123.84	126.75	321.5	318.59	-11.2	131.90	41.45
		垄作裸地	126.08	105.94	321.5	341.64	11.85	90.34	-3.12
		垄作覆膜	122.59	117.04	321.5	327.05	-2.74	123.31	32.24
	沙地	平作裸地	52.79	48.44	321.5	327.54	—	84.89	—
		平作覆膜	45.54	44.83	321.5	323.79	-3.75	95.20	12.15
		垄作裸地	44.39	44.58	321.5	315.54	-12.0	83.27	-1.91
		垄作覆膜	49.07	45.37	321.5	320.90	-6.64	99.82	17.59

比较不同土壤类型土壤储水量发现，2012 年、2013 年滩地移栽期和收获期土壤储水量均高于沙地。说明滩地土壤利于土壤储水，在发生降水不足或发生短期干旱时能向植株供水，沙地则保水能力差，在干旱少雨的情况下，若要保证植株的正常生长就必须采取及时的补水措施以缓解干旱。

对比两年数据发现，不同土壤类型甜菜田水分利用效率覆膜处理除 2013 年沙地因受甜菜褐斑病的影响平作覆膜较平作裸地差异不明显外，其他覆膜处理均明显高于平作裸地，垄作裸地则无明显效果，甚至明显低于平作裸地。说明无论在滩地还是沙地，覆膜是提高甜菜田块水分利用效率的有效途径，垄作裸地则不能起到良好效果，垄作配以覆膜虽可以明显提高水分利用效率，但因其较平作覆膜成本投入大、且费时费力，故不建议采用。

（2）补水对沙地甜菜田耗水量影响　2012 年，对沙地不同种植方式下甜菜田进行补水处理发现，甜菜田随补水量的增加水分利用效率不断提高（表 5-5），平作裸地、平作覆膜、垄作裸地方式补水 1 次较未补水处理分别提高 10.0%、4.4% 和 13.2%，垄作覆膜则差异不明显。各处理补水 2 次较未补水分别明显提高 12.7%、4.8%、15.5% 和 6.3%。耗水量的变化同样随补水量的增加而增加，除平作裸地补水 1 次较未补水处理差异不明显外，其他各处理均差异明显。说明沙地补水也是提高甜菜田水分利用效率的有效途径，且随补水量的增加，水分利用效率相应提高。

表 5-5　沙地不同种植方式下甜菜田耗水量及其来源（2012 年）

种植方式	补水处理	土壤储水（mm）		降水量（mm）	补水量（mm）	耗水量（mm）	多耗水量（mm）	水分利用效率 [kg/(mm·hm²)]	提高率（%）
		移栽期	收获期						
平作裸地	未补水	48.9	53.6	289.0	0	284.34	—	119.03	—
	补水 1 次	46.3	57.4	289.0	10	287.93	3.59	130.93	10.0
	补水 2 次	54.3	54.8	289.0	20	308.52	24.18	134.17	12.7
平作覆膜	未补水	50.6	47.0	289.0		292.60	—	149.04	—
	补水 1 次	53.7	53.0	289.0	10	299.70	7.1	155.64	4.4
	补水 2 次	49.4	49.3	289.0	20	309.18	16.58	156.25	4.8
垄作裸地	未补水	40.9	49.3	289.0	0	280.62	—	88.06	—
	补水 1 次	45.4	50.3	289.0	10	293.61	12.99	99.67	13.2
	补水 2 次	56.6	44.3	289.0	20	321.31	40.69	101.69	15.5

（续）

种植方式	补水处理	土壤储水（mm）		降水量（mm）	补水量（mm）	耗水量（mm）	多耗水量（mm）	水分利用效率［kg/（mm·hm²）］	提高率（%）
		移栽期	收获期						
垄作覆膜	未补水	48.7	44.2	289.0	0	293.49	—	137.19	—
	补水1次	58.9	55.2	289.0	10	302.76	9.27	139.00	1.3
	补水2次	57.2	53.5	289.0	0	312.66	19.17	145.85	6.3

2013年，补水对沙地不同种植方式下甜菜田耗水量及其来源见表5-6。采取配对T检验的方法比较不同种植方式补水处理耗水量及水分利用效率。结果表明，平作裸地、平作覆膜、垄作覆膜种植方式补水较未补水处理水分利用效率分别提高15.8%、8.3%、9.2%，垄作裸地补水与补水处理差异不明显。补水处理的耗水量较未补水均差异明显。说明沙地补水也是提高甜菜田水分利用效率的有效途径，且随补水量的增加，水分利用效率相应提高。

表5-6　沙地不同种植方式下甜菜田耗水量及其来源（2013年）

种植方式	处理	土壤储水（mm）		降水量（mm）	补水量（mm）	耗水量		水分利用效率	
		播种期	收获期			（mm）	T值	［kg/（mm·hm²）］	T值
平作裸地	未补水	51.93	45.89	321.5	0	329.95	−3.276	84.89	−3.258
	补水	60.78	48.91	321.5	20	344.11		98.34	
平作覆膜	未补水	43.19	40.90	321.5	0	322.90	−19.431	95.20	−3.842
	补水	53.93	49.16	321.5	20	339.23		103.07	
垄作裸地	未补水	37.47	43.43	321.5	0	316.01	−19.657	83.27	−0.161
	补水	48.24	47.50	321.5	20	342.09		83.72	
垄作覆膜	未补水	45.92	46.52	321.5	0	325.34	−3.930	99.82	−7.076
	补水	51.62	45.90	321.5	20	346.00		109.00	

5.8.3 种植方式及补水对两种土壤甜菜阶段耗水效果的影响

（1）种植方式对两类农田甜菜阶段耗水效果的影响 表 5-7 表明，平作覆膜（PM）与垄作覆膜（LM）的保水作用从苗期直至块根膨大期都表现出很好的效果。在苗期（5 月 20 日～6 月 10 日），滩地平作覆膜、垄作覆膜水分利用效率分别为平作裸地的 7.26、8.65 倍，比平作裸地多供水 31.5、26.9 mm；沙地平作覆膜、垄作覆膜水分利用效率分别为平作裸地的 8.52、9.63 倍，比平作裸地多供水 31.9、29.2 mm。在叶丛生长期（6 月 11 日～7 月 20 日），滩地平作覆膜、垄作覆膜的水分利用效率为平作裸地 1.17、1.56 倍；沙地平作覆膜、垄作覆膜分别为平作裸地的 1.59、1.41 倍。覆膜处理的保水效果，在苗期优势明显。

在块根膨大期（7 月 21 日～8 月 31 日），甜菜个体增长迅速，耗水量全生育期最大，滩地平作覆膜、垄作覆膜较平作裸地的耗水量分别高出 3.28、14.44 mm，沙地平作覆膜、垄作覆膜较平作裸地的耗水量分别高出 9.19、9.71 mm，此阶段植株生长速度最快，群体生物量最大，蒸腾耗水及蒸发耗水最多。糖分积累期（9 月 1 日～10 月 9 日）各处理较平作裸地耗水量差异不大，但水分利用效率差异明显，主要是进入 9 月以后气温降低，植株个体生长缓慢，叶片中的养分逐渐向块根转移，块根增长速度缓慢。从甜菜全生育期来看，滩地、沙地甜菜平作覆膜、垄作覆膜均比平作裸地水分利用效率高，在华北寒旱区，高风速促进了垄作裸地处理土壤散熵，加速了土壤水分的消耗，因此，垄作裸地在滩地水分利用效率各时期与平作裸地相差不大，在沙地则除苗期略大于平作裸地外，其他时期均明显低于平作裸地。

表 5-8 显示，2013 年不同土壤类型甜菜田平作覆膜与垄作覆膜的保水效果从苗期直至块根膨大期表现同 2012 年相似。在苗期，滩地平作覆膜、垄作覆膜水分利用效率分别为平作裸地的 3.15、4.79 倍；沙地平作覆膜、垄作覆膜分别为平作裸地的 12.78、5.29 倍，覆膜成为此阶段物质积累增加的主要影响因素。在叶丛生长期，

表5-7 不同种植方式两种土壤甜菜田耗水量变化（2012年）

生育期	降水量(mm)	项目	滩地				沙地			
			CK	PM	LZ	LM	CK	PM	LZ	LM
苗期 (5-20~6-10)	15.3	耗水量 (mm)	16.62	5.03	12.31	3.52	14.40	4.24	10.31	3.38
		阶段积积累量 (kg/hm²)	27.5	60.3	32.0	50.3	485.6	1 217.6	476.6	1 097.5
		WUE [kg/(mm·hm²)]	1.65	11.99	2.60	14.29	33.72	287.17	46.23	324.70
叶丛 生长期 (6-10~7-20)	95.6	耗水量 (mm)	71.26	77.67	67.04	65.40	101.06	79.61	98.28	82.89
		阶段积积累量 (kg/hm²)	4 722.5	6 021.0	4 523.5	6 781.6	11 986.9	14 967.5	8 902.5	13 850.0
		WUE [kg/(mm·hm²)]	66.27	77.52	67.47	103.69	118.61	188.01	90.58	167.09
块根 膨大期 (7-21~8-31)	90.8	耗水量 (mm)	104.04	107.32	109.07	118.48	104.95	114.14	107.68	114.66
		阶段积积累量 (kg/hm²)	17 097.2	24 215.5	16 305.4	22 494.7	14 470.0	19 467.5	12 097.5	17 714.1
		WUE [kg/(mm·hm²)]	164.33	225.64	149.49	189.86	137.88	170.56	112.35	154.49
糖分 积累期 (9-1~10-9)	87.3	耗水量 (mm)	92.05	95.99	103.20	105.02	63.93	94.61	64.35	92.56
		阶段积积累量 (kg/hm²)	8 017.3	11 974.7	8 067.3	13 600.2	6 839.8	8 006.2	4 000.4	7 293.5
		WUE [kg/(mm·hm²)]	87.10	124.75	78.17	129.50	106.99	84.62	62.17	78.80
全生育期 (5-20~10-9)	289.0	耗水量 (mm)	283.97	286.01	291.51	290.42	284.34	292.60	280.62	293.49
		阶段积积累量 (kg/hm²)	29 864.5	42 271.5	28 928.3	42 926.8	33 782.3	43 658.8	25 477.0	39 955.1
		WUE [kg/(mm·hm²)]	105.17	147.80	99.24	147.81	118.81	149.21	90.79	136.14

表 5 - 8　两种土壤类型不同种植方式下甜菜田耗水量及其来源（2013 年）

生育期	降水量 (mm)	项目	滩地				沙地			
			CK	PM	LZ	LM	CK	PM	LZ	LM
苗期 (5 - 20～6 - 10)	38.4	耗水量 (mm)	28.92	19.26	19.81	11.02	20.85	3.14	17.43	7.53
		阶段根积累量 (kg/hm²)	27.8	58.1	28.3	50.7	575.5	1 108.4	466.4	1 100.2
		WUE [kg/(mm·hm²)]	0.96	3.02	1.43	4.60	27.60	352.99	26.76	146.11
叶丛生长期 (6 - 10～7 - 20)	151.2	耗水量 (mm)	120.98	101.42	131.76	97.19	167.59	168.11	157.80	158.42
		阶段根积累量 (kg/hm²)	7 985.5	10 305.9	7 731.2	10 561.1	13 099.4	14 020.4	9 918.45	13 307.8
		WUE [kg/(mm·hm²)]	66.01	101.62	58.68	108.66	78.16	83.40	62.85	84.00
块根增长期 (7 - 21～8 - 31)	106.6	耗水量 (mm)	142.53	157.30	146.66	169.28	99.60	104.66	93.76	108.50
		阶段根积累量 (kg/hm²)	16 015.7	23 492.3	16 658.7	21 909.6	9 932.3	8 953.6	11 615.2	11 705.0
		WUE [kg/(mm·hm²)]	112.37	149.35	113.59	129.43	99.72	85.55	123.88	107.88
糖分积累期 (9 - 1～10 - 9)	45.3	耗水量 (mm)	37.32	40.61	43.41	49.57	41.93	46.99	47.16	50.88
		阶段根积累量 (kg/hm²)	6 751.5	8 223.2	6 446.8	7 844.5	4 423.2	4 614.4	4 318.5	6 849.6
		WUE [kg/(mm·hm²)]	180.91	202.49	148.51	158.25	105.49	98.20	91.57	134.62
全生育期 (5 - 20～10 - 9)	321.5	耗水量 (mm)	329.79	318.59	341.64	327.05	329.95	322.90	316.01	325.34
		阶段根积累量 (kg/hm²)	30 752.0	42 022.1	30 864.2	40 329.2	28 030.3	30 695.9	26 318.7	32 463.5
		WUE [kg/(mm·hm²)]	93.25	131.90	90.34	123.31	84.95	95.06	83.28	99.78

滩地平作覆膜、垄作覆膜的水分利用效率为平作裸地的 1.54、1.65 倍，沙地平作覆膜、垄作覆膜均为平作裸地的 1.07 倍，覆膜处理的保水和增产效果，在此阶段优势依然。

在块根膨大期甜菜个体增长迅速，耗水量也最大，滩地平作覆膜、垄作覆膜较平作裸地的耗水量分别高出 14.77、26.75 mm，沙地相应分别高出 5.06、8.90 mm，此阶段植株生长速度最快，群体生物量最大，蒸腾耗水及蒸发耗水最多。糖分积累期各处理较平作裸地耗水量差异不大，水分利用效率依然较高。

（2）补水对沙地甜菜阶段耗水效果的影响　2012 年，补水与种植方式对不同生育阶段甜菜耗水效果的影响（表 5 - 9），根据田间作物遇旱情况确定了种植期间补水时间，2012 年为叶丛生长期（7 月 19 日）及块根膨大期（8 月 23 日），从补水对甜菜水分利用效果来看，无论覆膜与否，补水后各生育期水分利用效率表现出随补水量提高而上升的变化趋势，由于第一次补水在叶丛生长期的最后两天，因此，W1（补水 1 次）、W2（补水 2 次）处理较 W0（补水 0 次）在苗期及叶丛生长期的水分利用效率及阶段根积累量差异不大。

块根膨大期平作裸地、平作覆膜、垄作裸地、垄作覆膜处理 W1 水分利用效率分别为 W0 的 1.11、1.02、1.08、1.04 倍，W2 则分别为 W0 的 1.12、1.03、1.19、1.12 倍，可见补水对于提高此阶段作物的水分利用效率，促进甜菜生长具有重要作用。在糖分积累期，平作裸地、平作覆膜、垄作裸地、垄作覆膜处理 W1 水分利用效率分别为 W0 的 1.05、1.15、1.20、1.05 倍，W2 则分别为 W0 的 1.29、1.14、1.27、1.07 倍，从甜菜全生育期来看，平作裸地、平作覆膜、垄作裸地、垄作覆膜处理 W1 较 W0 水分利用效率分别提高 1.10、1.04、1.04、1.01，W2 分别提高 1.13、1.05、1.10、1.06。可见，适当补水不仅缓解了因干旱对植株造成的胁迫危害，提高了产量，而且可有效提高水分利用效率。

2013 年，补水与种植方式对不同生育阶段甜菜耗水效果的影响见表 5 - 10，根据 2013 年田间作物遇旱情况确定了种植期间补水时间为块根膨大期（8 月 18 日），从补水（W1）对甜菜水分利

表5-9　补水与种植方式对不同生育阶段甜菜耗水效果的影响（2012年）

生育期（阶段）降水+补水量	项目	CK			PM			LZ			LM		
		W0	W1	W2	W0	W1	W2	W0	W1	W2	W0	W1	W2
苗期（5-20~6-10）15.3	耗水量（mm）	14.40	11.43	11.85	4.24	3.02	3.99	10.31	9.89	10.55	3.38	4.83	2.79
	阶段根积累量（kg/hm²）	485.6	486.6	494.7	1 217.6	1 127.6	1 122.7	476.6	397.4	484.3	1 097.5	1 015.2	1 212.3
	WUE [kg/(mm·hm²)]	33.72	42.58	41.74	287.23	373.02	281.15	46.24	40.19	45.90	325.13	210.20	434.65
叶丛生长期（6-10~7-20）95.6+10.0	耗水量（mm）	101.06	102.16	108.57	79.61	88.89	83.15	98.28	102.10	104.31	82.89	88.96	91.95
	阶段根积累量（kg/hm²）	9 986.9	10 498.4	10 457.8	12 967.5	14 062.9	13 632.3	8 902.5	8 512.6	8 805.7	12 850.0	13 049.4	13 977.7
	WUE [kg/(mm·hm²)]	98.82	102.77	96.32	162.88	158.20	163.95	90.58	83.38	84.42	155.02	146.69	152.01
块根膨大期（7-21~8-31）90.8+10.0	耗水量（mm）	104.95	113.93	120.01	114.14	117.49	123.58	107.68	110.67	120.62	114.66	119.36	117.41
	阶段根积累量（kg/hm²）	16 470.0	19 882.5	21 062.5	21 467.5	22 607.0	24 013.5	12 097.5	13 481.6	16 146.6	18 714.1	20 182.5	21 479.1
	WUE [kg/(mm·hm²)]	156.94	174.51	175.50	188.08	192.42	194.31	112.35	121.82	133.86	163.21	169.08	182.94

（续）

生育期	降水+补水量	项目	CK			PM			LZ			LM		
			W0	W1	W2	W0	W1	W2	W0	W1	W2	W0	W1	W2
糖分积累期 (9.1～10.9)	87.3	耗水量 (mm)	63.93	60.42	68.09	94.61	90.30	98.45	64.35	70.94	85.83	92.56	89.61	100.51
		阶段耗积积累量 (kg/hm²)	6 839.8	6 814.9	9 371.1	8 006.2	8 779.4	9 519.9	4 000.4	5 273.9	6 774.4	7 293.5	7 391.5	8 448.7
		WUE [kg/ (mm·hm²)]	106.99	112.80	137.63	84.63	97.22	96.70	62.16	74.35	78.93	78.79	82.48	84.06
全生育期 (5-20～10-9)	289	耗水量 (mm)	284.34	287.94	308.52	292.60	299.70	309.17	280.62	293.60	321.31	293.49	302.76	312.66
		阶段耗积积累量 (kg/hm²)	33 782.3	37 682.4	41 386.1	43 658.8	46 576.9	48 288.4	25 477.0	27 665.5	32 211.0	39 955.1	41 638.6	45 117.8
		WUE [kg/ (mm·hm²)]	118.81	130.87	134.15	149.21	155.41	156.18	90.79	94.23	100.25	136.14	137.53	144.30

表5-10　补水与种植方式对不同生育阶段甜菜耗水效果的影响（2013年）

生育期	阶段降水量	项目	CK		PM		LZ		LM	
			W0	W1	W0	W1	W0	W1	W0	W1
苗期 (5-20~ 6-4)	38.4	耗水量 (mm)	20.85	29.97	3.14	8.85	17.43	27.39	7.53	17.20
		阶段根积累量 (kg/hm²)	575.5	574.1	1 108.4	1 122.1	466.4	461.2	1 100.20	1 096.7
		WUE [(kg/(mm·hm²)]	27.60	19.15	352.71	126.74	26.76	16.84	146.05	63.76
叶丛生长期 (6-5~ 7-20)	151.2	耗水量 (mm)	167.59	169.50	188.11	185.24	157.80	153.86	158.42	160.74
		阶段根积累量 (kg/hm²)	13 099.4	13 423.1	14 020.4	13 726.7	9 918.5	9 231.2	13 307.8	13 398.1
		WUE [(kg/(mm·hm²)]	78.16	79.19	74.53	74.10	62.85	60.00	84.01	83.35
块根膨大期 (7-21~ 8-31)	106.6	耗水量 (mm)	99.60	93.12	84.66	97.12	93.76	100.73	108.50	107.15
		阶段根积累量 (kg/hm²)	9 932.3	11 451.0	8 953.6	12 316.4	11 615.2	12 940.8	11 705.0	13 781.2
		WUE [(kg/(mm·hm²)]	99.72	122.96	105.76	126.81	123.88	128.47	107.88	128.62
糖分积累期 (9-1~ 10-9)	45.3	耗水量 (mm)	41.93	51.27	46.99	48.02	47.16	60.11	50.88	55.91
		阶段根积累量 (kg/hm²)	4 423.2	8 320.0	4 614.4	7 673.3	4 318.5	6 028.4	6 849.60	8 080.6
		WUE [(kg/(mm·hm²)]	105.50	162.28	98.19	159.79	91.58	100.28	134.62	144.53
全生育期 (5-20~ 10-9)	321.5	耗水量 (mm)	329.95	344.11	322.90	339.23	316.01	342.09	325.34	346.00
		阶段根积累量 (kg/hm²)	28 030.3	33 768.2	30 695.8	34 848.5	26 318.7	28 661.6	32 463.5	36 356.6
		WUE [(kg/(mm·hm²)]	84.95	98.13	95.06	102.73	83.28	83.78	99.78	105.08

用效果来看，无论覆膜与否，补水对各生育期水分利用效率效果明显，补水后，块根膨大期平作裸地、平作覆膜、垄作裸地、垄作覆膜 W1 水分利用效率分别为 W0 的 1.23、1.20、1.04、1.19 倍，可见补水对于提高此阶段作物的水分利用效率、促进甜菜生长具有重要作用。在糖分积累期，平作裸地、平作覆膜、垄作覆膜、垄作裸地 W1 水分利用效率分别为 W0 的 1.54、1.63、1.09、1.07 倍。从甜菜全生育期来看，平作裸地、平作覆膜、垄作裸地、垄作覆膜处理 W1 水分利用效率分别为 W0 的 1.16、1.08、1.01、1.05 倍。可见，适当补水不仅缓解了因干旱对植株造成的胁迫伤害，提高了产量，而且可有效提高水分利用效率。

2012 年苗期、叶丛生长期、块根膨大期、糖分积累期降水量分别为 15.3、95.6、90.8、87.3 mm，分别相当于全生育期降水量（289 mm）的 5.29%、33.08%、31.42%、30.21%，而未补水处理在这 4 个时期各种植方式的平均耗水量 8.08、90.46、110.36、78.86 mm，为全生育期平均耗水量（287.76 mm）的 2.81%、31.44%、38.35%、27.41%，甜菜全生育期各种植方式平均耗水量与全生育期降水量仅差 1.24 mm。2013 年苗期、叶丛生长期、块根膨大期、糖分积累期降水量分别为 38.4、151.2、106.6、45.3 mm，分别相当于全生育期降水的 11.94%、47.03%、33.16%、14.09%，而未补水处理 4 种种植方式在这 4 个时期的平均耗水量分别为 12.24、167.98、96.63、46.74 mm，为全生育期平均耗水量（323.55 mm）的 3.78%、51.92%、29.87%、14.45%。未补水各处理甜菜全生育期平均耗水量与全生育期降水量仅差 2.05 mm。通过 2012 年与 2013 年的降水量与耗水量比较，可以看出，降水量的多少对耗水量的大小有重要影响。

5.9　种植方式对两类农田甜菜养分的影响

5.9.1　种植方式对两类农田甜菜 N 素的影响

（1）甜菜叶片 N 含量　两种土壤类型不同种植方式下甜菜叶

片氮素含量的变化见图 5-16。滩地与沙地甜菜叶片氮素含量变化趋势一致，均表现为缓慢下降的趋势。分析表明，移栽后，甜菜一方面靠根系吸收养分来维持正常新陈代谢；另一方面，必须依靠叶片的同化产物来供给甜菜进行正常的生长发育，叶片数量和叶面积生长迅速，加之此期降水较为充足，作物对水分的吸收量大，因此，在 7 月 4 日～8 月 23 日甜菜叶片的氮素含量呈下降趋势。8 月 23 日至 9 月 22 日降水量逐渐减少，叶面积较为稳定，甚至开始减少，植株对氮素的吸收与合成又逐渐升高，至甜菜收获时滩地甜菜平作裸地、平作覆膜、垄作裸地、垄作覆膜处理分别达 2.90%、3.09%、3.04%、3.02%，沙地分别达 3.85%、3.84%、3.85%、3.70%，沙地各处理叶片氮含量均较滩地略高。说明覆膜在一定程度上可以提高甜菜叶片氮素含量，起垄则在一定程度降低了氮素含量。

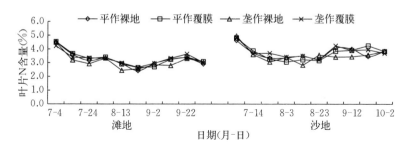

图 5-16 两种土壤类型不同种植方式甜菜叶片氮素含量变化（2013 年）

（2）甜菜块根 N 含量 两类农田不同种植方式下甜菜块根氮素含量的变化见图 5-17。滩地，在 7 月 4 日～7 月 24 日甜菜块根的氮素含量呈下降趋势，且各处理块根氮含量均高于平作裸地。7 月 24 日之后，氮素含量趋于稳定状态，各处理差异不明显，至甜菜收获时滩地甜菜平作裸地、平作覆膜、垄作裸地、垄作覆膜处理的块根氮素含量分别达 1.26%、1.38%、1.32%、1.32%。

沙地在 7 月 4 日～8 月 3 日甜菜块根的氮素含量呈下降趋势，

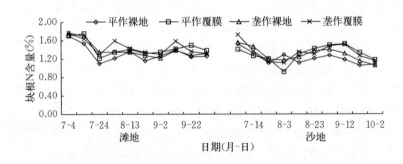

图 5-17　两种土壤类型不同种植方式甜菜块根氮素含量变化（2013 年）

各处理之间差异不明显。7 月 24 日~9 月 12 日，氮素含量逐渐升高，各处理块根氮含量均高于平作裸地，至甜菜收获时甜菜平作裸地、平作覆膜、垄作裸地、垄作覆膜处理分别达 1.08%、1.18%、1.06%、1.16%，较滩地分别降低 0.18、0.20、0.26、0.16 个百分点，两覆膜处理块根氮素含量均高于两个未覆膜处理。

（3）甜菜 N 阶段积累量　不同土壤条件下不同种植方式氮素积累情况见表 5-11。滩地，2012 年甜菜对氮素的积累量表现为围绕叶丛生长期至块根膨大期为中心的单峰积累特征，此期间平作裸地、平作覆膜、垄作裸地、垄作覆膜叶片氮素积累量分别占全生育期的 84.2%、109.7%、58.4%、64.7%，块根占全生育期的 73.1%、60.2%、55.0%、43.9%。块根膨大期至糖分积累期各处理叶片氮素积累呈现负值，氮素不再积累，而块根氮素养分积累继续增加，说明此期是甜菜叶片氮素向块根转移的重要时期。全生育期氮素积累量，无论是叶片还是块根各时期两个覆膜处理均大于两个未覆膜处理，其中叶片平作覆膜、垄作覆膜较平作裸地氮素积累量高出 12.5%、12.6%，块根分别高出 53.3%、66.5%。2013 年滩地叶片表现为以苗期至叶丛生长期为中心的单峰积累特征，较 2012 年提前一个生育时期，而块根氮素积累特征同 2012 年，这主要是 2013 年降水较 2012 年较为充裕，高温高湿天气导致的褐斑病对叶面积的影响在滩地较沙地轻，对叶片氮素的积累产生不利影

表5-11　两种土壤类型不同种植方式下甜菜不同生育时段氮素积累量

单位：g/株

年份		项目	滩地					沙地				
			移栽—苗期	苗期—叶丛生长期	叶丛生长—块根膨大期	块根膨大期—糖分积累期	全生育期	移栽—苗期	苗期—叶丛生长期	叶丛生长—块根膨大期	块根膨大期—糖分积累期	全生育期
2012	叶片	平作裸地	6.64	33.72	59.70	-29.15	70.91	12.75	59.42	38.69	-18.66	92.20
		平作覆膜	12.69	32.24	87.47	-52.66	79.75	30.98	76.91	48.16	-64.15	91.90
		垄作裸地	7.30	29.40	41.72	-6.95	71.47	10.57	39.96	35.59	-8.12	78.00
		垄作覆膜	13.88	37.86	51.72	-23.58	79.88	13.72	64.68	20.29	-9.50	89.19
	块根	平作裸地	0.99	9.39	58.50	11.16	80.04	2.94	9.44	47.40	51.77	111.55
		平作覆膜	1.97	17.45	73.85	29.46	122.73	8.09	24.51	31.24	66.43	130.27
		垄作裸地	1.56	12.64	37.17	16.17	67.54	2.11	16.36	43.43	66.63	128.53
		垄作覆膜	2.06	18.53	58.55	54.13	133.27	3.74	15.06	16.98	74.07	109.85
2013	叶片	平作裸地	14.83	44.59	13.54	-16.51	56.45	29.20	36.55	-27.37	4.44	42.82
		平作覆膜	21.34	68.78	-34.80	6.76	62.08	43.38	65.21	-59.95	-1.63	47.01
		垄作裸地	11.50	48.39	7.60	-11.96	55.53	25.88	35.58	-20.07	1.98	43.37
		垄作覆膜	14.88	74.53	-15.00	-15.04	59.37	33.92	69.68	-52.49	-5.35	45.76
	块根	平作裸地	2.59	18.45	61.45	32.81	115.30	7.43	17.49	36.41	10.16	71.49
		平作覆膜	4.24	28.94	77.93	53.21	164.32	7.92	37.98	54.41	4.46	104.77
		垄作裸地	1.98	19.98	53.17	44.29	119.42	3.32	17.91	45.36	13.05	79.64
		垄作覆膜	3.21	27.07	81.88	33.02	145.18	6.82	24.94	52.96	5.18	89.90

响，故此期氮素积累下降，但块根氮素的积累较 2012 年反而有所提高，说明叶片受到伤害或衰老时养分会向根部转移，这一现象在沙地表现更为明显。2013 年不同种植方式氮素积累趋势同 2012 年一致，各时期均表现为覆膜处理大于不覆膜处理，叶片全生育期氮素积累量平作覆膜、垄作覆膜较平作裸地高出 10.0%、5.2%，块根分别高出 42.5%、25.9%，说明覆膜可以有效提高甜菜氮素养分的积累。

沙地，2012 年甜菜叶片氮素积累量最大的时期为苗期至叶丛生长期，较滩地提前一个生育时期，块根则在块根膨大期至糖分积累期，较滩地延后一个生育时期，此期间平作裸地、平作覆膜、垄作裸地、垄作覆膜叶片氮素积累量分别占全生育期的 64.4%、83.7%、51.2%、72.5%，块根氮素积累量占全生育期的 8.5%、18.8%、12.7%、13.7%。沙地同样表现出块根膨大期至糖分积累期各处理叶片氮素积累量大量减少，块根氮素养分积累继续增加。2013 年沙地块根氮素积累量表现为以叶丛生长期至块根膨大期为中心的单峰积累特征，较 2012 年提前一个生育时期；2013 在叶丛生长期至块根膨大期由于高温高湿导致的褐斑病对叶片生长产生严重伤害，叶丛生长期至糖分积累期，不仅对各处理叶片氮素的积累产生不利影响，而且块根氮素积累量也严重下降，在叶丛生长期至块根膨大期叶片氮素含量较 2012 年明显降低，块根氮素含量则较 2012 年升高，可能由于叶片受到伤害使得养分转移时期提前。2013 年不同种植方式氮素积累趋势同 2012 年，各时期均表现为覆膜处理大于不覆膜处理，2013 年叶片全生育期氮素积累量平作覆膜、垄作覆膜较平作裸地高出 9.8%、6.9%，块根分别高出 46.6%、25.8%，说明覆膜可以有效提高甜菜氮素养分的积累。

（4）甜菜块根 N 积累速率　滩地甜菜不同处理各时期氮素积累速率情况见图 5-18，各生育时期甜菜叶片氮素的积累速率表现为苗期最慢，平作裸地、平作覆膜、垄作裸地、垄作覆膜块根氮素积累速率分别为 0.06、0.11、0.05、0.08 kg/d。叶丛生长期，各处理氮素迅速积累，其中平作覆膜、垄作覆膜氮积累速率提高到

1.72、1.76 kg/d，均高于平作裸地。在块根膨大期，各处理之间无差异，平作裸地与垄作裸地氮积累速率全生育期内达到最大值，分别为 1.53、1.51 kg/d。在糖分积累期，平作覆膜与垄作覆膜氮素积累速率分别达全生育期最大值，并高于平作裸地，垄作裸地与平作裸地差异不明显。从全生育期来看，平作覆膜、垄作覆膜氮素积累速率高于平作裸地。表明，在滩地覆膜是有效提高甜菜氮素吸收速率的有效方式。

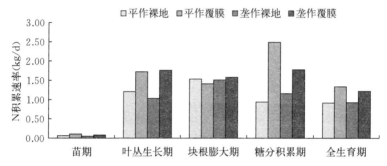

图 5-18 滩地不同种植方式各时期甜菜氮素积累速率（2013 年）

沙地不同处理甜菜各时期氮素积累速率情况见图 5-19，各生育时期甜菜块根氮素的积累速率表现为平作覆膜、垄作覆膜以叶丛生长期增长最快的单峰趋势，平作裸地与垄作裸地以块根膨大期为

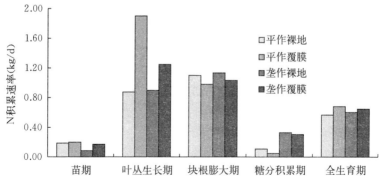

图 5-19 沙地不同种植方式各时期甜菜氮素积累速率（2013 年）

增长最快的单峰趋势。平作覆膜、垄作覆膜块根氮素积累速率在叶丛生长期分别为 1.90、1.25 kg/d，高于平作裸地。平作裸地、垄作裸地积累速率在块根膨大期分别为 1.10、1.14 kg/d，高于两个覆膜处理。糖分积累期，各处理氮素积累速率均快速下降，平作裸地、平作覆膜、垄作裸地、垄作覆膜氮积累速率分别为 0.11、0.05、0.33、0.31 kg/d，垄作裸地与垄作覆膜氮素积累速率明显高于平作裸地，平作覆膜则明显低于平作裸地。从全生育期看，平作覆膜、垄作覆膜分别明显高于平作裸地。

比较滩地与沙地发现，沙地各处理除苗期外，其他各时期的氮素积累速率均低于滩地，其中糖分积累期最为明显，说明沙地土壤保肥性能差，不利于甜菜的吸收利用，到生育后期尤为明显，而滩地保水保肥性能好，有利于养分的供应。

5.9.2　种植方式对两类农田甜菜 P 素的影响

（1）甜菜叶片 P 含量　两种土壤类型不同种植方式下甜菜叶片磷素含量的变化见图 5-20。分析表明，滩地各时期叶片磷素含量变化平缓，各处理之间差异不明显，沙地从 7 月 4 日～8 月 23 日叶片磷素含量逐渐下降，8 月 23 日至 9 月 12 日逐渐升高，并在 9 月 12 日达最大值，且两个不覆膜处理大于两个覆膜处理，此后

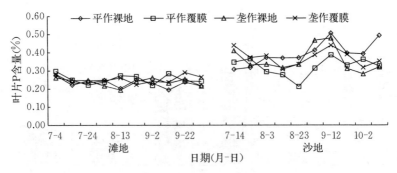

图 5-20　两种土壤类型下不同种植方式各时期
甜菜叶片磷素含量变化（2013 年）

各处理磷素含量逐渐下降，至甜菜收获时滩地平作裸地、平作覆膜、垄作裸地、垄作覆膜处理叶片磷含量分别达 0.22%、0.24%、0.22%、0.26%，沙地分别达 0.49%、0.33%、0.32%、0.35%，滩地各处理叶片磷含量均低于沙地。

（2）甜菜块根 P 含量　两种土壤类型不同种植方式下甜菜块根磷素含量的变化见图 5－21。滩地，7 月 4 日～7 月 24 日甜菜块根的磷素含量呈急速下降趋势，垄作裸地、垄作覆膜的块根磷含量高于平作裸地，平作覆膜与平作裸地差异不明显。7 月 24 日之后，各处理块根磷含量差异逐渐缩小，至甜菜收获时，滩地甜菜平作裸地、平作覆膜、垄作裸地、垄作覆膜处理分别达 0.07%、0.08%、0.13%、0.10%，两个垄作处理较两个平作处理磷含量要高。

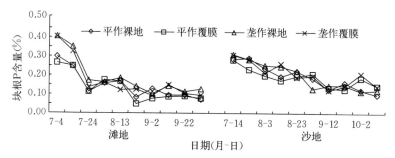

图 5－21　两种土壤类型下不同种植方式各时期甜菜块根磷素含量变化（2013 年）

沙地，整个生育期各处理甜菜块根的磷素含量呈下降趋势。7 月 14 日～8 月 3 日，平作覆膜处理养分含量明显低于平作裸地，其他时期各处理块根磷含量均高于平作裸地。8 月 3 日至 9 月 12 日各处理差异不明显，9 月 22 日～10 月 2 日两个覆膜处理磷含量明显高于两个不覆膜处理，至甜菜收获时，平作裸地、平作覆膜、垄作裸地、垄作覆膜处理分别达 0.10%、0.14%、0.12%、0.14%，两个覆膜处理块根磷含量均高于两个未覆膜处理。

（3）甜菜 P 阶段积累量　不同土壤条件下不同种植方式磷素积累情况见表 5－12。滩地 2012 年甜菜对磷的积累特征同氮素，表现为围绕叶丛生长期—块根膨大期为中心的单峰积累特征，此期间

表 5-12 两种土壤类型不同种植方式下甜菜不同生育时段磷素积累量

单位：g/株

年份	项目	处理	滩地					沙地				
			移栽—苗期	苗期—叶丛生长期	叶丛生长期—块根膨大期	块根膨大期—糖分积累期	全生育期	移栽—苗期	苗期—叶丛生长期	叶丛生长期—块根膨大期	块根膨大期—糖分积累期	全生育期
2012	叶片	平作裸地	0.41	2.24	3.62	-2.34	3.93	0.40	1.60	3.51	-1.54	3.97
		平作覆膜	0.83	3.25	6.06	-5.12	5.02	1.23	1.65	3.86	-1.19	5.55
		垄作裸地	0.55	2.36	2.43	-1.68	3.66	0.86	1.21	3.03	-1.26	3.84
		垄作覆膜	1.05	2.46	3.53	-1.31	5.73	1.24	3.54	5.19	-3.86	6.11
	块根	平作裸地	0.09	0.79	6.42	2.74	10.04	0.16	2.13	7.29	2.14	7.44
		平作覆膜	0.18	1.98	5.08	4.11	11.35	0.27	5.74	10.28	-5.52	10.77
		垄作裸地	0.19	0.93	3.83	2.68	7.63	0.08	3.16	5.90	-0.82	8.32
		垄作覆膜	0.24	1.10	5.67	3.81	10.82	0.12	2.41	16.34	-6.51	12.36
2013	叶片	平作裸地	1.16	3.46	1.11	-1.54	4.19	2.48	4.82	-2.22	-0.02	5.06
		平作覆膜	1.80	4.25	-1.57	0.38	4.86	3.96	5.80	-4.58	-1.02	4.16
		垄作裸地	0.86	4.22	1.12	-2.27	3.93	2.68	4.05	-1.19	-1.67	3.87
		垄作覆膜	1.30	4.92	-0.14	-0.87	5.21	3.87	6.83	-4.28	-2.71	3.71
	块根	平作裸地	0.36	0.37	4.00	1.36	6.09	1.38	3.91	0.76	0.45	6.50
		平作覆膜	0.53	1.94	2.65	2.34	7.46	1.58	5.99	1.47	1.93	10.97
		垄作裸地	0.36	1.89	2.81	4.17	9.23	0.66	3.83	2.49	2.25	9.23
		垄作覆膜	0.59	1.96	3.82	2.04	8.41	1.21	4.75	1.02	4.12	11.10

平作裸地、平作覆膜、垄作裸地、垄作覆膜叶片磷素积累量分别占全生育期的92.1%、120.7%、66.4%、61.6%，块根占全生育期的63.9%、44.8%、50.2%、52.4%。块根膨大期—糖分积累期各处理叶片磷素积累量呈现负值，不再积累，而块根磷素积累继续增加，说明此期是甜菜叶片磷素向块根转移的重要时期。全生育期磷素变化，无论是叶片还是块根各时期两个覆膜处理积累量均大于两个未覆膜处理，其中叶片平作覆膜、垄作覆膜较平作裸地积累量高出27.7%、45.8%，块根分别高出13.0%、7.8%。2013年滩地叶片磷素积累量表现为以苗期—叶丛生长期为中心的单峰积累特征，较2012年提前一个生育时期，而块根磷素积累特征同2012年，这主要是2013年降水较2012年充裕，高温高湿条件导致的褐斑病对叶面积的影响在滩地较沙地轻，对叶片磷素的积累产生了不利影响，故此期磷素积累下降，但块根的磷素积累较2012年反而有所提高，说明叶片受到胁迫或衰老时磷素会向根部转移，这一现象在沙地表现更为明显。不同种植方式磷素积累趋势同2012年，各时期均表现为覆膜处理大于未覆膜处理。平作覆膜、垄作覆膜叶片全生育期磷素积累量较平作裸地高出16.0%、24.3%，块根分别高出22.5%、38.1%；垄作裸地叶片全生育期磷素积累量较平作裸地降低6.2%，块根磷素含量增加51.6%，且垄作裸地高于两个覆膜处理，表现出更为明显的优势，说明垄作在降水较多的年份对甜菜磷素的吸收与积累具有促进作用。

沙地2012年甜菜叶片与块根磷素积累量最大的时期同2012年滩地，为叶丛生长期—块根膨大期，此期间平作裸地、平作覆膜、垄作裸地、垄作覆膜叶片磷素累积量分别占全生育期的88.4%、69.5%、78.9%、84.9%，块根磷素累积量占全生育期的98.0%、95.5%、70.9%、132.3%。块根膨大期—糖分积累期各处理叶片磷素不再积累，块根磷素积累继续增加。全生育期，叶片磷素积累量平作覆膜、垄作覆膜较平作裸地分别高出49.0%、53.8%，块根磷素积累量分别高出44.8%、66.0%，垄作裸地较平作裸地叶片磷素含量高出3.3%，块根高出11.8%，对于磷素的吸收与积累，垄作在沙地较滩地表现出更明显的优势。2013年沙地叶片与块根磷素积累表现为以苗期—叶丛生长期为中心的单峰积累特征，较2012年提前一个生育时期，这主要是由于2013年雨水充足，加快了前期甜菜的生长和对磷素的吸收。在叶丛生长期—块根膨大期，叶片与块根磷素积累量较2012年均明显降低，说明在沙地由于叶片受到褐斑病的危害影响了光合作用的正常进行，导致磷素未能及时转移，因此，对甜菜地上、地下部分生长均产生重要影响。全生育期，叶片磷素积累量平作覆膜、垄作覆膜较平作裸地低18.4%和27.5%，块根磷素积累量分别高出68.5%、70.7%；垄作裸地较平作裸地叶片磷素含量低23.5%，块根高42.0%。说明，垄作与覆膜对沙地甜菜磷素的吸收与积累具有重要作用。

（4）甜菜块根P积累速率　滩地不同处理甜菜各时期磷素积累速率情况见图5-22，各生育时期甜菜块根磷素的积累速率表现为苗期最慢。叶丛生长期，平作覆膜、垄作覆膜块根磷积累速率达生育期内最高，为0.31、0.32 kg/d，为平作裸地的1.41、1.45倍。块根膨大期，平作裸地块根磷积累速率达生育期内最高，为0.32 kg/d，明显高于垄作裸地、垄作覆膜处理。糖分积累期，平作覆膜、垄作裸地、垄作覆膜块根磷素积累速率分别为0.19、0.34、0.30 kg/d，均明显高于平作裸地处理。从全生育期来看，两个垄作处理分别明显高于平作裸地，平作覆膜与平作裸地差异不

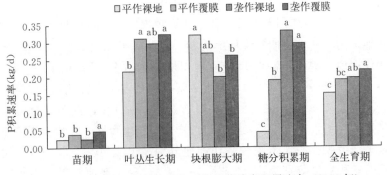

图5-22　滩地不同种植方式各时期甜菜磷素积累速率（2013年）

明显。分析表明,在滩地,覆膜对于块根磷素的吸收速率影响不明
显,垄作则可有效提高磷素吸收速率。

沙地不同处理甜菜各时期磷素积累速率情况见图 5 - 23,各生
育时期块根磷素的积累速率表现为以叶丛生长期增长最快的单峰趋
势。叶丛生长期,平作覆膜、垄作覆膜块根磷素积累速率分别为
0.30、0.24 kg/d,明显高于平作裸地处理,为全生育期相同处理
的 5.0 和 3.0 倍。块根膨大期,平作裸地、垄作裸地块根磷素积累
速率分别为 0.01、0.05 kg/d,明显高于平作覆膜处理。糖分积累
期,平作裸地、平作覆膜、垄作裸地、垄作覆膜块根磷素积累速率
分别为 0.01、0.12、0.04、0.14 kg/d,平作覆膜与垄作覆膜明显
高于平作裸地,而垄作裸地与平作裸地差异并不显著。从全生育期
来看,平作覆膜、垄作覆膜块根磷素积累速率明显高于平作裸地和
垄作裸地。明显高于平作裸地。

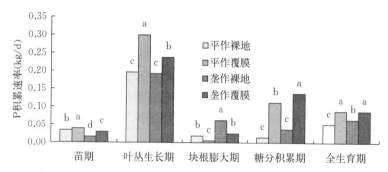

图 5 - 23 沙地不同种植方式各时期甜菜磷素积累速率(2013 年)

比较滩地与沙地发现,除苗期外,沙地各处理各时期的块根磷
素积累速率均低于滩地,其中糖分积累期最为明显,说明沙地土壤
保肥性能差,到生育后期尤为明显,而滩地土壤养分含量高,保水
保肥性能好,有利于磷素的积累与供应。

5.9.3 种植方式对两类农田甜菜 K 素的影响

(1)甜菜叶片 K 含量 两种土壤类型不同种植方式下甜菜叶

片钾素含量的变化见图 5-24。分析表明，滩地各时期叶片钾素含量随生育期的变化逐渐降低，7月4日～8月3日为快速下降阶段，两个平作处理较两个垄作处理叶片钾素含量高。8月3日～10月2日，各处理之间差异逐渐缩小，至收获时，平作裸地、平作覆膜、垄作裸地、垄作覆膜分别为 1.28%、1.24%、1.31%、1.17%。沙地，整个生育期，两个覆膜处理钾素含量均高于两个不覆膜处理。7月4日～8月3日叶片钾素含量逐渐下降，8月3日～9月2日逐渐升高，这可能是8月27日有28 mm降水的作用，9月2日之后又逐渐下降，至甜菜收获时，平作裸地、平作覆膜、垄作裸地、垄作覆膜处理分别达 1.35%、1.50%、1.08%、1.38%。

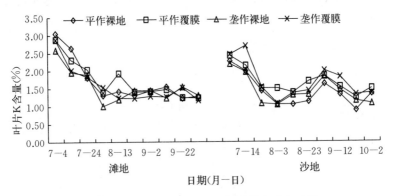

图 5-24　两种土壤类型下不同种植方式各时期
甜菜叶片钾素含量变化（2013年）

（2）甜菜块根 K 含量　两种土壤类型不同种植方式下甜菜块根钾素含量的变化见图 5-25。滩地，7月4日～7月24日甜菜块根的钾素含量呈急速下降趋势，7月24日之后，各处理块根钾素含量差异逐渐缩小，至甜菜收获时滩地甜菜平作裸地、平作覆膜、垄作裸地、垄作覆膜处理分别为 0.67%、0.62%、0.60%、0.61%，整个生育期不同种植方式甜菜块根钾素差异不明显。沙地，整个生育期各处理甜菜块根的钾素含量呈平缓下降趋势。从图 5-25 中可以看出，整个生育期两个覆膜处理均优于两个未覆膜处理，至甜菜收获时平作裸地、平作覆膜、垄作裸地、垄作覆膜处理块根钾素含量分别为 0.43%、0.59%、0.36%、0.58%。说明覆膜在沙地对于提高甜菜钾素含量的效果较滩地明显。比较滩地与沙地可知，滩地各处理各生育期平均钾素含量高于沙地。

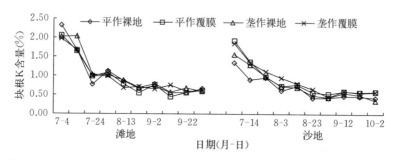

图 5-25　两种土壤类型下不同种植方式各时期甜菜块根钾素含量变化（2013 年）

（3）甜菜 K 阶段积累量　不同土壤条件下不同种植方式钾素累积情况见表 5-13，滩地 2012 年甜菜叶片对钾素的积累特征表现为以苗期—叶丛生长期为中心的单峰积累特征，期间平作裸地、平作覆膜、垄作裸地、垄作覆膜叶片钾素积累量分别占全生育期的51.4%、49.3%、51.9%、50.9%，块根则在叶丛生长期—块根膨大期钾素吸收量最大，分别占全生育期的 87.5%、69.4%、81.3%、62.6%。块根膨大期—糖分积累期两个覆膜处理叶片钾素积累量呈现负值，而块根钾素养分积累继续增加，两个未覆膜处理的叶片钾素仍然在积累，块根则呈现负值，不再继续积累钾素。全生育期钾素变化，无论是叶片还是块根各时期两个覆膜处理积累量均大于两个未覆膜处理，其中平作覆膜、垄作覆膜较平作裸地积累量叶片增幅为 2.8%、8.8%，块根增幅为 17.7%、33.5%。2013 年滩地叶片钾素积累量在苗期—叶丛生长期最大，块根钾素积累量在叶丛生长期—块根膨大期最大，2013 年降水较 2012 年充裕，前期叶片迅速生长，而在叶丛生长期—块根膨大期由高温高湿导致的褐斑病对叶面积的影响在滩地较沙地轻，对叶片钾素的积累产生不利影响，故此期钾素积累下降，但块根钾素的积累较 2012 年反而有所提高，

表 5-13 两种土壤类型不同种植方式下甜菜不同生育时段 K 素积累量

单位：g/株

年份	项目		滩地					沙地				
			移栽—苗期	苗期—叶丛生长期	叶丛生长期—块根膨大期	块根膨大期—糖分积累期	全生育期	移栽—苗期	苗期—叶丛生长期	叶丛生长期—块根膨大期	块根膨大期—糖分积累期	全生育期
2012	叶片	平作裸地	2.44	16.91	10.60	2.98	32.92	2.07	17.62	19.14	-28.35	10.48
		平作覆膜	5.79	16.67	15.80	-3.57	33.83	3.39	13.92	17.80	-5.82	29.29
		垄作裸地	3.39	17.06	9.25	3.15	32.85	1.58	14.16	15.61	-19.49	11.86
		垄作覆膜	5.94	18.23	13.11	-1.45	35.83	2.57	14.27	17.80	-4.03	30.61
	块根	平作裸地	0.89	6.48	39.41	-1.73	45.05	1.29	14.12	26.16	-7.79	33.78
		平作覆膜	1.64	11.96	36.81	2.49	53.01	5.09	16.79	23.95	-11.37	34.46
		垄作裸地	1.47	6.66	28.71	-1.50	35.33	0.93	15.36	19.40	-3.84	31.85
		垄作覆膜	2.08	14.50	37.65	5.93	60.16	1.96	15.49	20.58	-2.23	35.80
2013	叶片	平作裸地	10.28	17.01	1.19	-8.56	19.92	14.66	7.85	-9.47	-1.88	11.16
		平作覆膜	13.92	30.49	-21.15	-3.43	19.82	22.16	17.73	-20.10	-4.47	15.32
		垄作裸地	6.82	24.12	-3.44	-8.46	19.04	11.45	5.88	-0.33	-7.59	9.41
		垄作覆膜	10.60	28.34	-13.11	-7.51	18.32	17.39	16.96	-11.00	-10.64	12.71
	块根	平作裸地	2.83	8.94	25.97	11.00	48.73	5.23	11.84	-0.55	6.27	22.80
		平作覆膜	4.09	17.35	28.92	8.55	58.91	8.66	21.10	-1.40	7.51	35.87
		垄作裸地	1.81	11.53	25.36	4.24	42.93	2.66	11.36	2.68	5.02	21.71
		垄作覆膜	2.88	15.44	26.46	8.57	53.36	5.86	19.08	-4.14	15.31	36.11

说明叶片受到伤害或衰老时养分会向根部转移，这一现象在沙地表现更为明显。2013年，全生育期不同种植方式叶片钾素积累量差异不大，块根钾素含量增幅，平作覆膜、垄作覆膜均高于平作裸地，优势依然。可见，在滩地覆膜对甜菜钾素的吸收与积累具有促进作用。

沙地2012年甜菜叶片与块根钾素积累量最大时期为叶丛生长期—块根膨大期，此期间平作裸地、平作覆膜、垄作裸地、垄作覆膜叶片钾素积累量分别占全生育期的182.6%、60.8%、131.6%和58.2%，块根钾素积累量占全生育期的77.4%、69.5%、60.9%、57.5%。块根膨大期—糖分积累期各处理叶片和块根钾素不再积累。全生育期，无论是叶片还是块根各时期两个覆膜处理钾素积累量均大于平作裸地处理，平作覆膜、垄作覆膜叶片钾素积累量较平作裸地高出179.5%、192.1%，块根分别高出2.0%、6.0%，垄作裸地与平作裸地差异不大。沙地2013年叶片与块根钾素积累特征同当年的氮素与磷素积累特征，均较2012年提前一个生育时期，而后期养分不再积累，反而在消耗前期所积累的养分，可见甜菜在遇到外界环境的改变或病害时养分会发生过度消耗甚至回流，这是甜菜在逆境条件下的一种"维生现象"。与滩地相比，沙地甜菜无论叶片还是块根钾素的积累量均低于滩地，沙地覆膜处理的叶片钾素积累量与未覆膜处理相比，以滩地效果更为明显，块根则不明显。

（4）甜菜块根K积累速率　滩地不同处理甜菜各时期钾素积累速率见图5-26，各生育时期甜菜叶片钾素的积累速率表现为苗期最慢，平作裸地、平作覆膜、垄作裸地、垄作覆膜块根钾素积累速率分别为0.09、0.13、0.06、0.09 kg/d。叶丛生长期，平作覆膜、垄作覆膜块根钾素积累速率生育期内达到最大值，分别为1.07、1.02 kg/d，明显高于2个裸地处理。块根膨大期，各处理差异不明显。糖分积累期，平作覆膜、垄作覆膜块根钾素积累速率分别明显高于2个裸地处理，垄作裸地与平作裸地差异不明显。从全生育期来看，平作覆膜处理明显高于2个裸地处理，垄作裸地、垄作覆膜与平作裸地差异不明显。分析表明，在滩地，覆膜在一定程度上可以提高钾素的积累速率，垄作则效果不明显。

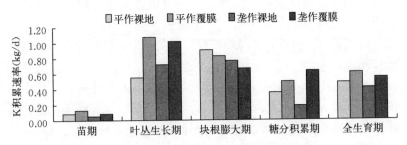

图 5-26　滩地不同种植方式各时期甜菜钾素积累速率（2013 年）

　　沙地不同处理甜菜各时期钾素积累速率见图 5-27，各生育时期甜菜块根钾素的积累速率表现为以叶丛生长期最大的单峰趋势。平作裸地、平作覆膜、垄作裸地、垄作覆膜块根钾素积累速率在叶丛生长期增长最快，分别为 0.74、1.32、0.71、1.19 kg/d，且覆膜处理明显高于裸地处理。块根膨大期，平作覆膜明显低于平作裸地，其他处理与平作裸地差异不明显。糖分积累期，平作覆膜、垄作覆膜明显高于平作裸地。从全生育期来看，平作覆膜、垄作覆膜均明显高于裸地处理，垄作裸地明显低于平作裸地。比较滩地与沙地可知，沙地不同种植方式在块根膨大期及糖分积累期钾素积累速率均低于滩地，说明沙地土壤保肥性能差，到油菜甜菜生育后期尤为明显，而滩地土壤养分含量高，保水保肥性能好，有利于养分的供应，这一现象同样出现在氮素及磷素的积累过程中。

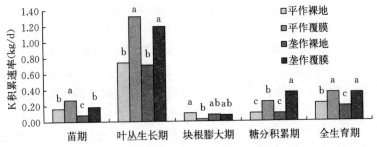

图 5-27　沙地不同种植方式各时期甜菜钾素积累速率（2013 年）

5.10 种植方式及补水对甜菜产量及含糖量的影响

5.10.1 种植方式对两类农田甜菜产量及含糖量的影响

两种土壤类型下不同种植方式对甜菜产量的影响见表 5-14。2012 年，沙地平作覆膜、垄作覆膜生物产量较平作裸地分别增加 26.3%、22.8%，经济产量分别增加 22.7%、12.3%，干物质产量分别增加 16.8%、10.6%，糖产量分别增加 23.2%、15.1%，且均差异明显，垄作裸地则在各项产量上均明显低于平作裸地；糖分，垄作裸地及垄作覆膜明显高于平作处理，平作覆膜与平作裸地

表 5-14 两种土壤类型不同种植方式下甜菜产量的变化

年份		处理	生物产量 (t/hm²)	经济产量 (t/hm²)	出干率 (%)	干物质产量 (t/hm²)	糖分 (%)	糖产量 (t/hm²)
2012	沙地	平作裸地	45.01	37.62	22.67	8.53	18.7	7.02
		平作覆膜	56.87	46.17	21.57	9.96	18.8	8.65
		垄作裸地	38.41	28.45	22.73	6.61	19.5	5.53
		垄作覆膜	55.27	42.24	22.33	9.43	19.1	8.08
	滩地	平作裸地	46.84	29.86	28.31	8.45	19.6	5.86
		平作覆膜	61.31	42.27	26.34	11.14	18.4	7.76
		垄作裸地	46.20	28.93	27.83	8.05	19.9	5.74
		垄作覆膜	74.75	42.93	26.64	11.43	18.0	7.74
2013	沙地	平作裸地	41.77	29.60	22.53	7.18	15.3	4.28
		平作覆膜	40.32	29.12	17.05	5.70	14.8	4.55
		垄作裸地	40.32	26.32	20.41	5.69	16.0	4.20
		垄作覆膜	44.33	32.46	20.62	7.23	15.2	4.95
	滩地	平作裸地	42.74	29.52	22.93	7.05	16.1	4.95
		平作覆膜	55.95	45.57	22.15	9.31	15.6	6.56
		垄作裸地	44.87	31.87	22.00	6.79	15.5	4.78
		垄作覆膜	57.44	40.49	22.19	8.95	15.5	6.25

差异不明显。滩地，覆膜较裸地同样具有明显的优势，平作覆膜、垄作覆膜生物产量较平作裸地分别增加 30.9%、59.6%，经济产量分别增加 41.6%、43.8%，干物质产量分别增加 31.8%、35.3%，糖产量分别增加 32.4%、32.1%，且均差异明显，垄作裸地与平作裸地在各项产量上差异不明显；糖分，平作覆膜、垄作覆膜分别明显低于平作裸地 1.2、1.6 个百分点，垄作裸地较平作裸地差异不明显。

2013 年，沙地由于受甜菜生育中期甜菜褐斑病的影响，各处理经济产量均较 2012 年低，且不同处理之间产量差异缩小。平作覆膜、垄作裸地生物产量与平作裸地差异不明显，垄作覆膜较平作裸地明显提高 6.1%；经济产量，各处理较差异不明显；干物质产量，垄作裸地明显低于平作裸地，平作覆膜明显低于垄作覆膜，垄作覆膜与平作裸地差异不明显；糖产量，垄作覆膜较平作裸地增加 15.7%，其他处理与平作裸地差异不明显。滩地，受褐斑病影响较小，不同处理甜菜产量比较同 2012 年，覆膜较裸地同样具有明显优势，平作覆膜、垄作覆膜处理生物产量较平作裸地分别增加 30.9%、34.4%，经济产量分别增加 54.4%、37.2%，干物质产量分别增加 32.1%、27.0%，糖产量分别增加 32.5%、26.3%，且均差异明显。

5.10.2 补水对沙地甜菜产量及含糖量的影响

补水对不同种植方式对甜菜产量的影响见表 5-15。2012 年，沙地进行了 2 次补水，分别在 7 月 19 日、8 月 23 日（补水量为 10 mm/次），平作裸地 W2 较 W0 生物产量、经济产量、干物质产量、糖产量分别提高 20.6%、22.5%、26.4%、23.9%，W1 较 W0 分别提高 11.5%、11.5%、16.5%、9.8%；平作覆膜 W2 较 W0 生物产量、经济产量、干物质产量、糖产量分别提高 10.9%、10.6%、13.8%、2.6%，W1 较 W0 分别提高 6.9%、6.7%、7.6%、3.9%；垄作裸地 W2 较 W0 生物产量、经济产量、干物质产量、糖产量分别提高 21.5%、26.4%、21.1%、23.1%，W1 较

W0 分别提高 4.8%、8.6%、1.2%、7.6%；垄作覆膜 W2 较 W0 生物产量、经济产量、干物质产量、糖产量分别提高 16.3%、12.9%、17.0%、10.8%，W1 较 W0 分别提高 8.7%、4.2%、8.7%、2.1%。平作覆膜 W2 较 W0 糖分明显下降，其他不同处理 W2、W1 较 W0 糖分差异均不明显；分析表明，无论在滩地还是在沙地，补水对于提高甜菜产量具有明显效果。

表 5-15　补水对沙地甜菜产量的影响（2012 年）

处理		生物产量 (t/hm²)	经济产量 (t/hm²)	出干率 (%)	干物质产量 (t/hm²)	糖分 (%)	糖产量 (t/hm²)
平作裸地	W0	45.01	33.78	22.11	7.47	18.7	6.31
	W1	50.17	37.68	23.09	8.70	18.4	6.93
	W2	54.29	41.39	22.81	9.44	18.9	7.82
平作覆膜	W0	56.87	43.66	21.3	9.30	19.4	8.47
	W1	60.77	46.58	21.49	10.01	18.9	8.80
	W2	63.08	48.29	21.91	10.58	18.0	8.69
垄作裸地	W0	36.64	25.48	23.86	6.01	19.7	5.02
	W1	38.41	27.67	21.72	6.08	19.5	5.40
	W2	44.53	32.21	22.61	7.28	19.2	6.18
垄作覆膜	W0	55.27	39.96	21.75	8.69	19.4	7.75
	W1	60.07	41.64	22.69	9.45	19.0	7.91
	W2	64.28	45.12	22.54	10.17	19.0	8.59

2013 年，沙地在 8 月 18 日进行了 1 次补水（补水量为 20 mm）。采用配对 t 检验的方法对数据进行分析，分析结果见表 5-16。结果表明，平作裸地 W1 较 W0 生物产量、经济产量、干物质产量、糖产量分别提高 15.6%、18.0%、17.9%、21.7%；平作覆膜 W1 较 W0 生物产量、经济产量、干物质产量、糖产量分别提高 9.3%、7.8%、6.1%、9.0%；垄作裸地 W1 较 W0 生物产量、糖产量分别提高 7.3%、6.6%，经济产量、干物质产量差异不明显；垄作覆膜 W1 较 W0 生物产量、经济产量、糖产量分别增加 8.3%、7.5%、

表 5 - 16 补水对沙地甜菜产量的影响（2013 年）

处理		生物产量 (t/hm²)	t 值	经济产量 (t/hm²)	t 值	出干率 (%)	干物质产量 (t/hm²)	t 值	糖分 (%)	t 值	糖产量 (t/hm²)	t 值
平作裸地	W0	39.90	−3.726*	28.03	−4.364*	0.22	6.32	−4.364*	15.3	−3.464*	4.28	−5.279*
	W1	46.13		33.08		0.23	7.45		15.7		5.21	
平作覆膜	W0	42.20	−9.504*	30.20	−1.706*	0.20	5.23	−1.706*	14.9	−3.464*	4.58	−2.423*
	W1	46.13		32.55		0.16	5.55		15.3		4.99	
垄作裸地	W0	35.21	−0.934*	26.32	−0.338	0.20	5.37	−0.338	16.1	−5.196*	4.23	−0.912*
	W1	37.79		26.94		0.20	5.50		16.7		4.51	
垄作覆膜	W0	44.33	−1.738*	32.46	−1.508*	0.21	6.69	−0.508	15.4	−8.000*	5.00	−0.862*
	W1	48.01		34.88		0.20	7.19		16.2		5.66	

注：* 表示差异显著。

13.2%，干物质产量差异不明显；平作裸地、平作覆膜、垄作裸地、垄作覆膜 W1 较 W0 糖分含量高，表明，补水对沙地不同种植方式甜菜可以明显提高甜菜产量及糖分。

5.11　补水对甜菜生产的影响

基于华北寒旱区降水时序极不稳定特征，采用"遇旱补水"方法，于叶丛生长期—块根膨大期，在土壤干旱导致甜菜叶片全天萎蔫时进行补水。试验设置补水 5 mm、10 mm、15 mm、20 mm 及不补水（对照）等 5 个处理，小区面积 3 m×15 m。沙质栗钙土农田（沙地）分别以 S5、S10、S15、S20、S0 表示，草甸栗钙土农田（滩地）分别以 T5、T10、T15、T20、T0 表示。每处理 4 次重复，其中一个重复为土壤水分及植株取样区。2014 年于 7 月 13 日、2015 年于 8 月 10 日补水，补水方法采用"压力补偿式滴灌管"隔行补灌。

5.11.1　补水对甜菜田土壤水分的影响

（1）补水前土壤水分状况　2015 年 8 月 10 日为甜菜块根膨大期，叶片出现全天萎蔫，此时进行遇旱补水试验。两种土壤类型农田进行补水试验前土壤水分含量较低（图 5-28），0～40 cm 土层尽管土壤蓄水量存在很大差异，但是，两类农田各层土壤蓄水量均呈"N"字形变化，变化趋势基本一致。

沙地农田土壤有机质含量低，砾石含量多，质地粗，保水力差，2015 年 8 月 9 日，0～10、10～20、20～30、30～40 cm 土层蓄水量分别为 4.8～5.9、7.1～8.6、6.2～7.1、6.3～8.2 mm。随着土层深度的增加，土壤蓄水量呈先增后降再增的变化。

滩地农田土壤有机质含量高，砾石含量少，质地细腻，保水力强，2015 年 8 月 9 日，0～10、10～20、20～30、30～40 cm 土层蓄水量分别为 10.1～12.3、19.2～21.1、15.4～18.0、20.4～24.2 mm；其土壤蓄水量的变化趋势与沙地一致，随着土层深度的

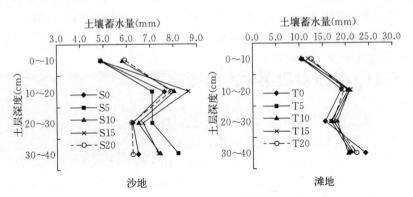

图 5-28　两类农田补水前 0～40 cm 土层土壤水分状况（8 月 9 日）

增加，土壤蓄水量呈先增后降再增的变化。

　　滩地土壤质地较好，土壤含水量略高，各处理 0～10 cm 土壤蓄水量为 10.1～12.3 mm。由于气候干旱，强光高温，甜菜叶片蒸腾量大，土层水分不足以维持甜菜高强度的蒸腾耗水，使甜菜进入全天萎蔫的状态，此时对甜菜进行补水处理。

　　两类农田不同土层土壤蓄水量均呈先增后降再增的"N"字形变化，是由于 0～10 cm 土层受大气干旱的影响，蒸发剧烈，失水迅速，在各土层中蓄水最少；10～20 cm 土层一方面受 0～10 cm 土层的保护，蒸发量小，受气候干旱的影响较小，另一方面，又能受到下层土壤水分的补给，使得该层土壤蓄水量明显高于 0～10 cm 土层；20～30 cm 土层是甜菜根系分布的主要土层，受强光高温、蒸腾量大与降水量小、气候干旱的双重影响，甜菜根系吸水致使 20～30 cm 土层土壤蓄水量明显低于 10～20 cm 土层，与 20～30 cm 土层相比，30～40 cm 土层土壤蓄水量则明显较高。

　　（2）补水对甜菜田不同生育阶段耗水量的影响　2014 年遇旱补水在甜菜叶丛生长期（7 月 13 日）进行。不同补水处理下甜菜田各生育时期 0～80 cm 耗水量状况见表 5-17，可以看出，沙地各处理甜菜苗期耗水量占甜菜生育期耗水量的 9.05%～11.23%。进入叶丛生长期，甜菜耗水量增多，其中叶丛生长前期占生育期的

15.65%～18.94%；7月中下旬进入叶丛生长后期，甜菜生长旺盛，耗水量增加，此时遭遇干旱胁迫，补水后各处理耗水量出现明显差异，对照 S0 在叶丛生长后期耗水量为 53.1 mm，占生育期总耗水量的 26.29%，而此生育阶段各补水处理 S5、S10、S15、S20 耗水量分别为 53.7、61.0、66.0、69.9 mm，与对照相比分别增加了 0.6、7.9、12.9、16.8 mm，耗水量的增加量略低于其补水量。

表 5-17 不同补水处理下甜菜各生育时段农田耗水量（2014 年）

处理	苗期 6.1～6.15		叶丛生长前期 6.16～7.10		叶丛生长后期 7.11～7.31		块根膨大期 8.1～8.31		糖分积累期 9.1～10.1	
	耗水量 (mm)	比例 (%)	耗水量 (mm)	比例 (%)	耗水量 (mm)	比例 (%)	耗水量 (mm)	比例 (%)	耗水量 (mm)	比例 (%)
S0	20.3	10.05	34.9	17.28	53.1	26.29	61.3	30.35	32.4	16.04
S5	19.9	9.62	37.8	18.27	53.7	25.95	56.3	27.21	39.2	18.95
S10	24.3	11.23	38.5	17.80	61.0	28.20	56.9	26.31	35.6	16.46
S15	23.9	11.00	34.0	15.65	66.0	30.39	54.7	25.18	38.6	17.77
S20	20.3	9.05	42.5	18.94	69.9	31.15	60.9	27.14	30.8	13.73
T0	39.5	19.69	17.0	8.47	50.5	25.17	57.9	28.86	35.7	17.80
T5	36.3	18.01	15.4	7.64	59.1	29.33	67.2	33.35	23.5	11.66
T10	37.6	18.18	14.5	7.01	71.0	34.33	59.3	28.68	24.4	11.80
T15	40.1	18.76	15.8	7.39	80.2	37.51	51.5	24.09	26.2	12.25
T20	35.8	16.22	27.4	12.42	74.2	33.62	41.1	18.62	42.2	19.12

滩地各处理苗期耗水量占生育期的 16.22%～19.69%，补水后各处甜菜耗水量急剧增加，T5、T10、T15、T20 在叶丛生长后期的阶段耗水量分别为 59.1、71.0、80.2、74.2 mm，较对照 T0 增加了 8.6、20.5、29.7、23.7 mm。这一时期增加的耗水量明显高于补水量，补水使得甜菜提高了对于土壤水的消耗。实现了提高土壤水分利用的激发效应，对于甜菜水分利用效率具有重要作用。

2015 年遇旱补水在甜菜块根膨大期（8 月 10 日）进行。不同补水处理下甜菜各生育时期 0～80 cm 耗水量状况见表 5-18，可以看出，沙地甜菜叶丛生长期耗水量占生育期耗水量的 35.10%～38.81%，滩地为 30.73%～32.67%，均是各生育期中最大的。本试验年甜菜糖分积累期耗水量也较大，沙地糖分积累期耗水量占生育期的 30.15%～36.73%，滩地为 29.10%～33.18%，可能是本试验年内甜菜生长后期自然降水偏多所致。与 2014 年试验结果相近，补水后，各补水处理甜菜块根膨大期后期耗水量与对照相比均有不同程度的增长，且增长量基本与补水量相近。

表 5-18　不同补水处理下甜菜各生育时段农田耗水量（2015 年）

处理	苗期 6.1～6.15		叶丛生长期 6.16～7.31		块根膨大前期 8.1～8.10		块根膨大后期 8.11～8.31		糖分积累期 9.1～10.3	
	耗水量 (mm)	比例 (%)	耗水量 (mm)	比例 (%)	耗水量 (mm)	比例 (%)	耗水量 (mm)	比例 (%)	耗水量 (mm)	比例 (%)
S0	11.8	4.31	106.3	38.81	33.5	12.23	21.7	7.92	100.6	36.73
S5	15.4	5.65	98.4	36.12	29.8	10.94	35.9	13.18	92.9	34.10
S10	16.6	6.05	105	38.24	33.0	12.02	37.2	13.55	82.8	30.15
S15	18.3	6.38	101.7	35.47	32.7	11.41	38.0	13.25	96.0	33.48
S20	16.3	5.52	103.7	35.10	32.0	10.83	46.0	15.57	97.4	32.97
T0	20.9	7.17	93.5	32.09	39.3	13.49	52.9	18.15	84.8	29.10
T5	26.1	8.68	93.5	31.08	33.5	11.14	58.2	19.35	89.5	29.75
T10	17.9	5.73	102	32.67	31.5	10.09	57.2	18.32	103.6	33.18
T15	23.6	7.74	93.7	30.73	35.5	11.64	61.5	20.17	90.6	29.71
T20	18.6	5.91	102.1	32.42	33.4	10.61	65.1	20.67	95.7	30.39

上述结果表明，叶丛生长期和块根膨大期甜菜耗水量较大，是甜菜的需水关键期，此时对甜菜进行的遇旱补水措施能有效增加甜菜的关键时期耗水量，2014 年与 2015 年由于生育后期降水量较

大，甜菜利用充足的水分快速生长，因此两个试验年生育后期耗水量均较大，并且由于遇旱补水措施在一定程度上保证了甜菜群体的正常生长，耗水量的增长量受土壤储水情况影响，可能会超过补水量。

（3）补水对甜菜田生育期耗水量的影响　遇旱补水对甜菜田生育期耗水量构成（0～80 cm）的影响如表 5-19 所示。可以看出，2014 年甜菜生育期内降水量为 198.3 mm，较常年平均降水量少 115.6 mm。沙地对照 S0 生育期耗水量为 202.6 mm，较同期降水量高 4.3 mm，各补水处理 S5、S10、S15、S20 生育期耗水量分别为 206.9、216.3、217.2、224.4 mm，较对照相比分别增加了 4.3、13.7、14.6、21.8 mm，各补水处理耗水量的增加量与补水量相持平。对照 S0 生育期内土壤供水量为 4.3 mm，S5、S10、S15、S20 生育期内土壤供水量分别为 3.6、8.0、3.9、6.1 mm，与对照相近。

表 5-19　遇旱补水对甜菜田生育期耗水量构成的影响（2014 年）

土壤类型	处理	耗水量（mm）	降水量		土壤供水量		补水量		0～80 cm 土壤蓄水量	
			数量（mm）	比例（%）	数量（mm）	比例（%）	数量（mm）	比例（%）	移栽期（mm）	收获期（mm）
沙地	S0	202.6		98.17	4.3	1.83	—	—	75.9	72.2
	S5	206.9		95.84	3.6	1.74	5	2.42	72.9	69.3
	S10	216.3	198.3	91.68	8.0	3.70	10	4.62	80.1	72.1
	S15	217.2		91.30	3.9	1.79	15	6.91	74.1	70.2
	S20	224.4		88.37	6.1	2.72	20	8.91	81.1	75.0
滩地	T0	200.6		98.85	2.3	1.15	—	—	119.8	117.5
	T5	201.5		98.41	−1.8	−0.89	5	2.48	112.4	114.2
	T10	206.8	198.3	95.89	−1.5	−0.37	10	4.84	116.4	117.9
	T15	213.8		92.75	0.5	0.23	15	7.02	115.3	114.8
	T20	220.7		89.85	2.4	1.09	20	9.06	113.2	110.8

2014 年滩地各处理耗水量状况与沙地相近，T0、T5、T10、T15、T20 耗水量依次为 200.6、201.5、206.8、213.8、220.7 mm，与对照 T0 相比，T5、T10、T15、T20 生育期耗水量分别比 T0 增加了 0.9、6.2、13.2、20.1 mm。T0 生育期内土壤供水量为 2.3 mm，T5、T10、T15、T20 生育期内土壤供水量分别为 −1.8、−1.5、0.5、2.4 mm，与对照 T0 基本持平。通过对甜菜移栽前和收获后土壤蓄水量的比较分析，沙地甜菜田收获后各处理土壤蓄水量较移栽前减少了 3.6～8.0 mm，而滩地各处理移栽前和收获后蓄水量基本保持不变。

2015 年甜菜田耗水量构成状况如表 5-20 所示，可以看出，甜菜生育期内降水 280.9 mm，较常年平均降水量减少 33.0 mm，沙地甜菜各处理 S0、S5、S10、S15、S20 耗水量分别为 273.9、272.4、274.6、286.7、295.7 mm，各处理收获后 0～80 cm 土壤蓄水量比移栽前增加了 5.2～17.5 mm，其中，甜菜生育期内补水较少的 S5 处理土壤蓄水量最多，补水较多的 S20 处理土壤蓄水量最少，其他处理介于二者之间。滩地对照 T0 生育期耗水量为 291.4 mm，T5、T10、T15、T20 生育期耗水量分别为 300.8、312.2、304.9、314.9 mm，分别较对照增加了 9.4、20.8、13.5、23.5 mm，补水处理耗水量的增加量略高于补水量，各处理收获后甜菜田 0～80 cm 蓄水量比移栽前减少了 8.9～21.3 mm。

表 5-20　遇旱补水对甜菜田耗水量构成的影响（2015 年）

土壤类型	处理	耗水量 (mm)	降水量		土壤供水量		补水量		0～80 cm 土壤蓄水量	
			数量 (mm)	比例 (%)	数量 (mm)	比例 (%)	数量 (mm)	比例 (%)	移栽期 (mm)	收获期 (mm)
沙地	S0	273.9	100.00	—	−7.0	—	—	—	42.1	59.6
	S5	272.4	100.00	—	−17.5	—	5	3.30	42.6	49.6
	S10	274.6	280.9	100.00	—	−16.3	—	10	3.64	48.4	64.7
	S15	286.7		97.98	−9.2	−3.21	15	5.23	45.1	54.3
	S20	295.7		94.99	−5.2	−1.75	20	6.76	45.6	50.8

（续）

土壤类型	处理	耗水量（mm）	降水量		土壤供水量		补水量		0～80 cm 土壤蓄水量	
			数量（mm）	比例（%）	数量（mm）	比例（%）	数量（mm）	比例（%）	移栽期（mm）	收获期（mm）
滩地	T0	291.4		96.40	10.5	3.60	—	—	140.3	129.8
	T5	300.8		93.38	14.9	4.96	5	1.66	142.5	127.6
	T10	312.2	280.9	89.97	21.3	6.83	10	3.20	140.0	118.7
	T15	304.9		92.13	8.9	2.92	15	4.95	153.9	130.0
	T20	314.9		89.20	13.9	4.42	20	6.38	130.0	116.1

综上所述，补水增加了甜菜生育期耗水量，且耗水量的增加量高于补水量，沙地补水处理生育期耗水量的增加量略高于补水量，滩地补水处理生育期耗水量的增加量较大，高于沙地，其原因可能是滩地土质好，土壤中所储存的水分较多，而遇旱补水措施使得甜菜植株旺盛生长，株体较大消耗了更多的土壤水分。而 2014 年试验结果并不明显，这主要是由于该试验年甜菜生育期内自然降水过少，补水量不能满足自然降水的亏缺，导致该试验年甜菜植株较小，甜菜田并未"封垄"，地表裸露过多，最终造成土壤水分无效蒸发而未被甜菜有效利用。

5.11.2　补水对甜菜株高的影响

遇旱补水对滩地甜菜株高的影响如图 5-29 所示，可以看出，2014 年滩地各处理甜菜株高呈现单峰型变化。补水后甜菜株高迅速增长，至 7 月 26 日，补水 15 mm 和 20 mm 的 T15、T20 两处理甜菜株高分别为 32.93、35.33 cm，较对照提高了 26.2%、35.4%。8 月 26 日各补水处理株高达到最大值，T20、T15、T10、T5 处理分别为 36.33、33.20、30.13、30.07 cm；而对照 T0 在 8 月 6 日达最大值，为 31.97 cm。表明，在 7 月 13 日补水后，处理 T20、T15 的株高均有较为明显的增长量，而少量补水的 T5 和 T10 处理，与 T0 相比株高未表现出明显差异。表明，进入 8 月后，各补水处理甜菜株高基本维持在一个稳定水平，而未补水甜菜的株高则表现下降的趋势。

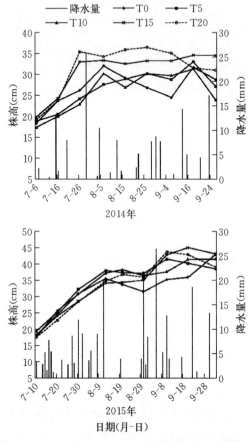

图 5-29　不同补水量对滩地甜菜株高的影响

2015 年，滩地株高整体表现为逐渐上升的变化特征。2015 年 8 月 11 日遇旱补水后，至 8 月 30 日各处理株高表现为 T5＞T10＞T20＞T15＞T0，分别为 36.9、36.2、35.8、34.9、31.4 cm，各补水处理较对照 T0 分别提高了 17.5%、15.3%、14.0%、11.1%。

但进入 9 月，随着降水增多，甜菜叶片恢复生长，老叶片死亡，新叶片快速生长，各处理间甜菜株高差异逐渐缩小，收获时 T0、T5、T10、T15、T20 处理甜菜株高分别为 42.8、38.3、41.3、42.9、38.8 cm。由于 2015 年补水后又经历长时间干旱无雨天气，导致这一时期甜菜生长受阻，各处理甜菜株高增长均出现了生长停滞现象，但即使如此，滩地甜菜补水后，补水处理对甜菜株高依然有较明显效果，持续的水分胁迫导致对照 T0 株高降低，原因是午间强光高温使甜菜叶片发生萎蔫、皱缩，甚至灼伤叶片，对甜菜基部大叶片产生了不可恢复的破坏作用，但各补水处理株高仍可维持一个稳定水平。

遇旱补水对沙地甜菜株高的影响如图 5-30 所示，可以看出，甜菜株高总体呈现先升高后缓慢降低的趋势。2014 年 7 月 13 日进行补水，至 8 月 6 日，各补水处理甜菜株高为 35.0～39.1 cm，除 S20 处理，其他处理与对照相差无几，并未表现出明显差异。甜菜生长进入糖分积累期后，前期遇旱补水效果逐渐显现，9 月除补水量最小的 S5 处理外，S10、S15、S20 等 3 个处理甜菜株高均高于对照。收获时，甜菜株高表现为 S20＞S15＞S10＞S0＞S5，分别为 36.9、32.3、31.1、28.1、27.7 cm。2015 年沙地试验结果显示，

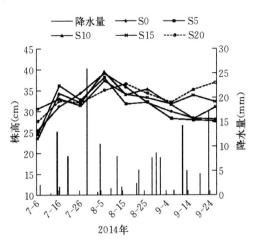

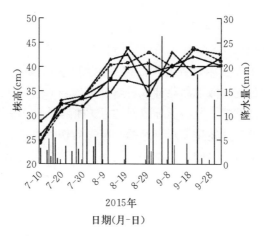

图 5 - 30　不同补水量对沙地甜菜株高的影响

各补水处理在补水后 20 d 内甜菜株高较对照 S0 增长了 4.5％～12.5％，差异不明显，这是由于补水后又经历了长时间的干旱胁迫，且沙地土壤保水性差，补水量不足以支撑甜菜长时间快速生长，因而导致补水对沙地甜菜株高影响不大。

总之，遇旱补水在两种土壤类型下均可以提高甜菜株高，特别是对甜菜遭遇严重水分胁迫时维持甜菜株高有重要作用。滩地补水效果明显且反应较为迅速，补水后，补水处理甜菜株高与对照差异明显；补水对沙地甜菜株高也有促进作用，但并不明显。年际间降水量的差异对遇旱补水的效果也产生了影响，2014 年补水后不久便迎来降水，两种土壤类型下均呈现补水处理甜菜株高高于对照；2015 年补水后又经历了新一轮的干旱胁迫，补水效果持续时间较短，更反映了补水的有效性和必要性。

5.11.3　补水对甜菜根粗的影响

遇旱补水对滩地甜菜根粗的影响如图 5 - 31 所示。可以看出，在生育期内各处理甜菜根粗持续增长。补水前各处理间甜菜根粗无

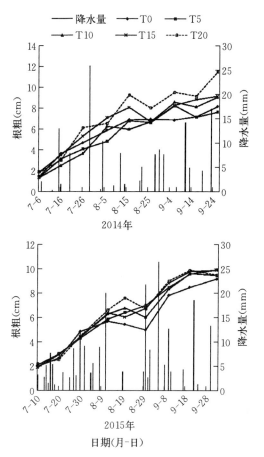

图 5-31 不同补水量对滩地甜菜根粗的影响

明显差异，7 月 13 日进行补水处理后，补水量较大的处理 T15、T20 甜菜根粗在补水后的短时间内出现了明显增长。与对照 T0 相比，T15 和 T20 分别增加了 11.4%、19.7%，方差分析表明 T15、T20 与对照差异明显，而补水量较小的 T5、T10 在补水后的几个测定时期内，甜菜根粗与对照无明显差异。进入 9 月后，气温降低、降水减少，各处理甜菜根粗虽然仍呈现逐渐增长的趋势，但增长速率较甜菜生长旺盛的 7 月、8 月明显降低。在甜菜生长后期，与对照相比，补水量较大的处理 T15、T20 甜菜根粗仍然有较大差异，分别比对照增加 18.1%、35.5%，与前期不同的是，补水量较小的 T5、T10 在生长后期，甜菜根粗较对照略有增长，分别增加了 15.2%、3.6%。甜菜收获时根粗表现为 T20＞T15＞T10＞T0＞T5，分别为 11.51、9.15、9.08、8.20、7.65 cm。

2015 年滩地甜菜根粗大致表现为持续增加的趋势，但由于 8 月中旬遭遇长期干旱气候，甜菜根粗出现了生长缓慢，甚至根粗出现了负增长的现象。自甜菜移栽至 8 月初，降水较频繁，甜菜根粗持续稳定增长，8 月 10 日进行补水以后，各处理根粗继续缓慢增长，而对照 T0 根粗则出现了小幅度的减小趋势，补水 10 d 后，各处理甜菜根粗表现为 T20＞T10＞T5＞T15＞T0，分别为 7.6、6.7、6.4、6.0、5.4 cm，补水处理依次比对照高出 40.7%、24.1%、18.5%、11.1%。在 8 月持续的强光高温、水分胁迫情况下，对照 T0 与补水处理 T20、T10 甜菜根粗均出现了小幅度的降低，而 T5、T15 处理根粗仍然缓慢增长，但增速较缓。总体来看，8 月补水处理甜菜根粗与对照出现明显差异，8 月 30 日，T20、T15、T10、T5 分别较对照提高了 34.5%、35.5%、20.7%、40.3%。9 月，随降水增多，各处理甜菜根粗迅速增长，对照 T0 与补水处理间差异逐渐缩小，但直至收获期，T0 根粗仍小于补水处理。

遇旱补水对沙地甜菜根粗的影响如图 5－32 所示。可以看出，与滩地类似，沙地甜菜根粗在整个生育期内表现为逐渐增长的趋势。2014 年补水后各补水处理甜菜根粗与对照并未表现出明显差异，直至 8 月中旬，甜菜再次遭遇干旱胁迫时，补水处理甜菜根粗继续缓慢增长，而未补水的 S0 根粗则出现小幅度的降低趋势，8 月 6 日～8 月 26 日，S5、S10、S15、S20 分别较对照提高了 8.90%、15.82%、7.41%、18.95%，收获时甜菜根粗表现为 S20＞S15＞S10＞S0＞S5，分别为 9.85、8.96、8.49、6.81、6.51 cm。2015 年补水后，各补水处理甜菜根粗均继续缓慢增长，而未补水的 S0 甜菜根粗则表现为明显的下降趋势，S20、S15、S10、S5 分别比对照增长了 17.3%、9.6%、12.4%、9.7%，收获时甜菜根粗 S20＞S15＞S10＞S5＞S0，分别为 10.8、9.9、9.8、9.5、9.4 cm。这是由于补水后又经历了长时间的干旱胁迫，而沙地土壤保水性差，所补水分被甜菜及时利用。

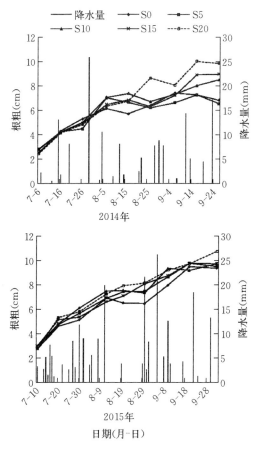

图 5 - 32　不同补水量对沙地甜菜根粗的影响

以上结果表明，干旱胁迫抑制了甜菜块根的生长，并且由于水分亏缺会导致块根出现负增长的现象；遇昼补水有效促进了甜菜块根的生长，补水量越大，甜菜根粗增长越多。在两种土壤类型下的试验结果表明，甜菜利用生育后期充足的降水和适宜的环境快速生长，对照与补水处理间甜菜根粗的差异逐渐减小，但仍不能弥补前期遇旱补水造成的差异。

5.11.4 补水对甜菜叶面积的影响

不同补水处理对滩地甜菜叶面积的影响如表 5 - 21 和表 5 - 22 所示。可以看出，各处理甜菜叶面积在生育期内大体呈现先增长而后降低的趋势。2014 年 7 月 13 日进行补水后，与对照相比，各补水处理甜菜叶面积有不同程度的增加，至 7 月 26 日，补水量较大的 T15、T20 甜菜叶面积较对照增长幅度分别为 98.74%、99.52%，而补水量相对较小的 T5、T10 处理甜菜叶面积与对照相比无明显增长。分析补水后各处理最近两个测定时期的甜菜叶面积得知，T15、T20 比对照 T0 增加了 70.5%、122.2%，分析结果表明，T15、T20 与对照 T0 的差异明显，而与对照 T0 相比，T5、T10 的甜菜叶面积没有明显的增长。与甜菜根粗生长状况有很大不同，在甜菜生长旺盛的 8 月中旬，补水量较大的 T10、T15、T20 甜菜叶面积均出现了不同程度的下降，与前一测定时期相比，分别降低了 46.4%、15.2%、19.8%，而 5 mm 补水的 T5 和对照 T0 在这一时间段甜菜叶面积保持了缓慢增长的趋势，T5 和 T0 分别增长了 10.5%、41.6%。进入甜菜生长后期，由于降水变少，造成甜菜基部叶片死亡，致使甜菜叶面积逐渐减小，特别是在甜菜收获期由于天气原因各处理甜菜叶面积均出现了较大幅度的减小。

表 5 - 21 补水后滩地甜菜叶面积（2014 年）

单位：cm²/株

处理	7 月 16 日	7 月 26 日	8 月 6 日	8 月 16 日	8 月 26 日	9 月 6 日	9 月 16 日	9 月 26 日
T0	520	1 033	1 391	1 970	1 496	1 452	1 955	1 056
T5	710	901	1 827	2 018	1 558	2 049	1 063	772
T10	684	770	2 562	1 372	1 845	1 886	1 347	415
T15	1 152	2 053	2 081	1 764	2 436	1 980	2 344	1 226
T20	800	2 061	3 325	2 665	2 997	2 509	2 144	1 448

表 5 - 22 补水后滩地甜菜叶面积（2015 年）

单位：cm²/株

处理	7月20日	7月30日	8月12日	8月20日	8月30日	9月10日	9月20日	10月3日
T0	1 027	1 871	3 259	3 034	2 772	2 739	2 355	3 338
T5	946	1 566	2 800	2 655	2 406	3 230	3 572	3 787
T10	1 046	1 819	3 643	3 721	3 159	4 147	4 007	3 565
T15	1 166	2 322	3 772	3 963	3 360	3 771	4 384	3 653
T20	848	1 420	3 719	3 984	3 578	4 463	4 842	4 498

2015 年，滩地 8 月 10 日补水以后，补水效果迅速显现，在 8 月 12 日这一期数据测定中，补水量较大的 T20、T15、T10 叶面积均明显高于对照，T0 叶面积为 3 259 cm²，T20、T15、T10 甜菜叶面积分别达 3 719、3 772、3 643 cm²。甜菜叶片经历短暂的快速生长后，8 月中下旬长时间的干旱无雨使各处理甜菜叶面积均出现了不同程度的下降，在大量降水前，水分胁迫最为严重，同时遇旱补水所补水分也已蒸发殆尽，8 月底 T20、T15、T10 分别比对照高出 29.1%、21.2%、14.0%。与沙地不同的是，补水量最小的 T5 补水后叶面积略小于对照，这是由于前期幼苗相对较弱，虽获得了少量补水，但补水量过小对甜菜生长影响不大。

不同补水量对沙地甜菜叶面积的影响如表 5 - 23、表 5 - 24 所示。可以看出，2014 年沙地叶面积总体呈现为先升高、后缓慢下降、最后上升的趋势，补水后各处理叶面积均高于对照，且与对照相比差异明显，补水以后由于再次经历长期干旱，此时各个处理甜菜叶面积均不同程度地降低，但各补水处理叶面积仍高于对照，尤其是补水量最大的 S20，与对照差异明显。进入 9 月，随降水增多，叶面积继续增大，各处理间叶面积差异逐渐缩小，甜菜收获时，补水量相对较小的 S10、S5 与对照无明显差异，而补水量较大的 S20、S15 叶面积仍然高于其他处理，分别为 2 518、2 284 cm²，与对照 S0 相比提高了 84.88%、67.69%。

表 5 - 23　补水后沙地甜菜叶面积（2014 年）

单位：$cm^2/$株

处理	7月16日	7月26日	8月6日	8月16日	8月26日	9月6日	9月16日	9月26日
S0	1 710	1 542	2 399	1 452	1 450	1 536	1 482	1 362
S5	1 390	722	1 450	863	1 351	1 071	1 450	1 244
S10	1 220	1 151	2 592	1 518	1 364	2 331	1 389	1 778
S15	1 952	1 700	2 000	1 532	1 906	1 774	2 153	2 284
S20	1 441	1 191	1 972	1 621	1 759	1 226	1 562	2 518

表 5 - 24　补水后沙地甜菜叶面积（2015 年）

单位：$cm^2/$株

处理	7月20日	7月30日	8月12日	8月20日	8月30日	9月10日	9月20日	10月3日
S0	1 619	2 098	2 974	2 344	2 043	2 073	3 141	4 015
S5	1 856	2 294	3 659	2 839	2 389	3 135	3 505	3 231
S10	1 722	2 262	3 743	2 919	2 245	3 021	3 555	4 015
S15	1 957	2 419	3 624	2 640	2 177	2 611	3 288	4 030
S20	1 738	2 142	3 618	3 442	2 900	2 975	4 322	4 459

　　以上结果表明，遇旱补水对滩地甜菜叶面积的增长更为明显，滩地各补水处理甜菜叶面积的增长量高于沙地，这是由于滩地保水性好，遇旱补水效果更为持久，降水量较多的年份甜菜生长较快、叶面积更大，且甜菜利用生育后期的大量降水又进行了快速生长，缩小了对照与补水处理间甜菜叶面积的差异。遇旱补水可以保障甜菜正常生长，有效促进叶面积的增长，这对于保持叶片光合能力、提高最终产量有极其重要的意义。

5.11.5　补水对甜菜含糖率的影响

　　含糖率是反映甜菜品质的重要指标。一般而言，干旱胁迫会导致甜菜块根水分散失，使甜菜含糖率增大，而补水会促进甜菜块根膨大，使甜菜含糖率降低。

不同补水量对滩地甜菜含糖率的影响如图 5-33 所示，可以看出，2014 年滩地经过补水后，各补水处理甜菜的含糖率呈较明显的差异，补水量较大的处理 T15、T20 甜菜的含糖率在整个生育期内低于其他处理，特别是在补水后的几个测定时期，这种差异尤为明显，而补水量较小的 T5、T10 甜菜含糖率则始终高于其余 3 个

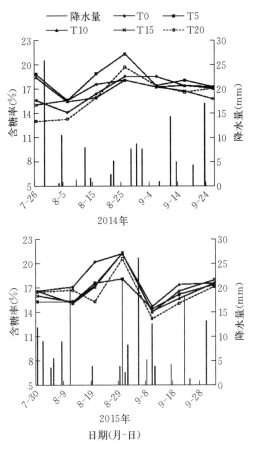

图 5-33　不同补水处理下滩地甜菜含糖率的变化特征

处理；9月甜菜进入生长后期，甜菜的生长速率逐渐变缓，各处理间甜菜含糖率的差异也逐渐变小。但是补水量较大的处理 T15、T20 的甜菜含糖率依然低于对照和其他补水处理，在甜菜收获期 T0、T5、T10、T15、T20 甜菜含糖率分别为 17.22％、17.22％、17.06％、15.74％和 17.05％。

2015 年，滩地甜菜含糖率总体表现为先上升后降低再上升的变化趋势。8月中旬甜菜进入块根膨大期，此时甜菜受到严重水分胁迫，甜菜生长受阻，补水促进甜菜生长，有助于块根膨大，但导致了含糖率的降低。通过对补水 10 d 后各处理甜菜块根含糖率的测定表明，对照 T0 含糖率明显高于各补水处理，T0 含糖率达 20.2％，而补水量最大的 T20 含糖率仅为 15.3％，T20 比 T0 降低了 24.3％。遇旱补水在短时间内降低了甜菜含糖率，随着后期降水逐渐偏多，各处理甜菜含糖率迅速降低，但各处理间甜菜含糖率仍表现为 T0＞T5＞T10＞T15＞T20，未补水的 T0 含糖率仍然高于各补水处理，与补水初期相比，补水处理与对照间差异逐渐缩小。进入糖分积累期后，甜菜含糖率有所升高，至收获时 T0、T5、T10、T15、T20 含糖率分别为 17.6％、17.4％、17.6％、18.0％、17.2％，彼此间差异不明显。

补水对沙地甜菜含糖率的影响如图 5-34 所示。可以看出，2014 年整个生育期内沙地甜菜含糖率变化趋势与滩地大致相同，但沙地各处理间含糖率差异不如滩地明显。沙地补水后，补水量较大的 S20、S15 含糖率明显降低，补水量较小的 S5 含糖率与对照无明显差异。后期随降水增多，块根继续膨大，甜菜含糖率均降低，收获时甜菜最终含糖率略低于对照。以上结果表明，补水可以间接影响甜菜的含糖率，在补水初期补水量较大处理的甜菜含糖率明显低于补水量较小处理的含糖率，但是这种差异至收获期逐渐缩小。

甜菜根作为一种储藏根，当遭遇干旱胁迫时，块根中水分可以继续维持甜菜存活，对甜菜施以"保命水"可以促进甜菜块根膨大，但必然导致甜菜含糖率降低。上述研究结果证明遇旱补水短期

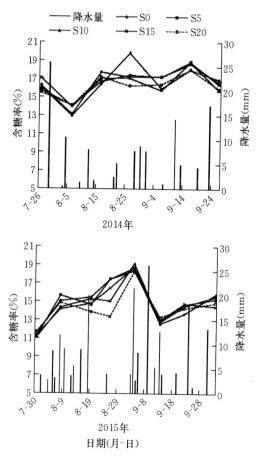

图 5 - 34　不同补水处理下沙地甜菜含糖率的变化特征

内降低了甜菜含糖率，且差异明显，但是如果甜菜生育期后期自然降水较多，这种差异会逐渐缩小，表明遇旱补水不会对收获时甜菜含糖率造成影响。

5.11.6　补水对甜菜干物质积累的影响

2014 年滩地甜菜干物质积累动态表现为 Logistic 曲线型趋势（表 5 - 25），补水量较多的 T20、T15 在整个生育期内干物质生产具有快速增长期早、快速增长持续时间长、最大增长速率高的特征，两处理快速增重期为 7 月 20 日，较 T0 的 9 月 1 日提前了 42 d，持续时长 31 d，较 T0 延长了 6 d；最大增速则分别达到了 3.49、2.92 g/(d·株)，是 T0 的 1.20、1.01 倍。

表 5-25　不同补水处理下甜菜干物质积累变化动态（2014 年）

处理	Logistic 方程	R^2	平均增速 [g/(d·株)]	最大增速 [g/(d·株)]	速增日期 (mm-dd~mm-dd)
T0	$y = 94.72/(1+493.79 \times e^{-0.094x})$	0.977	1.83	2.90	9-1~9-25
T5	$y = 103.8/(1+322.9 \times e^{-0.075x})$	0.993	0.99	1.95	8-15~9-5
T10	$y = 137.24/(1+1\,092.45 \times e^{-0.082x})$	0.987	1.73	2.80	8-20~9-20
T15	$y = 150.97/(1+118.53 \times e^{-0.063x})$	0.969	1.60	2.92	7-20~8-20
T20	$y = 160.21/(1+1\,405.26 \times e^{-0.103x})$	0.993	2.00	3.49	7-20~8-20

2015 年不同补水量对甜菜干物质积累动态状况如图 5-35 所示。可以看出，滩地各处理干物质积累动态呈现前期缓慢增长，8 月中旬干旱无雨甜菜干物质积累近乎停滞，后期迎来降水后干物质快速积累的变化趋势。补水后，各补水处理干物质积累量继续缓慢增长，而 T0 则由于受到严重干旱胁迫干物质积累出现停滞。8 月中下旬长时间的干旱胁迫使各处理甜菜干物质生产速率均有所降低，但与对照 T0 相比，各补水处理干物质积累均有不同程度的增长，至 8 月 30 日，块根干物质积累量表现为 T20＞T5＞T15＞T10＞T0，分别比对照 T0 增长了 115.5%、89.7%、84.5%、57.1%。甜菜进入糖分积累期后，气候转凉，较适宜甜菜生长，甜菜干物质

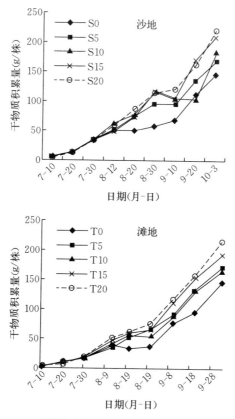

图 5-35 不同补水量对干物质积累的影响（2015 年）

积累快速增加，各处理干物质均呈线性增加的趋势，未补水的对照 T0 干物质生产也表现出线性增长，但与补水处理相比，仍有差距，尤其是补水量较大的 T20、T15 处理，收获时 T20、T15 干物质积累量分别较对照增加了 47.2%、31.5%。

　　沙地进行补水后，补水处理块根干物质迅速积累，对照干物质积累略有增长，涨幅并不明显。补水以后经历 10 d 干旱，补水量较少的 S5、S10 两处理干物质增长速率降低，而补水量较大的 S20 和 S15 仍然快速增加。

以上结果表明，水分胁迫会使干物质积累出现停滞甚至导致自身消耗过大，遇旱补水使甜菜遭遇干旱气候时仍可以继续进行干物质生产，可以帮助甜菜度过"困难时期"。在滩地和沙地两种土壤类型下，补水处理干物质积累均较对照有很大增长，且这种差距一直延续至收获，后期较多降水也不能弥补这种差异。

6 甜菜异地育苗、同地生产关键技术

　　甜菜为无限生长的喜凉作物，适宜在华北寒旱区生产。在华北平原长城以南育苗、长城以北的寒旱区生产的异地育苗、同地定植生产关键技术，可以大幅延长甜菜的生长期，提高甜菜产量。本研究分为育苗和定植两部分，育苗在冀中平原区的清苑县（南苗）和冀西北高原区的张北县（北苗对照）两地进行，异地秧苗统一定植于河北省张北县的河北农业大学张北实验站。甜菜品种：KWS-6231，单粒型三倍体杂交种，叶丛斜立，叶片淡绿色，叶柄较粗、长，出苗整齐；块根纺锤形，根头较小；抗丛根病、根腐病和褐斑病。

　　试验分为育苗和定植两部分。育苗分别在冀中平原区的清苑县（115°48′E，38°77′N，海拔 18 m。育成苗简称"南苗"）和冀西北高原区的张北县（对照。114°42′E，41°09′N，海拔 1 420 m。育成苗简称"北苗"）两个地区进行。育苗后统一定植于位于张北县的河北农业大学张北实验站。田区相对排列，5 次重复。

　　2017 年，清苑为露地纸筒育苗，设置两个播期依次为 3 月 28 日和 4 月 11 日，定植时间为 5 月 8 日和 5 月 20 日，处理用 S10 和 S25 表示。张北为拱棚纸筒育苗，育苗时间为 4 月 10 日，分别于 5 月 10 日和 5 月 28 日进行定植，处理依次用 N10、N25 表示。各处理的株行距均为 50 cm×60 cm，每个小区面积为 20 m²。

　　2018 年，育苗方式同 2017 年，张北于 4 月 18 日播种（当地常规育苗时间），定植时间为 5 月 30 日。清苑设 4 个播期依次为 3 月 20 日、3 月 30 日、4 月 10 日和 5 月 6 日，定植时间分别为 4 月 29 日、5 月 12 日、5 月 18 日和 6 月 18 日。各处理定植株行距均为 50 cm×60 cm，每个小区面积为 21 m²。各处理分别用 N530、S429、S512、S518、S618 表示。

6.1 不同地区育苗期的确定

6.1.1 育苗环境温度与气温的关系

对清苑与张北两地育苗期的苗床之上 15 cm 处（近苗床）每日平均温度，与该地大气温度进行相关性分析可知，育苗环境温度与大气均温存在线性回归关系（图 6-1）。

清苑露地育苗的苗床之上 15 cm 处日均温（Y）与大气温度（X）的回归关系为：

$$Y=0.930X+3.927 \quad (R^2=0.803) \tag{6-1}$$

相应地，张北的拱棚育苗的苗床之上 15 cm 处日均温（Y'）与大气温度（X'）的回归关系为：

$$Y'=0.728X'+9.461 \quad (R^2=0.502) \tag{6-2}$$

明确区域气温与近苗床气温的定量关系，为按气象局观测资料确定甜菜适宜的育苗期奠定了基础。

6.1.2 育苗需要的积温量

各处理的育苗期间温度变化及指标见图 6-2、表 6-1。S429、S512、S518、S618 和 N530 处理的育苗期间最低温度，均超过了防止春化发育的界限温度——日均温 5 ℃的要求。南苗比北苗的育苗期最低温度平均高 0.4 ℃。

移栽时 S429、S512、S518、S618 和 N530 处理均达到成苗标准，育苗期≥5 ℃的有效积温分别为 479.8、501.04、534.0、766.5、507.0 ℃，相应苗龄为 39、42、38、43、42 d，当育苗天数相同时，南苗积温大于北苗。结果表明，育苗期具有≥5 ℃有效积温 500.0 ℃，可作为甜菜安全成苗的界限积温。

统计表明，由于张北为拱棚育苗，其环境存在更大的日温差，北苗的日温差变异系数达 68.2%，高于南苗。因此，从温度环境

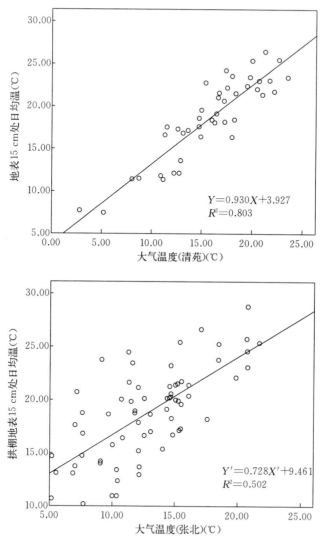

图 6-1　育苗环境温度与大气温度的相关性

考虑，南苗苗期的温度环境比北苗更具稳定性，清苑育苗更具有地气资源优势。

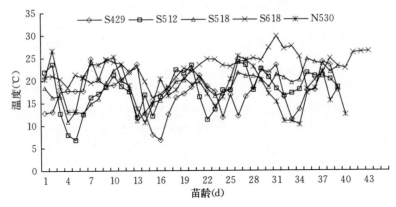

图 6-2 甜菜育苗期日平均温度变化

表 6-1 甜菜育苗期温度指标

处理	育苗期 (mm - dd～ mm - dd)	平均温度 (℃)	最高温度 (℃)	最低温度 (℃)	日温差 (℃)	变异系数 (%)	≥5 ℃成苗 有效积温 (℃)
S429	3 - 20～4 - 28	17.4	35.7	5.7	25.44	65.5	479.8
S512	3 - 30～5 - 10	17.8	31.5	8.2	23.3	49.2	501.0
S518	4 - 10～5 - 16	18.7	25.0	12.3	12.66	25.4	534.0
S618	5 - 6～6 - 17	22.8	29.1	16.2	12.9	20.1	766.5
N530	4 - 18～5 - 30	18.3	39.2	5.3	33.85	68.2	507.0

6.1.3 不同地区育苗期的确定

表 6-2 为清苑与张北两地的早春气象资料。依式（6-1）、式（6-2）分别估算清苑与张北两地的最早育苗期。当清苑育苗地近地面 15 cm 处日均温达到 5 ℃时，大气温度达到 1.15 ℃，即 2 月 16 日以后可进行露地育苗；相应地，张北大气温度达到 -6.13 ℃，即 3 月 6 日可进行拱棚育苗。

依据标准 NY/T 3027—2016 可知，日均温达 10 ℃以上时甜菜即可定植，结合张北早春温度资料可知，甜菜张北最早的定植时间为 5 月 1 日，较常规生产的 6 月 1 日提前约 30d。

表6-2　清苑与张北早春日均温度资料（1988—2018 年）

地区	2 月				3 月						4 月	
	11～15 日	16～20 日	21～25 日	26～28 日	1～5 日	6～10 日	11～15 日	16～20 日	21～25 日	26～31 日	1～5 日	6～10 日
清苑（℃）	1.0	1.4	2.3	3.6	4.6	5.4	7.1	8.1	8.6	11.2	12.4	13.6
张北（℃）	－9.9	－9.4	－8.2	－7.1	－6.5	－5.7	－3.4	－1.8	－1.6	1.1	2.3	3.3

地区	4 月				5 月						6 月	
	11～15 日	16～20 日	21～25 日	26～30 日	1～5 日	6～10 日	11～15 日	16～20 日	21～25 日	26～31 日	1～5 日	5～10 日
张北（℃）	4.6	7.2	6.0	9.4	10.6	10.6	11.9	13.9	14.7	15.4	16.2	16.3

若依 6 月 1 日坝上地区常规生产的移栽期为目标，按照安全成苗所需≥5 ℃积温 500 ℃，估算清苑与张北两地适宜的育苗期（表6-3）分别为 5 月 5 日和 4 月 24 日；若进一步考虑 80％气象保障率时，清苑适宜的露地育苗期为 5 月 4 日，相应张北拱棚育苗的育

表6-3　不同移栽期的育苗适宜时期

项　　目		育苗适宜时期（m-d）	
		清苑	张北
6 月 1 日移栽	50％保证率	5-5	4-24
	80％保证率	5-4	4-21
5 月 25 日移栽	50％保证率	4-26	4-11
	80％保证率	4-25	4-5
5 月 20 日移栽	50％保证率	4-19	3-31
	80％保证率	4-18	3-14
5 月 15 日移栽	50％保证率	4-12	3-18
	80％保证率	4-10	
5 月 1 日移栽	50％保证率	3-19	
	80％保证率	3-11	

苗期为 4 月 21 日。表 6-3 估算了适期早栽的两地育苗适宜时期。当移栽期提前至 5 月 15 日时，采用现在的育苗设施张北只有 50% 的保证率，无法到达 80%，若要实现提前定植则势必异地育苗。因此，在考虑 80% 气象保证时，要想尽早移栽，则张北最早的育苗期为 3 月 14 日，移栽期为 5 月 20 日；清苑最早的育苗期为 3 月 11 日，移栽期为 5 月 1 日，清苑育苗可比张北育苗早 20 d 移栽。

6.2 不同地区育苗的秧苗质量比较

甜菜各处理的成苗期性状见表 6-4。由此可知，各处理的秧苗均达到了育苗标准的两对真叶（NY/T3027—2016），但秧苗质量存在较大的差异。其中株高和百苗重，表现为南苗高于北苗。南苗的株高是北苗的 1.83~2.69 倍，百苗鲜重是北苗的 1.19~1.72 倍。除 S518 外，南苗的茎粗是北苗的 1.02~1.10 倍。叶绿素和根冠比表现为北苗高于南苗，南苗的叶绿素 SPAD 值仅为北苗的 76.4%~92.5%，根冠比南苗为北苗的 47.6%~81.0%。综上表明，南苗由于自然环境较为适宜，甜菜地上部与北苗相比生长较为旺盛，整体质量高于北苗。

表 6-4　甜菜不同地区及播期育苗的秧苗性状比较（2018 年）

处理	育苗天数（d）	叶片数（片/株）	株高（cm）	茎粗（mm）	叶绿素 SPAD 值	百苗鲜重（g）	根冠比
S429	39	5	21.58	5.63	47.20	566.80	0.10
S512	42	5	28.28	5.63	41.95	769.35	0.12
S518	38	4	25.74	3.64	40.18	675.52	0.17
S618	43	5	19.31	5.21	48.62	530.07	0.16
N530	42	5	10.52	5.12	52.58	446.80	0.21

6.3 甜菜大田生产效果比较

6.3.1 甜菜株高变化特征

甜菜各移栽期处理的株高变化见图 6-3。甜菜株高均呈现先快速增长，后缓慢下降的趋势。

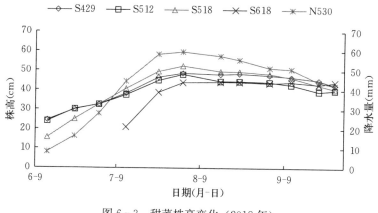

图 6-3 甜菜株高变化（2018 年）

移栽期明显影响甜菜株高的生长趋势。6 月 13 日，南苗 S429、S512、S518 等 3 个播期均已通过了缓苗期，株高迅速增长，平均日增速分别为 0.55、0.62、0.95 cm/d，北苗刚经历过缓苗期，株高较低仅为 8.2 cm，日增速为 0.81 cm/d。7 月 2 日前各处理株高为 S512＞S429＞S518＞N530。6 月 23 日～7 月 3 日，为南苗快速增长的关键时期，但此期降水量极少，导致株高增速减缓，平均日增长速度分别降为 0.29、0.26、0.84 cm/d；而北苗此时苗子较小，需水量也较小，因此，北苗并未受到水分的胁迫，日平均增长速度为 1.30 cm/d。7 月上旬随着降水量的增加，苗期较小的 S518 和 N530 迅速生长，至 7 月 12 日超过了 S429 和 S512，各处理株高表现为 N530＞S518＞S429＞S512。

除 S618 外，各处理的株高均在 8 月 2 日达到最大值，S429、

S512、S518 和 N530 分别为 48.58、48.02、52.39、59.61 cm，S429、S512 和 S518 分别为 N530 的 0.81、0.81、0.88 倍。S618 在 8 月 23 日达到最大值，为 44.11 cm。最大值之后，各处理的株高均缓慢下降且差异减小。

6.3.2 甜菜叶片数变化特征

2017 年甜菜采用遇旱补水栽培，各移栽期处理的绿叶叶片数变化见图 6-4。除 S25 外，其他 3 个处理叶片数均表现随着生育期的推移，呈现先增加后降低的特征。至 6 月 20 日各处理均完成缓苗过程，之后叶片数迅速增长，出叶速度最快达 1.2 片/d。S10 于 7 月 29 日达最大叶片数，为 56.0 片，N10 和 N25 于 9 月 8 日达到最大值，分别为 36.0、32.0 片；之后缓慢下降。结果表明，南苗甜菜的叶片数明显多于北苗，早栽甜菜的叶片数多于晚栽。

2018 年采取雨养旱作栽培，各处理的甜菜叶片数整体均呈现先增加后减少的变化趋势（图 6-4）。6 月 13 日，6 月前定植的各处理均已通过了缓苗期，S429、S512、S518 和 S618 的叶片数分别为 10.9、11.0、6.7、3.9 片。S429 定植后，经历了 5 月 2 日 -3.6 ℃和 5 月 3 日 -5.3 ℃的低温，秧苗受到了冻害，因此，在 6 月 13 日 S429 与 S512 叶片数基本无差异，S512 和 S518 定植时间虽然只差 6 d，但 S512 定植后一周的最低温度均在 6 ℃以上，而 S518 有 2 d 的最低温度为 2.4、3.8 ℃，S518 受到了冷害，使缓苗期延长。因此，在 6 月 13 日 S518 的叶片数明显低于 S512，而与北苗差异较小。

在 6 月 23 日～7 月 2 日，南苗已进入了叶片的快速生长期，但此期间降水量较少，水分限制了生长，S429、S512 和 S518 的日平均出叶速度分别为 -0.01、-0.10、0.26 片/d，而北苗此时对水分需求较低，生长较快，出叶速度为 0.61 片/d。此后随着雨水的补给南苗恢复生长，但生长速度明显低于北苗，北苗的叶片数在后期一直高于南苗。在 7 月下旬再一次遇旱，此时对北苗略有影响，S429、S512 和 S518 均在 8 月 16 日叶片数达到了最大值，

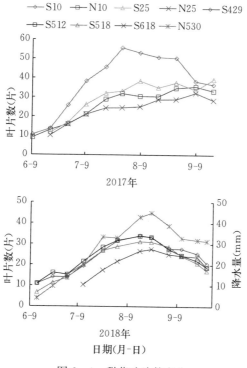

图 6-4 甜菜叶片数变化

分别为 34.0、33.9 和 31.2 片，S618 和 N530 在 8 月 23 日出现最大值为 27.5 和 44.9 片。至 9 月中下旬南苗的叶片数快速下降，而北苗的叶片数略有下降，这与北苗后期出现大量小叶有关。南苗各处理的最大叶片数为北苗的 0.61～0.76 倍。

从整体来看，南苗由于受到移栽后温度的影响，而表现出 S512 高于 S429 的现象，但南苗前期的叶片数总体高于北苗，在生长的关键时期南苗受到水分的影响，北苗的叶片数超过了南苗，且一直保持优势。

与 2018 年比较，2017 年甜菜的叶片数南苗整个生育期均高于北苗，说明移栽后的环境条件，特别是温度和水分，直接影响了移栽后甜菜叶片的生长，补水栽培更有利于南苗生长优势的发挥。

6.3.3 甜菜叶面积变化特征

2017 年各移栽期处理甜菜叶面积指数呈单峰曲线变化（图 6-5），7 月 29 日～8 月 8 日达到峰值，S10、S25、N10、N25 处理分别为 3.33、2.54、2.58、2.31；且南苗甜菜的叶面积指数高于北苗，早栽甜菜高于晚栽甜菜。南苗北植甜菜的叶片数多、叶面积指数高，为甜菜产量、含糖量的提高奠定了物质基础。

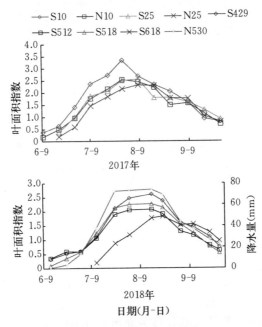

图 6-5 甜菜叶面积变化

2018 年各移栽期处理的叶面积整体表现为前期增加，中期稳定，后期下降的抛物线变化趋势（图 6-5）。叶面积指数在前期受到温度和降水的影响，至 6 月 23 日增长较快，S429、S512、S518 和 N530 的叶面积日增长量分别为 56.71、72.18、75.59、34.89 cm^2/d；6 月 23 日～7 月 2 日，各处理分别为 25.40、−3.23、69.70、112.64 cm^2/d，降水减少影响了南苗叶面积的生长。随着 7 月降水的增多，叶面积生长速度开始恢复，至 8 月 16 日各处理（除 S618）的叶面积指数均达到最大值，S429、S512、S518、N530 分别为 2.61、2.08、2.27 和 2.79。至生长后期 S618 的叶面积指数最大，S512 和 S518 的叶面积较小，且 S518 叶面积下降最快。S429、S512、S518、S618 和 N530 生育期的总面积分别为 51 149.98、43 361.03、45 399.15、33 520.08、53 412.23 cm^2，整体表现为 N530＞S429＞S518＞S512＞S618，南苗各处理是北苗叶面积指数的 0.63～0.96 倍。南苗移栽期处理之间表现为早栽叶面积晚栽。从整体来看，叶面积指数表现出与叶片数和株高相同的变化特征。

6.3.4 甜菜根径的变化特征

2017 年定株观测各移栽期处理甜菜根径变化见图 6-6。各处理甜菜根径增长前期与中期整体呈 S 形曲线变化，甜菜后期的根径仍保持增长趋势。7 月 29 日～8 月 28 日为块根的快速增长期，进入 9 月后块根膨大速度减缓。在整个生育期内 S10 的根径一直高于其他处理。S10、N10、S25 和 N25 的根径最大值依次为 14.38、12.98、13.21、13.12 cm。S10 根径分别是 N10、S25 和 N25 的 1.11、1.09、1.10 倍。分析表明，各处理间根径同叶片数、叶面积指数表现出相同的变化特征。

2018 年各移栽期处理的甜菜根径变化同 2017 年表现出相近的生长规律，前期快速膨大，后期生长变缓，且一直保持增长趋势。整个生育期内，N530 的根径均大于其他处理。除 S429 外，其他处理均在 8 月 16 日进入块根缓慢生长期，即糖分积累期，至 9 月 27 日块根直径达到最大值，S429、S512、S518、S618 和 N530 分别为 14.46、13.13、13.44、10.63、14.39 cm，依次是 N530 的 1.00、0.91、0.93、0.74 倍。南苗各移栽期的甜菜块根直径早栽高于晚栽。S429 的块根快速生长期一直延长至 8 月 23 日，具有比其他处理更长的快速增长期，为其高产奠定了基础。

由图 6-6 可以看出，随着日期的变化，根粗变化越来越小，

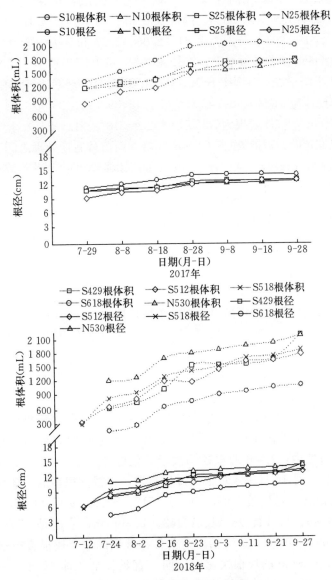

图 6-6 甜菜根体积和根径变化

而根体积却一直在增加，2018 年 8 月 23 日～9 月 27 日根径的增长速率为 0.099～0.052 cm/d，而根体积为 10.877～27.631 mL/d，之后根体积的增长速率为 2.244～18.127 mL/d，仍有较大增速，并未达到生长曲线的后期，因此，甜菜在张北仍有产量提高的潜力。

6.3.5　甜菜含糖率的变化

移栽期对甜菜含糖率的影响见图 6 - 7。可以看出，在生产上的正常收获期（10 月 5 日）之前，甜菜块根含糖率表现持续增长的趋势，且移栽期越早，含糖率越高，生长前期差异越明显；正常收获期之后，甜菜块根含糖率有下降的趋势。8 月 22 日～9 月 4 日为 S429、S512、S518 和 N530 的糖分快速积累期，此后增长速度减慢，而 S618 的糖分快速积累期表现在 9 月 4 日以后。各处理含糖率均在收获期 10 月 5 日达到最大，S429、S512、S518、S618 和 N530 依次为 16.81%、16.42%、15.97%、16.06%、15.84%，分别比 N530 提高了 0.97、0.58、0.13、0.22 个百分点。结果表明，南苗的含糖率高于北苗。

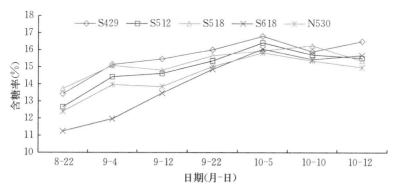

图 6 - 7　甜菜含糖率变化（2018 年）

采收后各处理分别留取几株继续田间含糖率监测，结果表明，各处理含糖率均有不同程度的下降趋势。至秋耕时，含糖率表现为

S429＞S618＞S512＞S518＞N530，其中，S429 含糖率最高为16.51%，N530 最低为 14.98%，其他处理接近，这可能是由于后期温度降低，甜菜块根感受低温，萌发新的小叶片，呼吸加剧，块根内的糖转化消耗所致。

6.3.6　甜菜生产的养分积累效果比较

各移栽期处理的甜菜养分积累状况见表 6-5。可以看出，甜菜地上部的叶片养分含量远高于块根。在甜菜收获期，地上部叶片 N、P、K 含量分别是块根的 2.41～3.22、1.92～2.27 和 3.01～3.95 倍，收获后移出农田的块根占全株干重的 79.3%～86.7%，随块根带离农田的 N 占全株 N 积累量的 55.8%～73.0%，P 占65.6%～76.7%，K 占 53.8%～68.3%。

甜菜地下部块根的 N、P、K 含量均表现为 S10 最低，N10、S25 与 N25 相近，S10 的 N、P、K 含量分别为 N25 的 88.5%、91.7%、81.8%；受块根产量拉动，相应 N、P、K 生物学效率以 S10 最高，分别达 129.71、904.43、158.45 kg/kg，是 N25 的1.13、1.09、1.13 倍，比 N25 提高了 13.34%、9.21%、22.04%。各处理间的甜菜全株 N、P、K 含量特征与块根类同，以 S10 最低；相应生物学效率以 S10 最高，分别为 97.57、762.84、110.25 kg/kg，是 N25 的 1.21、1.11、1.25 倍。

2018 年不同移栽期处理甜菜养分积累状况见表 6-6。由表可以看出，甜菜地上部的叶片养分含量远高于块根，表现出与2017 年相同的特征，并且地上部的 N、P 含量表现随播期越晚，含量越高。地上部叶片 N、P、K 含量分别是块根的 2.16～2.55、1.09～1.35、2.27～3.45 倍。收获后移出农田的块根占全株干重的 75.6%～84.7%，随块根带离农田的 N 占全株 N 积累量的55.2%～68.8%，P 占 74.5%～81.1%，K 占 57.6%～63.2%。

甜菜地下部块根的 N、P、K 含量均表现为 S618 处理最高。N的含量表现为 S512 最低，S429、S518、N530 相近；N 的积累量表现为 S429＞S512＞S518＞N530＞S618，各处理分别为北苗的

表6-5 不同处理的甜菜养分积累状况（2017年）

项目		干重(kg/hm²)	N 含量(%)	N 积累量(kg/hm²)	N 生物学效率(kg/kg)	P 含量(%)	P 积累量(kg/hm²)	P 生物学效率(kg/kg)	K 含量(%)	K 积累量(kg/hm²)	K 生物学效率(kg/kg)
叶片	S10	2 418.60	2.48	60.07	40.26	0.25	6.02	401.63	2.49	60.28	40.12
	N10	1 785.80	2.55	45.45	39.29	0.28	5.04	354.21	2.50	44.72	39.93
	S25	2 494.92	2.78	69.45	35.92	0.25	6.28	397.59	2.64	65.91	37.86
	N25	2 961.54	2.66	78.69	37.64	0.24	7.20	411.57	2.54	75.28	39.34
块根	S10	13 893.92	0.77	107.11	129.71	0.11	15.36	904.43	0.63	87.68	158.45
	N10	11 612.26	1.06	122.68	94.65	0.14	16.55	701.81	0.83	96.28	120.61
	S25	12 230.04	0.92	112.66	108.56	0.13	16.28	751.39	0.76	93.27	131.12
	N25	11 369.66	0.87	99.35	114.44	0.12	13.73	828.15	0.77	87.57	129.83
全株	S10	16 312.52	1.02	167.18	97.57	0.13	21.38	762.84	0.91	147.96	110.25
	N10	13 398.06	1.25	168.14	79.69	0.16	21.59	620.63	1.05	141.00	95.02
	S25	14 724.95	1.24	182.11	80.86	0.15	22.55	652.94	1.08	159.18	92.51
	N25	14 331.20	1.24	178.04	80.50	0.15	20.92	684.89	1.14	162.85	88.00

注：N、P、K分别为全氮、全磷、全钾。下同。

表6-6 不同处理的甜菜养分积累状况（2018年）

项目		干重(kg/hm²)	N 含量(%)	N 积累量(kg/hm²)	N 生物学效率(kg/kg)	P 含量(%)	P 积累量(kg/hm²)	P 生物学效率(kg/kg)	K 含量(%)	K 积累量(kg/hm²)	K 生物学效率(kg/kg)
叶片	S429	2 505.65	2.50	62.75	39.93	0.21	5.31	471.45	2.80	70.19	35.70
	S512	2 156.76	2.42	52.17	41.34	0.22	4.81	448.50	2.87	61.92	34.83
	S518	1 818.74	2.63	47.87	37.99	0.23	4.26	426.90	3.07	55.89	32.54
	S618	2 341.65	3.01	70.38	33.27	0.25	5.79	404.09	2.75	64.36	36.39
	N530	2 462.77	2.57	63.41	38.84	0.23	5.78	426.34	3.20	78.74	31.28
块根	S429	11 952.79	1.16	138.50	86.30	0.17	20.05	596.27	1.01	120.38	99.29
	S512	11 931.66	0.95	113.09	105.51	0.17	20.58	579.80	0.87	103.63	115.13
	S518	9 959.96	1.06	105.32	94.57	0.17	17.00	585.85	0.89	88.47	112.58
	S618	7 237.54	1.20	86.66	83.52	0.23	16.95	427.07	1.21	87.26	82.94
	N530	9 238.39	1.04	95.78	96.45	0.17	15.65	590.43	0.88	81.61	113.20
全株	S429	14 458.44	1.39	201.24	71.85	0.18	25.36	570.11	1.32	190.57	75.87
	S512	14 088.42	1.17	165.26	85.25	0.18	25.39	554.93	1.18	165.55	85.10
	S518	11 778.70	1.30	153.19	76.89	0.18	21.26	554.00	1.23	144.36	81.59
	S618	9 579.19	1.64	157.04	61.00	0.24	22.74	421.21	1.58	151.61	63.18
	N530	11 701.16	1.36	159.20	73.50	0.18	21.42	546.19	1.37	160.35	72.97

1.44、1.18、1.10、0.90 倍。N 生物学效率表现为 S512 最高，S618 最低，其他处理相近，S512 是 N530 的 1.09 倍。P 的含量表现为 S618 最高，其他处理相近；生物学效率为 S618 最低，其他处理相近。K 含量的变化趋势与 N 相一致，积累量表现为 S429＞S512＞S518＞S618＞N530，生物学效率分别为 99.29、115.13、112.58、82.94、113.20 kg/kg。

各处理间的甜菜全株 N、P、K 含量特征同块根，S429、S512、S518 的各养分生物学效率分别为 N530 的 97.76%～115.99%、101.4%～104.4%、104.0%～116.6%。

6.3.7　甜菜的产量和产糖量比较

由表 6-7 可知，2017 年各处理间的定植成活率差异不大；南苗甜菜增产效果明显。南苗甜菜经济产量鲜重为北苗的 1.06～1.19 倍，干重为北苗的 1.01～1.20 倍；南苗甜菜产糖量为北苗的 1.07～1.19 倍，S10 较 N25 增产 24.0%。比较表明，早栽甜菜经济系数与含糖率呈高于晚栽甜菜的趋势。分析表明，N10 的经济产量干重是 N25 的 1.02 倍，但全株干重低于 N25，说明至收获期 N25 地上部仍保持着较旺盛的生长，这与糖用甜菜的营养生长习性有关。

秧苗的质量决定了定植后的成活率。2018 年甜菜各移栽期处理的成活率表现为南苗的平均成活率高于北苗（表 6-7）。南苗处理之间的成活率表现为 S512＞S518＞S618＞S429。

各处理的生物产量（干重）和经济产量（干重）均表现为 S429＞S512＞N530＞S518＞S618。南苗各处理经济产量鲜重和干重分别是北苗 N530 的 0.69～1.24、0.78～1.29 倍。其中 S429 与 N530、S518 与 S618 定植期均差一个月，早植甜菜的产量均较高。各处理的产糖量表现为 S429＞S512＞N530＞S518＞S618。其中南苗 S429 和 S512 的产糖量比北苗 N530 提高了 32.1%、25.6%。比较可知，南苗的前两个移栽期 S429、S512 产量和含糖率均高于北苗，而第四个移栽期 S618 由于定植较晚，产量和产糖量均最低。

表 6-7 不同年份不同处理的甜菜产量及产糖量

| 处理 | | 成活率 (%) | 生物产量 (kg/hm²) | | 经济产量 (kg/hm²) | | 经济系数 | 含糖率 (%) | 产糖量 (kg/hm²) |
			鲜重	干重	鲜重	干重			
2017 年	S10	96.83	72 144.15	16 312.50	61 858.65	13 893.90	0.86	18.00	11 134.56
	N10 (CK)	96.30	59 876.55	13 398.00	51 910.20	11 612.25	0.87	18.00	9 343.84
	S25	97.53	67 641.30	14 724.90	56 023.80	12 230.10	0.83	17.10	9 580.07
	N25	96.30	67 153.65	14 331.15	52 832.25	11 369.70	0.79	17.00	8 981.48
2018 年	S429	85.43	68 037.54	14 458.44	58 345.84	11 952.79	0.83	16.81	9 807.94
	S512	98.86	66 353.70	14 088.42	56 787.58	11 931.66	0.85	16.42	9 327.13
	S518	91.07	54 284.15	11 778.70	46 465.40	9 959.96	0.85	15.97	7 418.39
	S618	89.58	43 807.34	9 579.19	32 139.50	7 237.54	0.76	16.06	5 160.19
	N530 (CK)	85.71	55 424.54	11 701.16	46 865.28	9 238.39	0.79	15.84	7 424.58

南苗的 4 个处理之间比较可知 S429、S512 和 S518 的经济产量（干重）和产糖量均高于 S618。说明定植越早，产量越高，产糖量越高。

6.4 甜菜生产的经济效果比较

6.4.1 不同地区甜菜育苗的成本比较

　　南北两地甜菜育苗成本见表 6 - 8。南北两地育苗的农资（拉土、肥料和灌溉）和机械费用（点种子机和搅拌机）相同，但南苗的地租高于北苗 4 500 元/hm²。两地的种子费用相同，分别占到各自育苗费用的 77.72%、73.17%。南苗设施和人工分别比北苗低 19 260、27 000 元/hm²，调查可知，南苗为露地育苗，仅在播种完成后覆一层地膜，出苗后去膜即可完成育苗，而北苗拱棚育苗设施费用和人工管理费用远高于南苗。南苗育苗的总成本比北苗降低了 41 760 元/hm²，生产田的秧苗费用，南苗比北苗降低了 29.39%。

表 6 - 8　不同地区甜菜育苗的成本比较

处理	育苗田成本（元/hm²）							秧田比	生产田（元/hm²）
	地租	种子	设施	农资	机械	人工	总计		
南苗	12 000	521 550	750	24 847.5	5 025	106 860	671 032.50	1∶340	1 973.63
北苗	7 500	521 550	20 010	24 847.5	5 025	133 860	712 792.50	1∶255	2 795.26

6.4.2 不同苗源甜菜生产成本比较

　　不同苗源甜菜的大田生产成本见表 6 - 9。由表可知，不同苗源甜菜的大田生产成本仅秧苗和运输费用不同，南苗的秧苗费用比北苗低 821.63 元/hm²，但运输费南苗比北苗高 500 元/hm²，在相同栽培方式下生产总成本南苗比北苗低 321.64 元/hm² 左右。补水栽培比遇旱补水成本高 352.94 元/hm²。

表 6 - 9　不同苗源甜菜的大田生产成本（元/hm²）

处理	年份	秧苗	运输	地租	整地	定植	植保	灌溉	收获	其他	总计
南苗	2017（补水）	1 973.63	500	4 561.76	600	2 550	4 530	352.94	5 400	1 588.24	22 056.57
	2018（旱作）	1 973.63	500	4 561.76	600	2 550	4 530		5 400	1 588.24	21 703.63
北苗	2017（补水）	2 795.26	0	4 561.76	600	2 550	4 530	352.94	5 400	1 588.24	22 378.21
	2018（旱作）	2 795.26	0	4 561.76	600	2 550	4 530		5 400	1 588.24	22 025.26

6.4.3　甜菜生产的经济效果比较

两育苗地与各移栽期处理的甜菜生产经济效果见表 6 - 10。可

表 6 - 10　甜菜生产的经济效果比较

年份	处理	产量（kg/hm²）	单价（元/kg）	产值（元/hm²）	成本（元/hm²）	净收益（元/hm²）
2017	S10	61 858.65		32 166.50		10 109.93
	S25	56 023.80		29 132.38	22 056.57	7 075.81
	N10	51 910.20	0.52	26 993.30		4 615.09
	N25（CK）	52 832.25		27 472.77	22 378.21	5 094.56
2018	S429	58 345.84		32 090.21		10 386.58
	S512	56 787.58		31 233.17		9 529.54
	S518	46 465.40	0.55	25 555.97		3 852.34
	S618	32 139.50		17 676.73		−4 026.90
	N530（CK）	46 865.28		25 775.90		3 750.64

以看出，甜菜各处理的净收益主要受产量和成本两个因素影响。两年试验结果表明，南苗的育苗成本比北苗低 321.64 元/hm²。2017年南苗各处理的产量、产值净收益均高于 N25。

　　2018 年南苗早栽处理 S429、S512、S518 的产量、产值净收益均比 S618 高；南苗 S429、S512 产量净收益均比 N530 高；S518由于秧苗成本低于 N530，净收益也比 N530 高。

7 华北寒旱区甜菜间作群体的 生产效果

采用起垄覆膜双行带状种植模式，膜宽 90 cm，带间距为 110 cm。试验设计分为 4 个处理，分别为白菜 2 行：甜菜 1 行间作（BT1）、白菜 2 行：甜菜 2 行间作（BT2）、白菜单作（CK1）与甜菜单作（CK2）。BT1 模式为 2 行白菜行间错位间作单行甜菜，株距 50 cm；BT2 模式为 2 行白菜行内株间间作甜菜，白菜与甜菜间株距 30 cm；CK1 与 CK2 处理区株距均为 50 cm。每处理区施用磷酸二铵 225 kg/hm² 作底肥；2010 年 5 月 31 日移栽白菜与甜菜，白菜莲座期各处理区随水追施 N 肥 450 kg/hm²，8 月 10 日白菜收获，10 月 6 日甜菜收获；2011 年 5 月 28 日移栽白菜与甜菜；白菜莲座期各处理区随水追施 N 肥 500 kg/hm²，7 月 31 日白菜收获，10 月 5 日甜菜收获。

7.1 甜菜间作群体作物的生长性状

7.1.1 间作作物不同时期根长的变化

由图 7-1 可知，由于移栽与取样过程中幼苗期的白菜根系难以避免地受到人工破坏，导致白菜生育前期根系长度降低；6 月下旬至 7 月上旬白菜根系长度明显增加，由于此时期白菜处于生长迅速的莲座期，叶片快速生长，需要大量水分供应，根系快速下扎，有利于从土壤中获得更多的水分保证植株生长。白菜生长进入包心期后（7 月 8 日），根系变化平缓，此时间作群落封垄，植株与地面蒸腾降低。白菜收获时 BT1、BT2、CK1 处理白菜根长分别为

22.7、24.0、26.8 cm，单作白菜根长明显高于间作白菜。

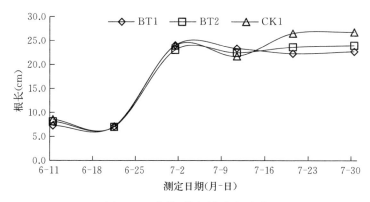

图 7-1　白菜不同时期根长变化

由图 7-2 可知，甜菜的根系长度随生育期持续增加，因为甜菜属于收获块根的糖料作物，植株进行光合作用所积累的有机物主要存储于块根。7 月 1 日后甜菜生长进入叶丛生长期，是甜菜快速生长阶段，BT1 处理甜菜受到白菜的影响，降低了光合有机物的积累，导致根系长度低于 BT2 与 CK2 处理。白菜收获后，空间竞争解除，甜菜叶片展开，光合面积增大，促进了有机物积累。甜菜

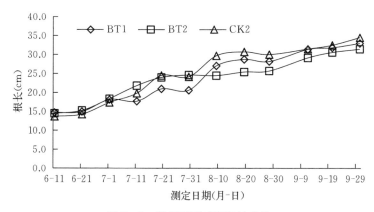

图 7-2　甜菜不同时期根长变化

各处理块根长度差异不明显，为 13.7～34.5 cm。甜菜收获时 BT1、BT2、CK2 处理甜菜根长分别为 33.0、31.4、34.5 cm。

7.1.2 间作群落作物不同时期根径的变化

由图 7-3 可知，白菜生育期内根径持续上升。白菜属于短生育期作物，缓苗后即进入快速生长阶段，吸收大量的水分完成生长。随着白菜生长进入包心期，需水量加大，白菜根逐渐加粗，提高对土壤水分的吸收利用，白菜收获时 BT1、BT2、CK1 处理白菜根径分别稳定在 2.597、2.412、2.794 cm。

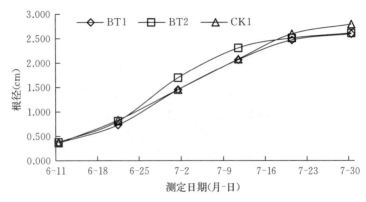

图 7-3　白菜不同时期根径变化

由图 7-4 可知，甜菜全生育期内根径同样表现持续上升特征，并且单作甜菜根径大于间作甜菜。7 月 11 日～7 月 21 日单作甜菜根径急速增长，由 3.099 cm 增长至 8.848 cm，增长了 185.5%，此时期甜菜处于叶丛生长期，叶片快速生长，根系吸收大量土壤水分满足生长所需；间作甜菜生长受到白菜的胁迫，7 月 30 日 BT1 甜菜根径 5.144 cm，为 CK2 的 48.6%，BT2 为 7.703 cm，为 CK2 的 72.8%。白菜收获后，间作甜菜叶片空间展开，增大叶片光合面积，且 BT1 处理甜菜叶片光补偿效果高于 BT2 处理，促进光合产物向根部的运输，进而影响根部膨大生长，因此，8 月中旬至甜菜收获，BT1 处理甜菜根径大于 BT2 处理。至甜菜收获 BT1、BT2、CK2 处理甜菜根径分别为 12.561、12.990、14.562 cm。综合分析表明，在白菜胁迫下，甜菜的根径较根长更易受到遏制，成为竞争劣势的主要特征。

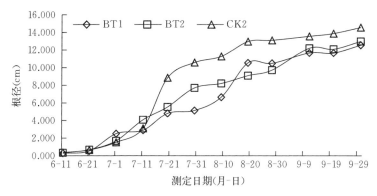

图 7-4 甜菜不同时期根径变化

7.1.3 间作群落作物不同时期株高的变化

由图 7-5 可知，白菜生育前期随着叶片的生长与展开，植株逐渐升高；进入包心期，新生叶片不再展开，直至收获，白菜植株

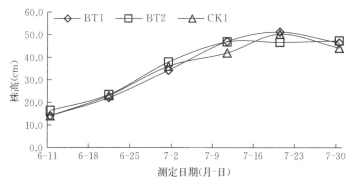

图 7-5 白菜不同时期株高变化

高度变化平缓。白菜收获前，植株高度略有下降，是由于白菜成熟时，外部展开叶片开始黄枯，降低植株整体高度。白菜收获时，BT1、BT2、CK1 处理白菜株高分别稳定在 46.3、47.2、44.0 cm。

由图 7-6 可知，甜菜生育期内，单作甜菜株高大于间作甜菜。甜菜缓苗后，生长进入叶丛生长期，此时期为甜菜快速生长阶段，植株高度迅速增加；待甜菜生长进入块根膨大期（7 月 30 日）后，甜菜植株高度达到一定水平，变化平缓。甜菜属于收获块根类作物，生育后期光合积累有机物主要用于块根的生长发育，因此，叶片的光合面积能够供应生长需求时，甜菜植株高度增大缓慢。白菜收获后，间作甜菜叶片空间展开，BT1 处理甜菜群体空间较 BT2 处理甜菜群体大，光合叶面积增加效果明显，促进光合有机物的积累，有利于植株的生长，因此，后期 BT1 处理甜菜株高大于 BT2 处理。甜菜收获前，植株高度略有下降，是由于霜后叶片受到损伤，尤其是成熟的老叶片，衰老速度加快，导致株高降低，收获时BT1、BT2、CK2 处理甜菜株高分别为 38.7、32.3、62.4 cm。

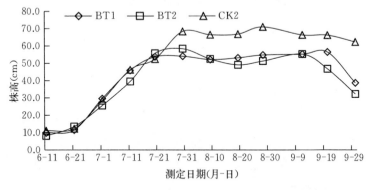

图 7-6 甜菜不同时期株高变化

7.1.4 间作群落作物不同时期展开叶片数的变化

由图 7-7 可知，6 月 11 日～7 月 2 日，展开绿色叶片数目增长迅速，白菜生长进入莲座期；7 月 2 日开始，白菜外部展开绿色叶片数缓慢下降，外部叶片衰老速度明显大于叶片新生速度，白菜光合积累有机物促进内部叶片的生长，白菜生长进入包心期。白菜收获时 BT1、BT2、CK1 处理白菜展开叶片数分别为18、15、17 片。

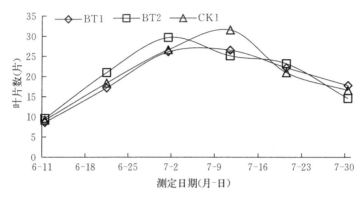

图 7 - 7　白菜不同时期展开叶片数变化

由图 7 - 8 可知，甜菜生育期内，叶片数呈单峰曲线型变化。7 月 1 日～7 月 31 日单作甜菜展开绿色叶片数目迅速增长，由于此时期甜菜正处于叶丛生长期，叶片快速生长，而间作甜菜受到白菜的影响，生长受到抑制，展开绿色叶片数增长缓慢，因此，甜菜全

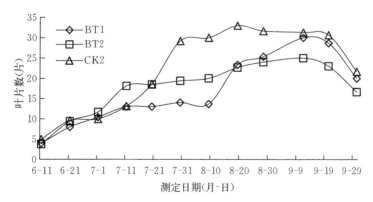

图 7 - 8　甜菜不同时期展开叶片数变化

生育期内单作甜菜比间作甜菜叶片数高。8 月 19 日单作甜菜叶片数增长至最大值 33 片。

白菜收获后，间作甜菜叶片空间展开促进甜菜的生长发育，BT1 处理补偿性叶片数增长高于 BT2 处理，至 9 月 11 日 BT1、BT2 处理甜菜叶片数分别增长至最大（30、25 片）。霜后叶片受到损伤，衰老加快，各处理甜菜叶片数下降迅速。甜菜收获时 BT1、BT2、CK2 处理甜菜叶片数分别为 20、17、22 片。

7.1.5　间作甜菜不同时期叶面积指数的变化

（1）甜菜叶面积校正系数　采用打孔称重法与像素法估算的甜菜叶片的矫正系数值列于表 7 - 1。由此可知，打孔称重法估算的叶片叶面积校正系数较大，处理间差异不明显。在测量过程中，打孔称重法需要人工进行每个叶片的最大长径与宽径的测量，能够使每片叶片尽量全部展开，而像素法保持每片叶片的原始形态进行扫描测定。两种方法比较，像素法更严谨。根据处理间及各时期间的平均比较，两种方法估算得到甜菜叶片的校正系数存在相对误差，取各时期各方法校正系数求其平均，确定为 0.57。

表 7 - 1　甜菜叶片的校正系数

处理	重复	打孔称重法			像素法		
		7 - 15	8 - 11	8 - 24	7 - 15	8 - 11	8 - 24
BT1	1	0.68	0.47	0.52	—	0.37	0.60
	2	0.70	0.47	0.75	—	0.42	0.58
	3	0.62	0.43	0.61	—	0.41	0.56
	平均	0.67	0.46a	0.63		0.40	0.58
BT2	1	0.73	0.62	0.65	0.59	0.50	0.57
	2	0.75	0.64	0.59	0.66	0.55	0.64
	3	0.59	0.43	0.68	0.57	0.38	0.71
	平均	0.69	0.56	0.64	0.61	0.48	0.64

（续）

处理	重复	打孔称重法			像素法		
		7 - 15	8 - 11	8 - 24	7 - 15	8 - 11	8 - 24
CK2	1	0.74	0.58	0.74	0.59	0.50	0.73
	2	0.71	0.51	0.69	0.63	0.45	0.69
	3	0.68	0.57	0.64	0.69	0.41	0.69
	平均	0.71	0.55	0.69	0.64	0.46	0.70

（2）不同处理甜菜叶面积指数变化　2010 年田间监测表明，单作甜菜在生育期内叶面积指数（LAI）呈单峰型曲线变化。7 月 16 日～8 月 6 日甜菜处于叶丛生长期，单作甜菜 LAI 迅速增长，到 8 月中旬进入糖分积累期，LAI 增至最大值 3.5，之后缓慢下降，收获前稳定在 3.0（图 7 - 9）。与单作甜菜相比，间作甜菜的 LAI 明显降低。间作甜菜生育期内 LAI 的升降极缓慢，自白菜封垄至甜菜收获，BT1 间作甜菜叶面积变化在 0.7～1.1，BT2 在 0.8～1.1，间作甜菜 LAI 只有单作的 23.2%～51.7%（图 7 - 9）。

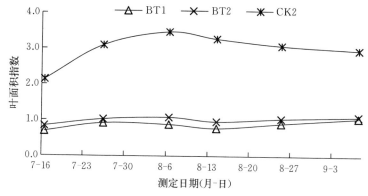

图 7 - 9　甜菜不同时期叶面积指数变化（2010 年）

2011 年田间监测结果同 2010 年相似，单作甜菜在生育期内 LAI 呈单峰型曲线变化。7 月 1 日～7 月 30 日，甜菜生长进入叶丛生长期，单作甜菜 LAI 迅速增长，8 月 9 日达到最大值 2.9，之后缓慢下降，9 月 9 日降霜损伤甜菜叶片，叶面积指数快速下降，至甜菜收获稳定在 1.2（图 7 - 10）。间作甜菜的 LAI 明显低于单作甜菜，且甜菜生育期内 LAI 的升降缓慢。当单作甜菜生长进入叶丛生长期叶片快速生长时，间作甜菜受到白菜的影响，叶片生长受到抑制，LAI 增长缓慢；白菜收获后，甜菜生长相继进入块根膨大期与糖分积累期，LAI 增长缓慢，BT1 与 BT2 处理甜菜 LAI 最大值分别为 0.7、1.0，明显低于单作甜菜 LAI 最大值。后期甜菜受到霜冻（2011 年 9 月 9 日）的影响，LAI 均下降，收获时 BT1、BT2、CK2 处理甜菜叶面积指数分别达 0.3、0.3、1.2（图 7 - 10）。

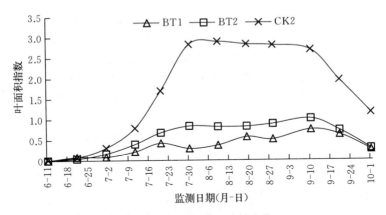

图 7 - 10　甜菜各时期叶面积指数变化（2011）

在间作群落中，喜凉速生的白菜一直处于地气资源竞争的偏利地位，甜菜处于郁蔽的环境中；白菜收获（2010 年 8 月 10 日，2011 年 7 月 31 日）后，甜菜独立占据地气资源，但其株体生育已进入块根膨大期，叶丛增生停滞，因此后期优越的环境资源不能补偿前期叶面积增长的不足。

7.2 间作群落土壤含水量、农田耗水量及耗水强度变化

7.2.1 间作群落土壤含水量变化

白菜属于短生育期作物，生长旺盛，白菜生育前期甜菜处于苗期，此时单作处理甜菜土壤含水量的变化较小，单作白菜与间作土壤含水量差异不明显（图7-11～图7-13）；0～30 cm土层属于耕作层，根系活跃，生育前期单作甜菜处理大面积土地裸露，0～30 cm土层土壤含水量低于间作处理及白菜单作处理，甜菜生长进入叶丛生长期后，叶片快速生长，耗水量增加，在相同降水与灌溉条件下，单作甜菜处理0～30 cm土层土壤含水量高于间作，甜菜叶丛生长期后期，甜菜耗水量增加，0～60 cm土层土壤含水量降低。

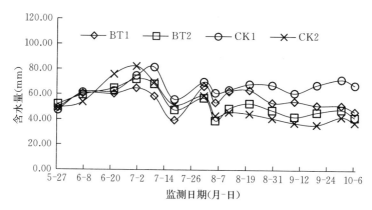

图7-11 0～30 cm土层土壤含水量变化

白菜收获后，降水量减少且不进行灌溉，单作白菜区全部裸露，耗水量降低，土壤含水量上升，0～30 cm土层受到太阳光辐射、风力及降水影响土壤含水量产生变化，30～60 cm土层土壤含水量受影响变化缓慢；BT1间作单行甜菜密度小于BT2间作，土壤表层受外界影响严重，0～30 cm土层土壤含水量高于BT2处理，

30～60 cm 土层土壤含水量低于 BT2 处理；由图 7-13 可知，间作处理群体株间漏光率高于单作甜菜处理，间作甜菜叶面积指数及单位面积照光叶面积均低于单作甜菜，因此，单作甜菜群体覆盖率大于间作甜菜群体，蒸腾量增加，土壤含水量最低。

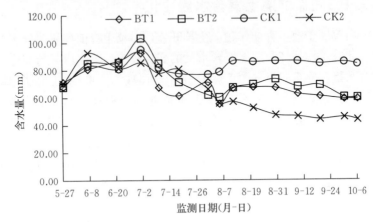

图 7-12　30～60 cm 土层土壤含水量变化

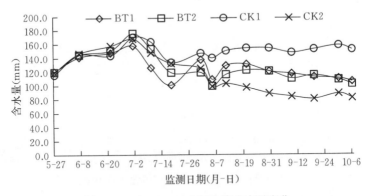

图 7-13　0～60 cm 土层土壤含水量变化

7.2.2　间作群落土壤耗水量及耗水强度变化

由图 7-14～图 7-16 可知，白菜与甜菜移栽后的 10 d 内田间水分补给量高达 64.0 mm，而 7 月 1 日～7 月 9 日期间，水分补给量只有 16.3 mm，降低了 74.5%，导致该期各处理的耗水量与耗水强度均明显降低。7 月 1 日～7 月中旬白菜生长进入莲座期与包心期，农田耗水量与耗水强度均增加，BT1、BT2 与 CK1 处理农田耗水量分别达到最大值 60.8、65.2、60.8 mm；白菜生长进入成熟期至白菜收获，耗水量降低，导致白菜间作与单作田耗水量与耗水强度均降低。

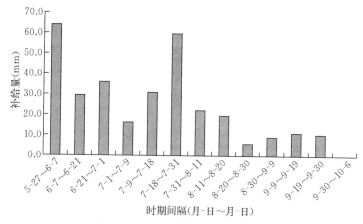

图 7-14　水分总补给量变化（2011 年）

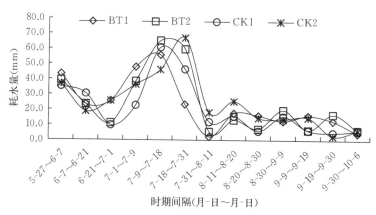

图 7-15　农田耗水量变化（2011 年）

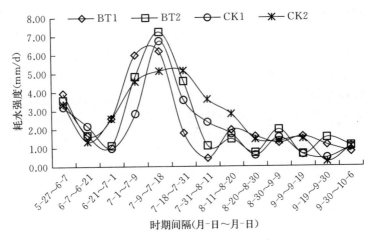

图 7 - 16　农田耗水强度变化（2011 年）

6 月 21 日后，甜菜生长进入叶丛生长期，植株耗水量增加，随着水分补给量的增加，单作甜菜田耗水量在 7 月 18 日～7 月 31 日期间达到最大值 67.0 mm，耗水强度达最大值 5.16 mm/d。

白菜收获后（7 月 30 日），停止田间灌溉，CK1 处理区白菜残体覆盖降低地表蒸发，耗水量与耗水强度降低；随着降水的变化，耗水量与耗水强度相应变化，9 月 9 日后降水变化平缓，CK1 处理耗水量持续降低，收获时耗水强度为 1.04 mm/d。单作甜菜田耗水量随降水量相应变化，收获时耗水强度为 1.07 mm/d。

7.2.3　间作群落土壤平均耗水量及耗水强度对比

由表 7 - 2 可知，移栽（5 月 28 日）至白菜收获（7 月 30 日），由于 BT2 处理种植密度最大，耗水量也最大，明显高于 CK1 处理；移栽至甜菜收获（10 月 6 日），CK2 处理耗水量最大，较白菜收获时提高 51.3%，明显高于 BT1 与 CK1 处理；由于白菜收获后，CK1 处理无种植作物，降水少，耗水量低，至甜菜收获耗水强度较白菜收获时降低 40.3%；BT1 处理甜菜密度明显小于 CK2

处理，至甜菜收获时耗水量明显低于 CK2 处理，较白菜收获时耗水强度降低 32.0%。

表 7-2 0~60 cm 土壤平均耗水量及耗水强度（2011 年）

处理	耗水量（mm）			耗水强度（mm/d）		
	白菜收获	甜菜收获	增加（%）	白菜收获	甜菜收获	降低（%）
BT1	213.5	294.7	38.0	3.28	2.23	32.0
BT2	237.2	329.5	38.9	3.65	2.50	31.5
CK1	200.0	243.2	21.6	3.08	1.84	40.3
CK2	222.1	336.0	51.3	3.42	2.55	25.4

7.3 间作群落作物品质及产量效果

7.3.1 间作群落作物植株 N、P、K 产量变化

（1）间作群落作物含 N 率与单位面积干物质 N 产量变化 由图 7-17 可知，白菜生育期内，叶片含 N 率随着生长逐渐降低，且 CK1 处理下降较间作处理快，收获时 BT1、BT2 与 CK1 处理白菜叶片含 N 率分别达 4.52%、4.52%、3.57%。白菜属于短生育期营养生长作物，随着叶片生长，单位面积干物质 N 产量生育期内持续上升，成熟期上升迅速，收获时 BT1、BT2 与 CK1 处理叶片单位面积干物质 N 产量分别达 558.0、374.0、509.4 kg/hm²。

由图 7-18 可知，白菜生育期内，白菜根含 N 率随生长逐渐降低；甜菜生长进入叶丛生长期后，CK1 处理甜菜根含 N 率最高，BT1 处理甜菜根含 N 率最低，收获时 BT1、BT2 与 CK1 处理甜菜含 N 率分别达 2.14%、2.26%、2.26%。白菜根部单位面积干物质 N 产量生育前期持续上升，且 CK1 处理最大，BT2 处理最小。BT1、BT2 与 CK2 处理分别达到最大值 3.9、3.4、5.6 kg/hm²，生长进入成熟期后根部单位面积干物质 N 产量降低，收获时分别

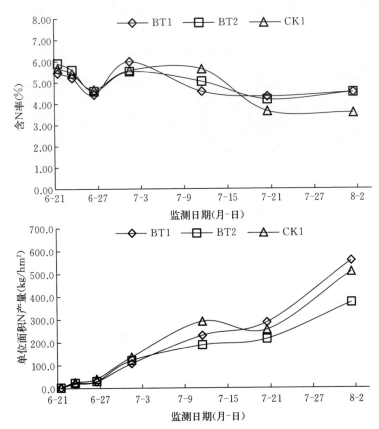

图 7 - 17　白菜叶片含 N 率与单位面积干物质 N 产量变化（2011 年）

达 3.4、3.1、3.9 kg/hm²。

由图 7 - 19 可知，甜菜幼苗期叶片含 N 率下降迅速，生长进入叶丛生长期后至收获，叶片含 N 率变化平缓，至甜菜收获 BT1、BT2 与 CK2 处理甜菜叶片含 N 率分别达 4.01%、3.89%、3.89%。

单作甜菜较间作甜菜提早进入叶丛生长期，叶片单位面积干物质 N 产量较间作甜菜增长快，8 月 28 日达到最大值 206.6 kg/hm²。单作甜菜生长进入糖分积累期后，叶片单位面积干物质 N 产量降低，收获时达 125.4 kg/hm²。间作甜菜受白菜的影响，生长缓慢，生

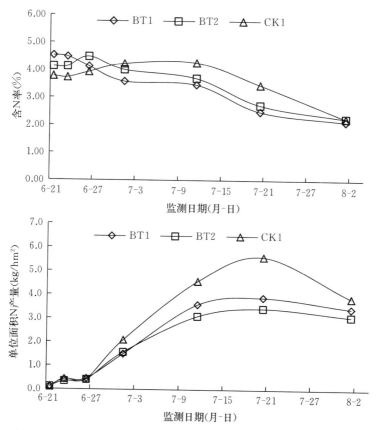

图 7-18　白菜根部含 N 率与单位面积干物质 N 产量变化（2011 年）

育期延后，叶片单位面积干物质 N 产量低且增长慢。白菜收获（7 月 30 日）后，间作甜菜生长加快，BT1 处理甜菜叶片展开光补偿效果大于 BT2 处理，叶片单位面积干物质含 N 量大于 BT2 处理。BT1、BT2 处理叶片单位面积干物质 N 产量在 9 月 11 日分别达到最大值 53.6、85.0 kg/hm²；间作甜菜生长进入成熟期，且受到霜冻影响，BT1、BT2 处理叶片单位面积干物质 N 产量下降，收获时分别达 22.0、20.9 kg/hm²。

由图 7-20 可知，甜菜缓苗期后，根部含 N 率持续降低，收

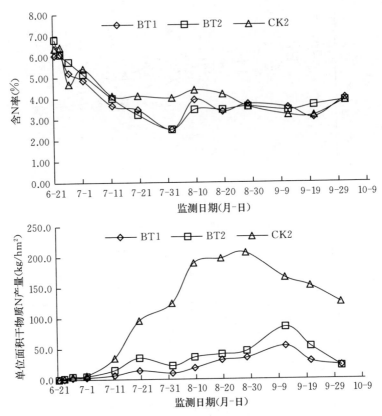

图 7-19　甜菜叶片含 N 率与单位面积干物质 N 产量变化（2011 年）

获时 BT1、BT2、CK2 分别达 1.34％、1.41％、1.46％。甜菜生育期内，甜菜根部单位面积干物质 N 产量呈上升趋势，间作甜菜根部单位面积干物质 N 产量较单作低且增长缓慢。BT1 处理甜菜根部单位面积干物质 N 产量最低。7 月 21 日，单作甜菜块根开始生长，根部单位面积干物质 N 产量增加；甜菜生长进入成熟期，叶片中养分回流至根部，使得根部 N 产量迅速提高，收获时达 214.1 kg/hm² （图 7-20）。BT1、BT2 处理间作甜菜根部随着甜菜的生长，单位面积干物质 N 产量增加，分别达到最大值 63.2、

116.5 kg/hm²，后期缓慢下降，收获时达 61.3、109.4 kg/hm²。

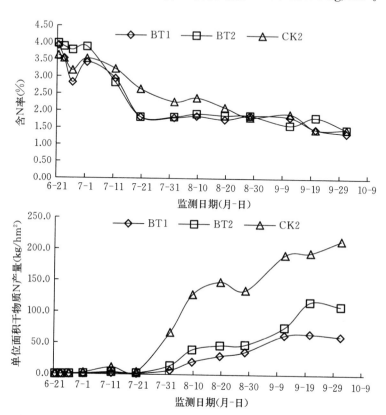

图 7-20　甜菜块根含 N 率与单位面积干物质 N 产量变化（2011 年）

（2）间作群落作物含 P 率与单位面积干物质 P 产量变化　由图 7-21 可知，白菜生育期内，叶片含 P 率变化平缓。甜菜收获时，BT1、BT2、CK2 处理甜菜叶片含 P 率分别为 0.38%、0.37%、0.46%。白菜生育期内叶片单位面积干物质 P 产量持续上升，且单作甜菜叶片单位面积干物质 P 产量高于间作甜菜。白菜属收获营养体叶片的作物，P 参与叶片光合作用，促进叶片生长进行光合作用积累有机物，叶片 P 产量随叶片生长积累持续增加。白菜生育前期，单位面积叶片干物质 P 产量呈直线上升，7 月 20 日时

BT1、BT2、CK1 处理白菜叶片单位面积 P 产量分别达到 23.50、22.29、30.88 kg/hm²；之后白菜单位面积叶片干物质 P 产量增长速度提高，收获时 BT1、BT2、CK1 处理白菜叶片单位面积 P 产量分别达 46.63、30.64、66.09 kg/hm²。

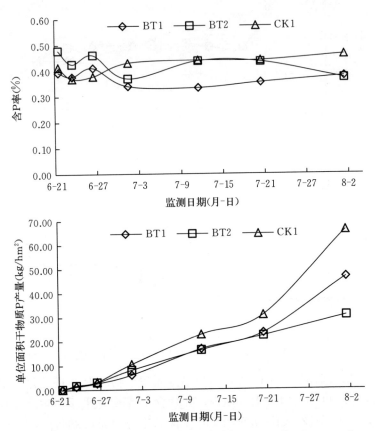

图 7-21　白菜叶片含 P 率与单位面积干物质 P 产量变化（2011 年）

由图 7-22 可知，白菜生育期内，白菜根部含 P 率变化平缓，收获时 BT1、BT2、CK1 处理白菜根部含 P 率分别达 0.25%、0.21%、0.25%。白菜生育期内根部单位面积干物质 P 产量持续上升，且白菜莲座期根部单位面积干物质 P 产量上升迅速，至 7 月

11 日 BT1、BT2、CK1 处理分别增长至 0.29、0.24、0.24 kg/hm^2。白菜生长进入成熟期以前，BT1 处理白菜根部单位面积干物质 P 产量高于 BT2 与 CK1 处理，收获时 CK1 处理白菜单位面积干物质 P 产量上升，BT1、BT2、CK1 处理分别达 0.41、0.29、0.44 kg/hm^2。

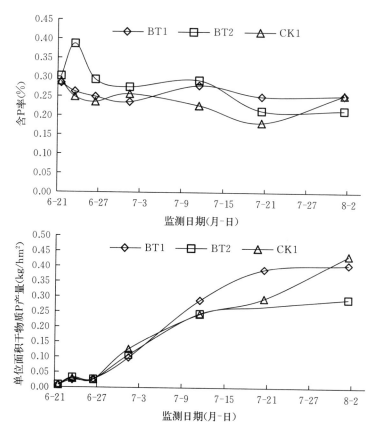

图 7 - 22　白菜根部含 P 率与单位面积干物质 P 产量变化（2011 年）

由图 7 - 23 可知，甜菜叶片含 P 率生育期内呈下降趋势。甜菜间作与单作处理间含 P 率差异不明显。收获时 BT1、BT2、CK2 处理叶片含 P 率分别达 0.26％、0.25％、0.15％。单作甜菜叶片单位面积干物质 P 产量逐渐上升，8 月 28 日达到最大值 6.84 kg/hm^2；

生长进入糖分积累后期叶片单位面积干物质 P 产量降低，收获时为 4.80 kg/hm²。由于间作甜菜生育期较单作甜菜推后，叶片单位面积干物质 P 产量低于单作甜菜，随甜菜生长逐渐增加，至 9 月 11 日 BT1、BT2 处理分别达到最大值 1.74、2.55 kg/hm²；受霜冻影响，甜菜叶片开始萎蔫，叶片单位面积干物质含 P 率降低，BT1、BT2、CK2 处理收获时分别达 1.43、1.37、4.80 kg/hm²。

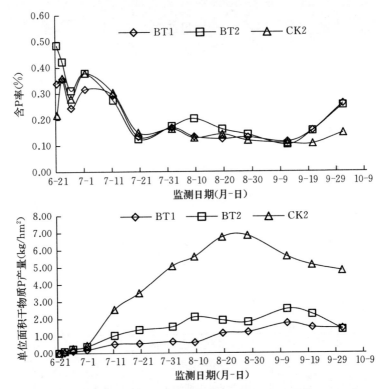

图 7-23　甜菜叶片含 P 率与单位面积干物质 P 产量变化（2011 年）

由图 7-24 可知，甜菜生育前期根部含 P 率变化不稳定，因为此时甜菜处于幼苗期与叶丛生长期，主要进行地上部分的生长；甜菜生长进入块根膨大期后，根部含 P 率持续降低，且间作与单作处理间差异不明显，收获前 BT1、BT2、CK2 处理甜菜根部含 P 率下降迅速。单作甜菜块根单位面积干物质 P 产量于 7 月 21 日后随生长迅速增加，至收获前达最大值 12.10 kg/hm²。间作甜菜块根单位面积干物质 P 产量于 7 月 21 日后随植株生长缓慢增加，收获前 BT1、BT2 处理根部干物质含 P 率分别达到最大值 3.77、6.21 kg/hm²。

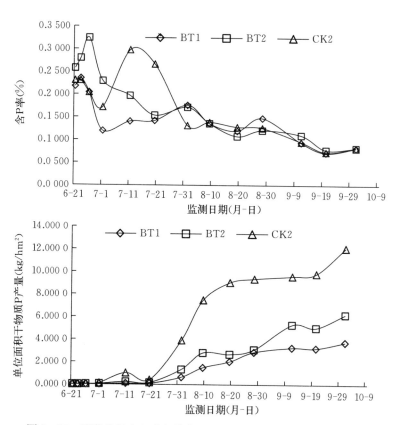

图 7-24　甜菜块根含 P 率与单位面积干物质 P 产量变化（2011 年）

（3）间作群落作物含 K 率与单位面积干物质 K 产量变化　由图 7-25 可知，随白菜生长，叶片含 K 率处理间差异不明显，缓慢变化，呈下降趋势，收获时 BT1、BT2、CK1 处理含 K 率分别达 2.92%、2.80%、2.82%。白菜叶片单位面积干物质 K 产量持续增加，收获时 BT1、BT2、CK1 处理达最大值 359.76、231.47、402.32 kg/hm²，且间作白菜受甜菜的影响，较单作白菜长势弱，导致单作白菜叶片单位面积干物质 K 产量最大，BT2 处理最小。白菜生长进入包心期后，根部 K 肥供应叶片生长，单位面积干物质 K 产量降低，收获时 BT1、BT2、CK1 处理达 0.16、0.15、0.17 kg/hm²。

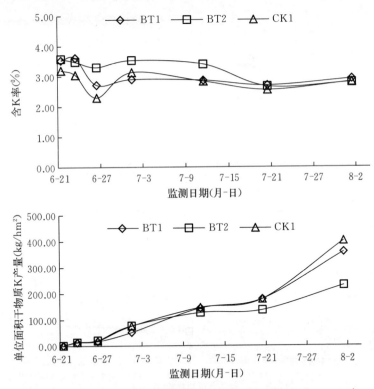

图 7 - 25　白菜叶片含 K 率与单位面积干物质 K 产量变化（2011 年）

由图 7 - 26 可知，白菜根部含 K 率随植株生长持续下降，收获时 BT1、BT2、CK1 处理分别达 1.00%、1.09%、1.01%。单位面积干物质 K 产量呈单峰曲线变化。白菜生长进入莲座期（6 月

26 日）后，根部单位面积干物质 K 产量迅速增加，7 月 11 日 CK1 处理达最大值 $2.04\ \text{kg/hm}^2$；7 月 20 日 BT1、BT2 处理分别达最大值 1.71、$1.63\ \text{kg/hm}^2$；收获时 BT1、BT2、CK1 处理分别下降为 1.60、1.48、$1.72\ \text{kg/hm}^2$。

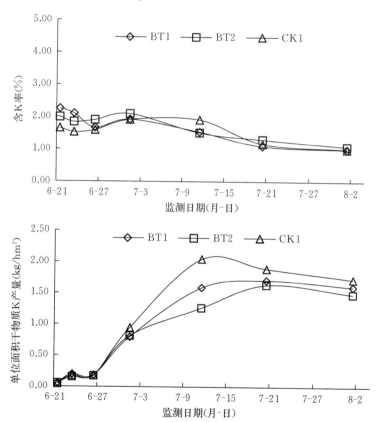

图 7 - 26　白菜根部含 K 率与单位面积干物质 K 产量变化（2011 年）

由图 7 - 27 可知，甜菜叶片含 K 率呈下降趋势，且单作甜菜含 K 率低于间作甜菜，收获时 BT1、BT2、CK2 处理甜菜叶片含 K 率分别为 2.38%、2.65%、1.57%。单作甜菜叶片单位面积干物质 K 产量呈上升趋势，8 月 9 日达到最大值 $96.4\ \text{kg/hm}^2$，生长进入糖分积累后期叶片单位面积干物质 K 产量降低，且受霜冻影响，收获时下降至 50.5 kg/hm²。由于间作甜菜生育期较单作甜菜滞后，叶片单位面积干物质 K 产量低于单作甜菜。随植株生长间作叶片单位面积干物质 K 产量增加，8 月 9 日后 BT1 处理甜菜叶片单位面积干物质 K 产量逐渐大于 BT2 处理，9 月 11 日 BT1、BT2 处理分别达到最大值 40.4、67.9 kg/hm²；受霜冻影响，甜菜叶片开始萎蔫，叶片单位面积干物质 K 产量降低，BT1、BT2 处理收获时下降至 13.1、14.2 kg/hm²。

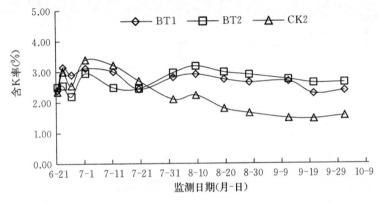

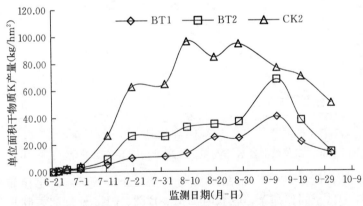

图 7-27 甜菜叶片含 K 率与单位面积干物质 K 产量变化（2011 年）

由图 7-28 可知，甜菜幼苗期与叶丛生长期，根部含 K 率随植株生长迅速下降，7 月 20 日，BT1、BT2、CK2 处理甜菜根部含 K 率分别下降 1.05%、1.26%、1.69%；甜菜生长进入块根膨大期后，根部含 K 率变化平缓，呈下降趋势，至收获 BT1、BT2、CK2 处理甜菜根部含 K 率分别下降 0.85%、0.99%、0.70%。单作甜菜块根单位面积干物质 K 产量随植株生长持续增加，收获前增长达到最大值 102.58 kg/hm²；间作甜菜块根单位面积干物质 K 产量随植株生长持续增加，总低于单作甜菜，且 BT2 处理甜菜单位面积干物质 K 产量高于 BT1 处理，收获时 BT1、BT2 处理分别达到最大值 38.80、65.22 kg/hm²。

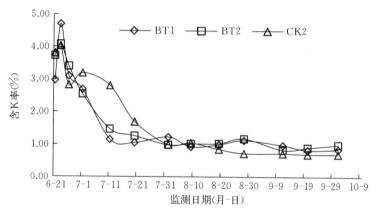

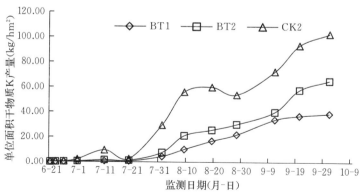

图 7-28 甜菜块根含 K 率与单位面积干物质 K 产量变化（2011 年）

7.3.2　间作群落甜菜含糖率变化

由图 7 - 29 可知，7 月 21 日甜菜生长进入叶丛生长期后，块根含糖率持续增加，BT2 处理块根的含糖率大于 BT1 与 CK2 处理；8 月 20 日～9 月 19 日，甜菜含糖率增长迅速，此时期甜菜生长处于糖分积累期；甜菜收获时 BT1、BT2 与 CK2 处理块根含糖率分别为 14.5%、16.2%、15.1%。

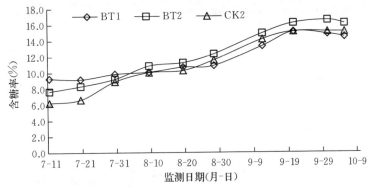

图 7 - 29　甜菜含糖率变化（2011 年）

7.3.3　间作群落作物产量效果

白菜发育受间作甜菜的影响。由表 7 - 3 可知，BT1 间作与 CK1 单作密度相同，2010 年单株产量较 CK1 降低了 33.3%；BT2 间作处理密度为 CK1 的 83.3%，2010 年单株产量较 CK1 降低了 24.2%。分析表明，间作甜菜虽然后期较 CK1 区地气资源丰富，但前期发育所受到的白菜胁迫在后期难以全量补偿，2010 年 BT1 甜菜单株产量为单作的 86.4%，BT2 为单作的 90.9%，相应出干率也较单作分别下降了 4.4 和 3.9 个百分点。2011 年 BT1 甜菜单株产量为单作的 57.1%，BT2 为单作的 50.0%；BT1 甜菜出干率较单作下降了 1.7 个百分点，BT2 甜菜出干率较单作上升了 0.4 个百分点。

表 7-3 间作作物产量效果

处理		年度	BT1	BT2	CK1	CK2
	密度（株/hm²）		36 363.6	30 303.0	36 363.6	—
白菜	单株产量（kg/株）	2010	2.2	2.5	3.3	—
		2011	2.5	2.7	2.5	—
	出干率（%）	2010	4.2	4.1	4.0	—
		2011	4.6	4.2	4.0	—
	经济产量（kg/hm²）	2010	81 414.1	76 799.2	96 393.9	—
		2011	89 144.6	83 205.5	90 805.3	—
	经济产值（元/hm²）	2010	40 707.1	38 399.6	48 197.0	—
		2011	44 572.3	41 602.8	45 402.7	—
甜菜	密度（株/hm²）		18 181.8	30 303.0	—	36 363.6
	单株产量（kg/株）	2010	1.9	2.0	—	2.2
		2011	0.8	0.7	—	1.4
	出干率（%）	2010	24.1	24.6	—	28.5
		2011	20.7	22.8	—	22.4
	糖分比例（%）	2010	13.4	14.1	—	14.1
		2011	14.8	16.6	—	15.5
	经济产量（kg/hm²）	2010	35 286.2	60 416.7	—	78 989.9
		2011	14 011.4	20 727.3	—	52 164.6
	经济产值（元/hm²）	2010	14 114.5	24 166.7	—	31 596.0
		2011	5 604.6	8 290.9	—	20 865.8
年经济产值（元/hm²）		2010	54 821.6	62 566.3	48 197.0	31 596.0
		2011	50 176.9	49 893.7	45 402.7	20 865.8

以间作占地面积为基础，假定各间作单位面积产量与单作相同，比较间作各作物"预期"产量与实际产量（图 7-30，图 7-31）

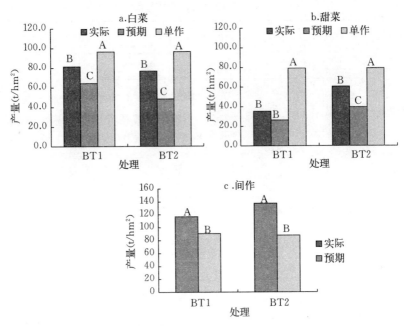

图 7-30 白菜甜菜单作产量、间作预期产量与实际产量比较（2010 年）

表明，在 BT1 间作处理时，2010 年白菜的实际产量明显高于"预期"产量，甜菜的实际产量明显高于"预期"产量，间作"实际"产量明显高于"预期"产量；2011 年白菜的实际产量明显高于"预期"产量，甜菜的实际产量低于"预期"产量，间作"实际"产量明显高于"预期"产量。BT2 间作处理时，2010 年白菜和甜菜的实际产量极明显高于"预期"产量，间作"实际"产量较"预期"提高了 56.5%；2011 年白菜的实际产量明显高于"预期"产量，甜菜实际产量则低于"预期"产量，间作"实际"产量明显高于"预期"产量。

7.3.4　间作水分、品质及产量评价

由表 7-4 可知，以获得间作群体作物产量所需的各作物单作相对土地面积之和即土地当量比（LER）为指标，以间作占地面

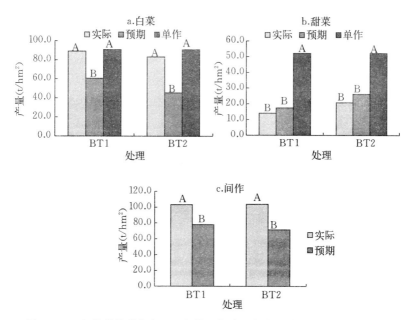

图 7-31 白菜甜菜单作产量、间作预期产量与实际产量比较（2011 年）

积为基础，假定各间作单位面积产量与单作相同，比较两间作群体的资源利用效果。分析表明，全部收获后，BT1 间作群体土地利用效率（土地当量比）2010 年提高了 29%（LER＝1.29），2011 年提高了 25%（LER＝1.25）；BT2 间作群体土地利用效率（土地当量比）2010 年提高了 56%（LER＝1.56），2011 年提高了 31%（LER＝1.31）。

以获得间作群体作物产量所需的各作物单作相对水分之和，即水分当量比（WER）为指标，分析表明，2011 年白菜收获后，BT1 间作群体的水分利用效率（水分当量比）较单作群体提高了 4%（WER＝1.04），BT2 间作群体提高了 13%（WER＝1.13）；甜菜收获后，BT1 间作群体的水分利用效率（水分当量比）较单作群体提高了 12%（WER＝1.12），BT2 间作群体提高了 8%（WER＝1.08）（表 7-4）。

表 7 - 4　间作效果评价

项目		2010 收获			2011 收获							
		白菜		甜菜	白菜					甜菜		
		BT1	BT2	BT1	BT2	BT1	BT2	CK1	CK2	BT1	BT2	CK1	CK2
土地当量比（LER）		—	—	1.29	1.56	1.10	1.30	—	—	1.25	1.31	—	—
水分当量比（WER）		—	—	—	—	1.04	1.13	—	—	1.12	1.08	—	—
经济效益		—	—	1.12	1.27	—	—	—	—	1.08	1.00	—	—
产投比	N			1.51	1.59	1.03	1.23	1.74	1.65	1.03	1.16
	P			0.22	0.24	0.24	0.12	0.24	0.23	0.24	0.10
	K			—	—	—	—	—	—	—	—

　　白菜为间作优势作物，以单作白菜效益为基础，比较间作群体效益差异。结果表明，全部收获后，2010 年 BT1 间作群体的经济效益较单作白菜效益提高了 12%，2011 年提高了 8%；BT2 间作群体经济效益，2010 年提高了 27%，2011 年没有增幅。甜菜生产潜力的发挥对此起了主要作用。

　　以投入 N、P、K 量为基础，比较间作群体的养分利用效果。由表 7 - 4 分析表明，收获后，2011 年白菜 BT1、BT2、CK1、CK2 处理 N 素产投比分别为 1.51、1.59、1.03、1.23，甜菜 BT1、BT2、CK1、CK2 处理 N 素产投比分别为 1.74、1.65、1.03、1.16，较白菜收获时各处理产投比变化不明显，且单作甜菜 N 素产投比下降；白菜 BT1、BT2、CK1、CK2 处理 P 素产投比分别为 0.22、0.24、0.24、0.12，甜菜 BT1、BT2、CK1、CK2 处理 P 素产投比分别为 0.24、0.23、0.24、0.10，较白菜收获时各处理产投比变化不明显，且单作甜菜 P 素产投比下降。

由表 7-5 可知，甜菜不同处理间净光合速率差异不明显，与对照 CK2 相比，BT1 处理甜菜叶面积指数为 CK2 的 21.0%，单位面积照光叶面积为 CK2 的 28.6%，产量为 CK2 的 26.9%；与对照 CK2 相比，BT2 处理甜菜叶面积指数为 CK2 的 33.5%，单位面积照光叶面积为 CK2 的 41.4%，产量为 CK2 的 39.7%；表明单位面积照光叶面积是影响光合有机物积累的主要因素。

表 7-5 产量构成要素分析（2011 年）

处理	叶面积指数	单位面积照光叶面积 （m^2/m^2）	净光合速率 [$\mu mol\ CO_2/(m^2 \cdot d)$]	产量 （kg/hm^2）
BT1	0.35	0.20	17.93	14 011.4
BT2	0.56	0.29	16.16	20 727.3
CK2	1.67	0.70	15.14	52 164.6

8 轮作倒茬对甜菜生产的影响

试验于 2015 年 4 月至 2018 年 10 月在河北省张北县的河北农业大学张北实验站（41°09′N，114°42′E）进行。试验地土壤为草甸栗钙土（滩地），供试土壤理化性状见表 8-1 和表 8-2。

表 8-1 供试土壤化学性质（0～20 cm）

全氮 （g/kg）	全磷 （g/kg）	全钾 （g/kg）	有机质 （g/kg）	碱解氮 （mg/kg）	速效磷 （mg/kg）	速效钾 （mg/kg）
0.70	0.23	15.12	10.79	58.37	19.87	76.63

表 8-2 供试土壤的分层容重与水分特征

土层深度（cm）	容重（g/cm³）	田间持水量（mm）	土壤凋萎湿度（mm）
0～20	1.22	68.90	17.40
20～40	1.32	87.94	20.72
40～60	1.27	94.18	19.94
60～80	1.39	47.74	21.82
0～80	—	298.76	79.88

试验选择 3 种区域传统喜凉类作物、1 种喜凉类耐霜型根茎作物和 1 种喜温作物为供试作物。传统喜凉类作物为蚕豆（*Vicia faba* L.）崇礼蚕豆、莜麦（*Avena sativa* L.）坝莜 1 号和马铃薯（*Solanumtuberosum* L.）小白花；喜凉类耐霜型作物为甜菜（*Beta vulgaris* Linn）KWS-6231；喜温作物为饲用玉米（*Zea mays* L.）巡青 518。

　　试验在华北寒旱区滩地上进行。2014 年种植莜麦匀地；2015 年创建了 5 种供试作物的前茬；2016—2018 年开展了作物间互为前茬的轮作试验，以及供试作物的连作试验。试验采用交叉式设计的种植方式，定位实施，年际间重复。试验区设有 20 个轮作田区、5 个连作田区及 1 个裸地田区，共计 26 个田区（表 8 - 3）。试验田区面积为 120 m²，试验区面积 3 120 m²。雨养旱作无灌溉，播前结合整地底施肥料。各作物的播种、收获期见表 8 - 4。

表 8 - 3　试验设计与试验区作物种植

试验小区	试验年份				试验小区	试验年份			
	2015	2016	2017	2018		2015	2016	2017	2018
1	B	P	B	P	14	FB	FM	FB	FM
2	O	P	O	P	15	P	FM	P	FM
3	FM	P	FM	P	16	B	O	B	O
4	FB	P	FB	P	17	O	O	O	O
5	P	P	P	P	18	FM	O	FM	O
6	B	FB	B	FB	19	FB	O	FB	O
7	O	FB	O	FB	20	P	O	P	O
8	FM	FB	FM	FB	21	B	B	B	B
9	FB	FB	FB	FB	22	O	B	O	B
10	P	FB	P	FB	23	FM	B	FM	B
11	B	FM	B	FM	24	FB	B	FB	B
12	O	FM	O	FM	25	P	B	P	B
13	FM	FM	FM	FM	26	N	N	N	N

注：P：马铃薯，FB：蚕豆，FM：饲用玉米，O：莜麦，B：甜菜，N：裸地。

表 8-4　各轮作试验采用作物及其播种期和收获期

作物	播种和收获期（mm-dd）					
	2016 年		2017 年		2018 年	
	播种	收获	播种	收获	播种	收获
马铃薯	05-02	08-25	04-25	09-16	04-28	09-12
蚕豆	05-04	08-24	05-19	08-26	05-15	09-09
玉米	05-22	08-26	05-19	09-11	05-15	09-15
莜麦	05-21	09-03	05-25	09-08	05-23	09-01
甜菜	05-25	10-01	05-27	10-01	05-29	10-03

8.1　不同茬口对甜菜生长性状的影响

8.1.1　年际间不同茬口甜菜生育期内株高的动态变化

2016—2018 年各茬口甜菜株高的动态变化见图 8-1，甜菜的株高在 6 月下旬开始监测，至 8 月上旬呈快速增长的趋势，8 月上旬至收获期处于缓慢增长甚至下降。连作甜菜的株高 3 年均处于弱势，可能与甜菜消耗水分较多有关。2016—2018 年各茬口甜菜生育期内平均株高在 48.10 ~ 39.95、48.04 ~ 37.89、47.94 ~

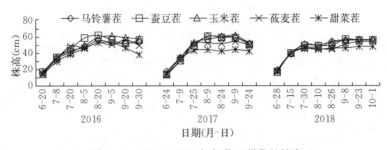

图 8-1　2016—2018 年各茬口甜菜的株高

41.82 cm；年际间重复，甜菜茬（连作）年平均株高为 39.89 cm，玉米茬、蚕豆茬、马铃薯茬、莜麦茬甜菜的年平均株高分别是甜菜茬（连作）的 1.84（$P<0.01$）、1.81（$P<0.01$）、1.76（$P<0.01$）、1.10（$P<0.01$）倍。分析表明，与连作相比，轮作对甜菜株高具有促进作用。

8.1.2 年际间不同茬口甜菜生育期内叶面积指数的动态变化

2016—2018 年各茬口甜菜叶面积指数的动态变化见图 8-2，2016、2017 年甜菜叶面积指数均呈单峰曲线，2018 年 8 月上旬甜菜患病后，甜菜叶片干枯，叶面积指数出现回落现象，后期新叶长出，叶面积指数回升。年际间重复，连作甜菜全生育期叶面积指数为 1.20，玉米茬、蚕豆茬、马铃薯茬、莜麦茬甜菜的叶面积指数分别是甜菜茬（连作）的 1.75（$P<0.01$）、1.68（$P<0.01$）、1.67（$P<0.01$）、1.50（$P<0.01$）倍。分析表明，与连作相比，轮作对甜菜的叶面积指数具有明显促进作用。

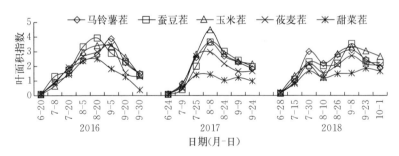

图 8-2　2016—2018 年各茬口甜菜的叶面积指数

8.1.3 年际间不同茬口甜菜干物质积累的动态变化

2016—2018 年各茬口甜菜生育期内干物质积累（包括根部）的动态变化见图 8-3，甜菜干物质积累动态呈持续增长的趋势。2016 年甜菜干物质最大积累量为 19 853.59 kg/hm²，2017、2018 年分别是 2016 年的 90%、75% 左右。年际间重复，连作甜菜生育期内平均干物质积累量为 5 635.52 kg/hm²，玉米茬、马铃薯茬、蚕豆茬、莜麦茬甜菜干物质积累量是甜菜茬（连作）的 1.44（$P < 0.05$）、1.40（$P < 0.05$）、1.38（$P < 0.05$）、1.31（$P < 0.05$）倍。分析表明，轮作对甜菜干物质的积累有明显促进作用。

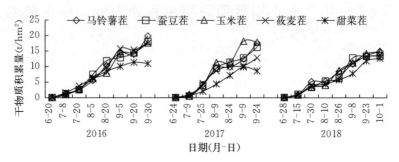

图 8-3　2016—2018 年各茬口甜菜干物质积累动态

2016—2018 年各茬口甜菜块根干重积累的动态变化见图 8-4，在生育期内甜菜块茎干物质呈 S 形增长。年际间重复，玉米茬、马铃薯茬、蚕豆茬、莜麦茬甜菜块根干物质积累量是甜菜茬（连作）的 1.41（$P < 0.05$）、1.36（$P < 0.05$）、1.34、1.32 倍。说明，轮作均有利于甜菜块根干物质积累，其中，玉米、马铃薯作为种植甜菜的前茬作物明显提高了甜菜块根干物质积累。

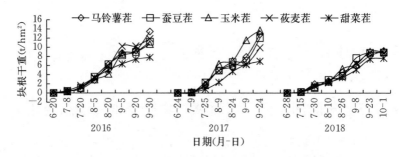

图 8-4　2016—2018 年各茬口甜菜块根干重积累动态

8.2 不同茬口甜菜的水分效应

8.2.1 不同茬口对甜菜水分利用效率的影响

以经济产量为生产目标，2016—2018 年各茬口甜菜的水分利用效率见表 8-5。2016 年马铃薯茬甜菜的水分利用效率最大，为 30.60 kg/(mm·hm²)，连作（甜菜茬）的水分利用效率最小，为 22.06 kg/(mm·hm²)，其他茬口介于者之间；马铃薯茬甜菜的经济产量最高，为 12 173.89 kg/hm²，连作（甜菜茬）的经济产量最低，为 8 393.31 kg/hm²，其他茬口介于者之间；莜麦茬甜菜的耗水量最大，为 404.67 mm，连作（甜菜茬）的耗水量最小，为 380.53 mm，其他茬口介于者之间。

2017 年莜麦茬甜菜的水分利用效率最高，为 37.22 kg/(mm·hm²)，连作（甜菜茬）的水分利用效率最低，为 28.28 kg/(mm·hm²)，其他茬口介于者之间；玉米茬甜菜的经济产量最高，为 11 423.90 kg/hm²，连作（甜菜茬）的经济产量最低，为 7 019.03 kg/hm²，其他茬口介于者之间；马铃薯茬甜菜的耗水量最大，为 311.35 mm，连作（甜菜茬）的耗水量最小，为 248.23 mm，其他茬口介于者之间。

2018 年玉米茬甜菜的水分利用效率最高，为 37.72 kg/(mm·hm²)，连作（甜菜茬）的水分利用效率最低，为 23.57 kg/(mm·hm²)，其他茬口介于者之间；玉米茬甜菜的经济产量最高，为 9 543.03 kg/hm²，连作（甜菜茬）的经济产量最低，为 6 151.40 kg/hm²，其他茬口介于者之间；蚕豆茬甜菜的耗水量最大，为 281.56 mm，玉米茬甜菜的耗水量最小，为 252.97 mm，其他茬口介于者之间。

3 年平均，连作（甜菜茬）的水分利用效率为 24.63 kg/(mm·hm²)，马铃薯茬、玉米茬、蚕豆茬、莜麦茬甜菜的水分利用效率是连作（甜菜茬）的 1.40、1.33、1.32、1.27 倍。说明，轮作处理均能提高甜菜的水分利用效率，但差异不明显。

表8-5 不同茬口甜菜的水分利用效率（2016—2018）

年份	前茬作物	播前土壤蓄水（mm）	收后土壤蓄水（mm）	降水量（mm）	耗水量（mm）	经济产量（干）（kg/hm²）	水分利用效率［kg/（mm·hm²）］
2016	马铃薯	166.71	142.82	374.00	397.89	12 173.89	30.60
	蚕豆	163.58	146.30	374.00	391.28	10 865.77	27.77
	玉米	149.93	135.69	374.00	388.24	9 355.20	24.10
	莜麦	126.67	96.00	374.00	404.67	9 456.63	23.37
	甜菜	153.54	147.01	374.00	380.53	8 393.31	22.06
2017	马铃薯	185.03	127.87	254.20	311.35	11 378.05	36.54
	蚕豆	179.45	159.67	254.20	273.98	9 843.94	35.93
	玉米	210.45	153.33	254.20	311.32	11 423.90	36.69
	莜麦	161.32	165.81	254.20	249.72	9 293.52	37.22
	甜菜	86.27	92.23	254.20	248.23	7 019.03	28.28
2018	马铃薯	96.08	112.32	277.10	260.86	9 471.98	36.31
	蚕豆	102.40	97.93	277.10	281.56	9 519.76	33.81
	玉米	94.00	118.13	277.10	252.97	9 543.03	37.72
	莜麦	112.26	123.70	277.10	265.67	8 795.43	33.11
	甜菜	99.46	115.54	277.10	261.02	6 151.40	23.57
3年平均	马铃薯	149.27	127.67	301.77	323.37	11 007.97	34.48
	蚕豆	148.48	134.64	301.77	315.61	10 076.49	32.50
	玉米	151.46	135.72	301.77	317.51	10 107.38	32.84
	莜麦	133.42	128.50	301.77	306.68	9 181.86	31.23
	甜菜	113.09	118.26	301.77	296.60	7 187.91	24.63

8.2.2 不同年度各茬口甜菜经济产量与水分的相关性

（1）2016年甜菜经济产量（干）与水分的相关性 2016年甜菜经济产量与播期土壤蓄水量的相关性见图8-5。甜菜播期土壤蓄水量与其经济产量呈倒抛物线关系，二者的相关系数为 0.584。

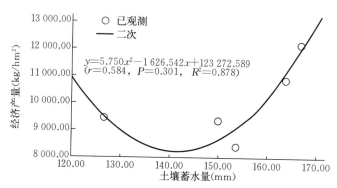

图 8-5 甜菜的经济产量与播期土壤蓄水量的相关性

2016 年各茬口甜菜经济产量与生育期耗水量的相关性见图 8-6。可以看出，甜菜经济产量与生育期耗水量呈低度线性正相关 $(0.3 \leqslant |r| < 0.5)$，随耗水量的增加产量增长。

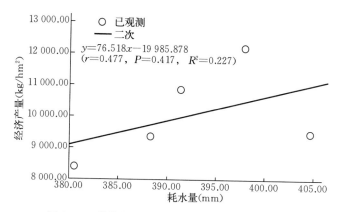

图 8-6 甜菜的经济产量与生育期耗水量的关系

（2）2017 年甜菜经济产量（干）与水分的相关性 2017 年甜菜经济产量与播期土壤蓄水量的相关性分析见图 8-7。结果表明，甜菜的经济产量与播期土壤蓄水量显著相关。

甜菜生育始期土壤蓄水量与前茬作物生长季末的土壤蓄水量相

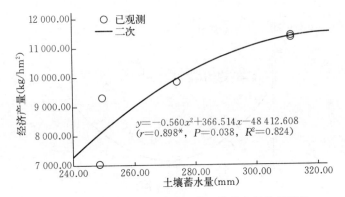

图 8-7　甜菜的经济产量与播期土壤蓄水量的相关性

关性见图 8-8，表明甜菜生育期始期土壤蓄水量与前茬作物生长季末的土壤蓄水量呈高度抛物线性相关（$r=0.840$）。前茬作物收获后的土壤水分是影响其茬口特性的重要因素。

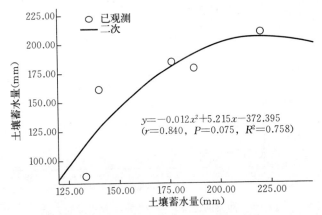

图 8-8　甜菜的生育始期与前茬作物生长季末土壤蓄水量的相关性

2017 年各茬口甜菜经济产量与生育期耗水量的相关性见图 8-9。结果表明，甜菜经济产量与生育期耗水量呈高度线形相关（$|r|=0.898$）。生育期耗水量显著影响甜菜经济产量。

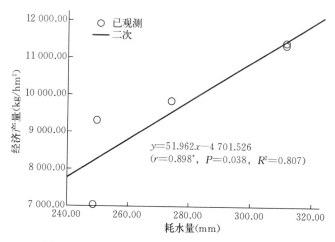

图 8-9　甜菜的经济产量与生育期耗水量的关系

（3）2018 年甜菜经济产量（干）与水分的相关性　2018 年甜菜经济产量与播期土壤蓄水量的相关性分析见图 8-10。结果表明，甜菜的经济产量与播期土壤蓄水量无明显相关性（｜r｜＜0.3）。

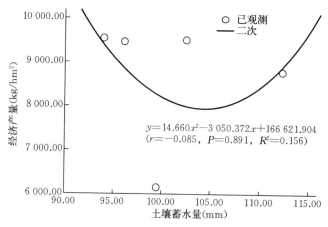

图 8-10　甜菜的经济产量与播期土壤蓄水量的相关性

2018 年甜菜经济产量与生育期耗水量的相关性分析见图 8 - 11。结果表明，甜菜的经济产量与生育期耗水量呈弱相关（$r=0.169$），连作的减产效应等因素影响了相关程度与相关属性。

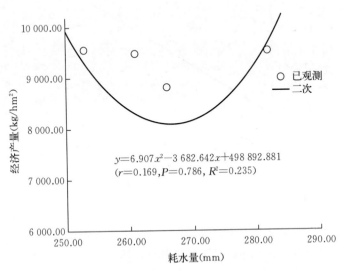

图 8 - 11　甜菜的经济产量与生育期耗水量的关系

8.2.3　不同茬口对甜菜田的土壤蓄水量的影响

2016 年各茬口甜菜田土壤蓄水量动态变化见图 8 - 12。整个生育期均以莜麦茬甜菜田土壤蓄水量最低。生育始期，连作（甜菜茬）土壤蓄水量为 153.54 mm，低于马铃薯茬、蚕豆茬甜菜田，但高于玉米茬、莜麦茬甜菜田，裸地田的土壤蓄水量为 190.82 mm；收获期，甜菜茬土壤蓄水量最高，为 147.01 mm，裸地的土壤蓄水量为 214.60 mm。以生育期平均土壤蓄水量计，土壤蓄水量大小顺序为裸地田＞蚕豆茬＞马铃薯茬＞甜菜茬＞玉米茬＞莜麦茬。

2017 年各茬口甜菜田土壤蓄水量动态变化见图 8 - 13。生育始期，连作（甜菜茬）土壤蓄水量为 86.27 mm，玉米茬、马铃薯茬、蚕豆茬、莜麦茬甜菜田土壤蓄水量分别是连作（甜菜茬）的 2.44、

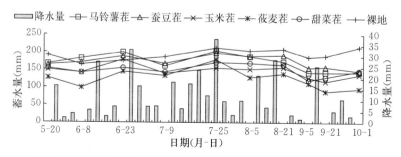

图 8 - 12　2016 年各茬口甜菜田土壤蓄水量动态变化（0~80 cm）

2.14、2.08、1.87 倍，裸地田的蓄水量为 162.41 mm；生育末期，甜菜茬土壤蓄水量为 92.23 mm，莜麦茬、蚕豆茬、玉米茬、马铃薯茬甜菜田土壤蓄水量分别是连作（甜菜茬）的 1.80、1.73、1.66、1.39 倍。以生育期平均土壤蓄水量计，裸地土壤蓄水量为 163.07 mm，连作（甜菜茬）的土壤蓄水量为 144.59 mm，玉米茬、蚕豆茬、莜麦茬、马铃薯茬甜菜田的土壤蓄水量分别是连作（甜菜茬）的 1.64、1.48、1.46、1.44 倍。

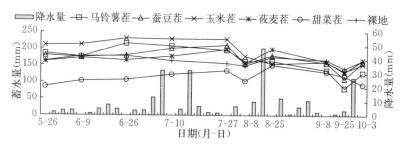

图 8 - 13　2017 年各茬口甜菜田土壤蓄水量动态变化（0~80 cm）

2018 年各茬口甜菜田土壤蓄水量动态变化见图 8 - 14。生育始期，连作田（甜菜茬）蓄水量为 99.46 mm，与莜麦茬、蚕豆茬、马铃薯茬、玉米茬甜菜田土壤蓄水量相差不大，裸地的土壤蓄水量为 186.35 mm；生育末期，连作田的土壤蓄水量为 115.54 mm，其他各茬口甜菜田的土壤蓄水量均相差不大。因此，以生育期平均土壤蓄水量计，2018年，除裸地田外，各茬口甜菜田的土壤蓄水量相差不大。

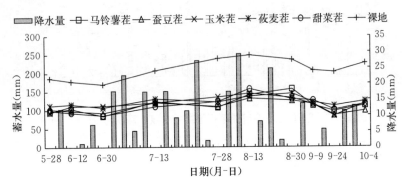

图8-14　2018年各茬口甜菜田土壤蓄水量动态变化（0～80 cm）

8.3　不同茬口甜菜的养分特征

8.3.1　不同茬口甜菜的养分生物学效率与产投比

以生物产量（干重）为生产目标，不同年度不同茬口甜菜的养分生物学效率、产投比见表8-6。

2016年马铃薯茬甜菜的生物产量最高，为17 287.60 kg/hm²，连作（甜菜茬）的产量最低，为9 959.50 kg/hm²，其他茬口介于者之间；甜菜植株含N量在1.29%～1.63%，含P量在0.10%～0.13%；莜麦茬甜菜N、P的生物学效率均最大，分别为77.24、1 017.34 kg/kg，玉米茬甜菜N的生物学效率最小，为61.56 kg/kg，马铃薯茬甜菜P的生物学效率最小，为795.86 kg/kg，其他茬口介于者之间；马铃薯茬甜菜N、P的产投比均最大，分别为1.02、0.30，连作（甜菜茬）N、P的产投比均最小，分别为0.52、0.16。

2017年马铃薯茬甜菜的生物产量最高，为15 243.29 kg/hm²，连作（甜菜茬）的产量最低，为8 825.83 kg/hm²，其他茬口介于

表8-6 2016—2018不同茬口甜菜的养分生物效率、产投比

年份	前茬作物	养分投入量(kg/hm²)		生物产量(千)(kg/hm²)	养分含量(%)		生物学效率(kg/kg)		产投比	
		N	P		N	P	N	P	N	P
2016	马铃薯	267.90	71.40	17 287.60	1.58	0.11	63.43	795.86	1.02	0.30
	蚕豆	267.90	71.40	14 520.45	1.32	0.13	75.60	931.26	0.72	0.22
	玉米	267.90	71.40	12 795.26	1.62	0.11	61.56	928.76	0.78	0.19
	莜麦	267.90	71.40	11 938.89	1.29	0.11	77.24	1 017.34	0.58	0.16
	甜菜	267.90	71.40	9 959.50	1.39	0.10	71.94	856.22	0.52	0.16
2017	马铃薯	267.88	70.16	15 243.29	2.28	0.12	43.94	651.74	1.30	0.33
	蚕豆	267.88	70.16	13 651.41	2.21	0.15	45.19	715.30	1.13	0.27
	玉米	267.88	70.16	15 208.91	2.37	0.14	42.13	840.60	1.35	0.26
	莜麦	267.88	70.16	12 172.44	2.11	0.12	47.41	633.97	0.96	0.27
	甜菜	267.88	70.16	8 825.83	1.86	0.16	53.79	897.78	0.61	0.14

（续）

年份	前茬作物	养分投入量 (kg/hm²)		生物产量（千）(kg/hm²)	养分含量 (%)		生物学效率 (kg/kg)		产投比	
		N	P		N	P	N	P	N	P
2018	马铃薯	267.88	70.16	15 589.24	2.01	0.11	49.86	856.57	1.17	0.26
	蚕豆	267.88	70.16	14 915.53	1.71	0.12	58.52	802.36	0.95	0.26
	玉米	267.88	70.16	14 309.29	1.81	0.12	55.39	839.38	0.96	0.24
	莜麦	267.88	70.16	13 316.28	2.24	0.12	44.57	849.34	1.12	0.22
	甜菜	267.88	70.16	9 222.12	1.73	0.12	57.66	828.04	0.60	0.16
3年平均	马铃薯	267.89	70.57	16 040.04	1.63	0.12	52.41	768.06	1.16	0.30
	蚕豆	267.89	70.57	14 362.46	1.95	0.13	59.77	816.31	0.93	0.25
	玉米	267.89	70.57	14 104.49	1.75	0.12	53.03	869.58	1.03	0.23
	莜麦	267.89	70.57	12 475.87	1.93	0.12	56.41	833.55	0.88	0.22
	甜菜	267.89	70.57	9 335.82	1.88	0.12	61.13	860.68	0.58	0.15

者之间；甜菜植株含 N 量在 1.86%～2.37%，含 P 量在 0.12%～
0.16%；连作（甜菜茬）N、P 的生物学效率均最大，为 53.79、
897.78 kg/kg，玉米茬甜菜 N 的生物学效率最小，为 42.13 kg/kg，
莜麦茬甜菜 P 的生物学效率最小，为 633.97 kg/kg，其他茬口介于
者之间；玉米茬甜菜 N 的产投比最大，为 1.35，马铃薯茬甜菜 P
的产投比最大，为 0.33，连作（甜菜茬）N、P 的产投比最小，为
0.61、0.14，其他茬口介于者之间。

2018 年马铃薯茬甜菜的生物产量最高，为 15 589.24 kg/hm²，
连作（甜菜茬）产量最低，为 9 222.12 kg/hm²，其他茬口介于者
之间；甜菜植株含 N 量在 1.71%～2.24%，含 P 量在 0.11%～
0.12%；蚕豆茬甜菜 N 的生物学效率最大，为 58.52 kg/kg，马铃
薯茬甜菜 P 的生物学效率最大，为 856.57 kg/kg，莜麦茬甜菜 N 的生
物学效率最小，为 44.57 kg/kg，蚕豆茬甜菜 P 的生物学效率最小，为
802.36 kg/kg，其他茬口介于者之间；马铃薯茬甜菜 N、P 的产投
比均最大，分别为 1.17、0.26，连作（甜菜茬）N、P 的产投比均
最小，分别为 0.60、0.16，其他茬口介于二者之间。

3 年重复，分析表明，与连作（甜菜茬）相比，供试轮作处理
均有利于甜菜增产；受产量的拉动，各茬口甜菜的 N、P 产投比也
优于连作，马铃薯、玉米作为前茬作物均明显提高甜菜的 N、P 产
投比。

9 甜菜机械化地下注水补水艺机一体技术

9.1 补水方式及补水方案的确定

通过资料研究、试验探索等方式确定合适的补水方式、补水位置、补水量等，并结合所有因素制定补水方案。

9.1.1 甜菜移栽补水的农艺性要求和经济性要求

甜菜移栽补水的目的是保证秧苗成活率和安全成苗，故补水量应建立在满足此需求的基础之上。

首先，土壤水分是影响农作物秧苗成活以及成苗的关键因素，Owen 的研究表明，种子萌发时对环境水势的要求有一阈值，低于该值便不能萌发。多种作物种子萌发都存在水势阈值，在种子萌发和成苗的各个阶段中，种子对水分需求并非完全一致。据此，针对不同作物进行抗旱成苗的土壤水分指标研究，得出如下结论：

(1) 不同作物幼苗出苗时需要的最低土壤含水量不同。

(2) 作物成苗率的变化趋势与出苗率基本一致。

(3) 甜菜幼苗期植株需水量小，幼苗期的全田灌水不仅造成水资源大量浪费，加大了经济投入，而且幼苗期过量灌水会显著降低土壤温度，不利于幼苗株根深扎、扩大根系范围、增强甜菜抗旱能力。

其次，向土壤施水时，自补水点向周边会有一定的渗透，渗透程度根据水量和土壤性质而定，农学上将水分渗透最终所到位置称为湿润峰，不同施水情况下的湿润峰不同。根据农艺性要求，针对作物所补的水分，湿润锋最终应和土壤下部的湿土层相连接，才能达到补水的效果要求，发挥补水作用。在满足此要求下过多的补水量只会加大其的损耗率。

再次，中国水资源相对短缺，农业用水效率较为低下。中国GDP是美国的 1/8，但用水量却等同于美国。国外发达国家农田灌溉水平均利用效率为 $2.0\ kg/m^2$，而中国仅为 $1.0\ kg/m^2$ 左右，仅为发达国家的 50%。因此，提高用水利用率和用水效率，成为确保中国农业可持续发展的有效途径。

综合上述因素，探索甜菜秧苗成活的水分临界值，在适宜的范围内确定最佳水量，提高用水效率的同时最大程度保证秧苗成活率，是本设计需要解决的关键问题。

9.1.2 补水位置的确定

移栽补水的首要因素是补水位置的确定。甜菜秧苗吸收水分主要是主根从土壤中吸取，故水分渗透后形成的湿土区域应将主根包裹其中。

甜菜根系属直根系，由主根肥大而形成的肉质块根。根体两侧各生有一条根沟，生长大量须根。含糖量以根头最低，根颈较高，根体最高。从根体横断面看，以中层含糖最高，内层次之，外层最少。出苗时幼根向土壤深处延伸约 15 cm，在生出 2 对真叶时，主根入土深度达 30 cm，侧根 5～10 cm。因此，为保证块根的完整生长从而保证含糖量，移栽时应尽量保证主根完整，避免伤根率过高。现在国内采用的甜菜育苗纸筒广泛采用 15 cm 长度的纸筒，如图 9-1 所示。

王学群、宋孝霞等进行了甜菜育苗纸筒长度的探索，进行了 7.5、10、13、15 cm 纸筒长度的处理，各处理其他情况设为相同，经过两年、多点次试验结果表明，13、15 cm 纸筒育苗的甜菜产量、块根含糖率及叉根率差异均不明显，但 10 cm 与 15 cm 纸筒育苗的甜菜产量差异达极显著，可知 10 cm 以下的纸筒长度难以满足

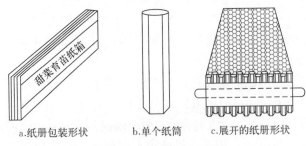

a.纸册包装形状　　　b.单个纸筒　　　c.展开的纸册形状

图 9 - 1　甜菜育苗纸筒

甜菜的长根要求。

黑龙江学者夏树有在《甜菜自制纸筒育苗技术可行性探索》一文中指出，经过试验和生产调查证明，筒长不得少于 13 cm，这样才能保证育苗期甜菜主根不会穿透纸筒，移栽时不损伤甜菜主根；纸筒长度低于 13 cm，育苗期甜菜主根穿透纸筒，移栽时主根受到损伤，影响甜菜的产量和质量，造成尾叉根多，像"螃蟹爪子"，且根长、根径相近，像"圆萝卜"，青顶高，含糖低，达不到甜菜育苗的预期效果。

国内所用甜菜育苗直筒长度为 15、13 cm，垄作多选用 15 cm 长度的纸筒。冀西北坝上地区土壤环境恶劣，沙碱土壤多，干旱少雨，且起垄耕作的垄台土层厚、土壤空隙度大、不易板结、利于作物根系生长，故起垄耕作，选用长度为 15 cm 的纸筒对高产有益。

根据设计要求，应将补水点设定在纸筒的下端，即地表以下 8~15 cm 处。

9.1.3　甜菜地下补水方式的可行性分析

根据农艺性要求，将补水点设定在纸筒的下端，可达到最佳的补水效果。冀西北坝上地区，土壤含水量低，日照强烈，地表补水蒸发量大，水的损耗量高，故提出地下补水方式进行移栽补水，以降低补水点、减少蒸发量。下文通过试验对该方式进行可行性分析。

采用导管式甜菜抗旱补水插秧器将甜菜秧苗栽至地表下 15 cm 深度位置，拔离插秧器后地表留下凹坑，浇灌定额水量，为"地上式"补水；用插秧器将秧苗栽入土壤的同时，从导管内灌入定额水量，为"地下式"补水（图 9-2）。

图 9-2　人工"地下式"补水移栽

（1）试验背景　试验在张家口市张北县小二台乡河北农业大学张北实验站三结合基地进行，当地沙地农田占全区耕地面积的 65% 以上，取微区试验田内的 0～20 cm 沙地土样作为供试土壤，测定其基本理化性质，详见表 9-1。

表 9-1　供试土壤基本理化性质

土壤类型	有机质（%）	全氮（%）	全磷（%）	CaCO₃（%）	pH	黏粒<0.01 mm（%）	质地	容重（g/cm³）	土壤含水量（%）
沙地	1.16	0.707	0.015	0.00	7.42	14.99	沙壤	1.45	7.26

试验选在实验站防雨大棚内进行，避免受天气等外界因素干扰。试验选取土壤均匀的整块试验田，深松至 30 cm，打碎土块，平整地表，并晾干至无地下水分干扰状态，模拟旱地移栽情况。移栽时测定土壤含水量为 7.26%。移栽时均选取叶片数量和大小均匀一致的秧苗。

（2）试验内容

试验一：甜菜根茎变化

甜菜品种选为"KWH－6 231"，种子发芽率约为 95%。选取叶片数和株高一致、适宜移栽的甜菜秧苗，等额分成 3 批。分别采用"不补水""地上式"补水和"地下式"补水 3 种方式进行移栽。每日 18:00 时取 3 株秧苗测量根茎长度，取平均值作为比较值。根茎变化情况详见图 9-3。

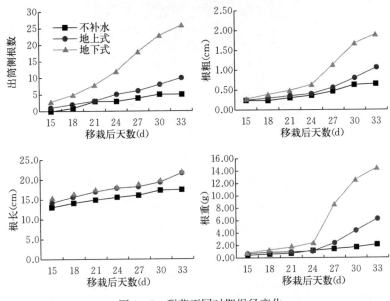

图 9-3　甜菜不同时期根径变化

由图 9-3 可知，相对于"地上式"补水，"地下式"补水方式的补水效果明显，尤其对甜菜侧根的生长，影响明显，这对甜菜吸收水分很有利，在 24 d 进入快速发根期。发根快而多是移栽甜菜缓苗成活与早发快长的生物学基础。同时纵向对比可知，在移栽时，甜菜秧苗尚无侧根突破纸筒。

试验二：测定不同补水方式下的湿润锋效果

采用导管式甜菜抗旱补水插秧器进行人工移栽，每40 cm² 面积移栽一株，每两株作为一个处理单元。"地上式"补水和"地下式"补水各设 3 次重复。

补水量设为 150 mL，选取 2 h 和 24 h 进行效果采集，剖取土壤中水分渗透情况的竖切面，测量以地表为准，上下两个深度方向上的湿润峰，并测量湿土区域的宽度进行对比。情况详见表 9 - 2。

表 9 - 2   不同补水方式下的湿润峰统计

湿润峰	"地上式"补水		"地下式"补水	
	2 h	24 h	2 h	24 h
上方向（cm）	0	0	5.2	4.5
下方向（cm）	7.4	7.9	20.4	21.2
宽度（cm）	20.1	21.1	16.1	16.8
纵深/横宽	0.37	0.37	0.94	0.98

选择 150 mL 补水量下两种不同补水方式的效果照片进行对比（表 9 - 2，图 9 - 4）。地上补水形成的湿润区域位于地表，处于甜菜纸筒上半部位，而地下补水方式形成的湿润峰位置明显下移，下湿润峰低于纸筒末端，湿土区域呈现球状，将纸筒末端围裹在内部偏下半圆处。补水 24 h 后，地下式与地上式补水相比，纵深由 7.9 cm 增到 21.2 cm，纵深与横宽比值增幅为 165%。

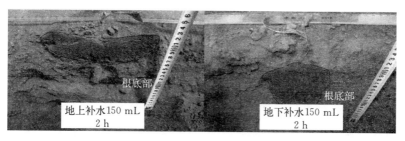

图 9 - 4   不同补水方式下 150 mL 补水情况的土壤竖切面

移栽时甜菜尚无侧根突破纸筒，对于旱地甜菜移栽，地上补水形成的湿润区域不利于向秧苗供水，且在冀西北坝上地区容易被蒸发风干，形成地表死皮；地下补水形成的湿润区域环裹于苗筒底部向四周扩散，且地表覆盖干土起有效保水作用。

由纵深与横宽比可知，地上式补水形成的区域为浅宽的盆状，地下补水形成的区域为类似椭圆的球状。

试验三：测定不同补水方式下土壤含水量变化情况

以每 $2 m^2$ 正方形小区为一个单位进行移栽。每一个单位内栽植同样数目的甜菜秧苗，两种补水方式下各设 3 个单元，为 3 次重复。每处理补水量为 250 mL。

每天选定每个处理下的每个重复小区中的两株秧苗（不重复选取）定点取样，以秧苗为中心，在其周围 25 mm 半径范围以内，用土钻以定点取样法钻取 0～40 cm 土层土壤，每 10 cm 为一层，3 次重复。以平均 7 d 为一个周期。采用烘干法（105 ℃烘干 10～12 h）和称重法测定土壤含水量。土壤含水量＝水分重量/土壤干重，对数据进行分析处理（表 9-3）。

表 9-3 不同补水方式下土壤含水量随天数变化情况

补水方式	土层（cm）	土壤含水量（%）			
		原始	移栽天数		
			1 d	6 d	11 d
地上式	0～10	10.99	16.08	12.36	7.56
	10～20	9.48	13.11	12.09	10.88
	20～30	16.40	16.56	16.50	16.31
地下式	0～10	10.91	13.36	9.04	5.01
	10～20	10.40	18.57	17.86	16.09
	20～30	16.04	16.70	16.72	16.51

地上式补水：水分多留在 0～10 cm 土层，10～20 cm 土层水分无明显增加，且水分蒸发损耗巨大，移栽后 1～6 d 减少 3.72 个百分点，6～11 d 减少 4.80 个百分点；地下式补水：水分多存储在 10～20 cm 土层，水分除供给甜菜幼苗外无其他明显损耗，储存时间长，移栽后 1～6 d 仅减少 0.71 个百分点，6～11 d 减少 1.77 个百分点。

9.1.4 甜菜移栽最佳补水量的确定

多数学者研究证明，甜菜苗期的需水量较小，约占全生育期的 15% 左右，需水强度亦小；叶丛繁茂期对水量需求大，占全生育期的 41% 左右，需水强度亦大。移栽时的甜菜苗，处于幼苗期，补水量在满足成活率的前提下，不用过多，以免造成水分浪费，甚至抑制幼苗生长。但幼苗移栽度过缓苗期成活以后，即将进入叶丛繁茂期，需水量大幅度提升，此时若处于干旱无雨状况，土壤原本的储水量显得至关重要，补水量在损耗率低的情况下适当增加，是保障幼苗平安或者以良好状况进入叶丛繁茂期的重要因素。因此最佳补水量是设计补水前必须确定的决定性因子。

试验四：测定不同补水量处理下湿润区域

采用地下式补水，选取株高、叶片数量一致的甜菜秧苗，每 $40~cm^2$ 面积移栽一株，每 3 株作为一个处理。补水量分别为 50、100、150、200、250、300 mL，24 h 进行效果采集，采集水分在土壤中渗透后的竖切面，以地表为准，测量纵向范围湿润峰和横向宽度，并进行横宽对比（表 9-4）。

表 9-4　地下补水方式不同水量润湿土壤效果比较

补水方式	润湿土壤特征	单株补水量（mL）					
		50	100	150	200	250	300
地下式	纵向范围（cm）	3.2~12.9	4.0~15.2	3.5~18.5	2.5~19.3	1.4~22.1	2.2~23.3
	横向宽度（cm）	7.5	10.1	10.6	11.7	14.9	14.6
	纵深×横宽（cm²）	72.75	113.12	159.00	196.56	308.43	308.06

由表 9-4 可知，补水量越大效果越好。湿润区域为竖直的椭圆，随补水量增加，纵深相对于横宽增长明显，尤其下湿润峰随水量增加明显下移，补水量达到 100 mL 及以上时，下湿润峰位于纸筒末端（15 cm）下方，利于甜菜根系生长和吸收水分，以 300 mL 时的湿润效果最好。

由纵深×横宽（湿润区域面积概算）结果可知，随补水量增加，湿润区域面积梯度增加，50～200 mL 时面积持续增长，200、250 mL 的增长梯度明显，250、300 mL 的增长梯度平缓。

试验五：测定不同补水量处理下甜菜秧苗成活率、缓苗期和成苗、壮苗情况

选定 6 个面积相同的小区，移栽前翻整土地，使土块破碎，地面平整。各小区补水量不同，每 50 mL 为一梯度，从 100 mL 到 350 mL。每个小区重复 3 个处理，用地下式补水方式移栽株高、叶片数大约一致的甜菜秧苗，每天测定秧苗的缓苗进度和成活棵数，记录成活秧苗出新叶的时间和叶片数，采集数据。并设缓苗率达到 80％时的天数为缓苗期，缓苗率达到 100％时测定各小区秧苗的干叶数、绿叶数、红叶数、绿叶面积等（表 9-5）。

表 9-5　不同补水量处理下甜菜秧苗成活率、缓苗期和成苗、壮苗情况

补水量 （mL）	成活率 （％）	缓苗期 （d）	绿叶数 （％）	红叶数 （％）	干叶数 （％）	绿叶面积 （％）
100	82.917	5.0	73.770	21.967	4.262	78.768
150	83.927	5.0	77.646	20.354	2.000	79.616
200	91.221	4.5	85.198	14.802	0.000	90.854
250	93.553	4.0	85.549	15.029	0.000	89.952
300	93.220	4.0	85.632	14.368	0.000	91.206
350	93.552	4.0	85.697	14.303	0.000	91.525

由表 9-5 可知，补水量在 100 mL 时秧苗成活率为 82.917％，秧苗有一定量干叶片。在 200 mL 时秧苗成活率为 91.221％，达到 90％以上，秧苗无干叶片。在 250、300、350 mL 补水处理下，缓苗期较一致，成活率和绿叶数及绿叶面积相较于 200 mL 呈增长趋势，红叶数呈递减趋势，三者变化平缓。

综上，200 mL 补水量即满足移栽的保苗、成苗需求；再增加水分，水分愈多苗愈壮，300 mL 水分处理已经接近移栽秧苗需水的饱和值，各指标变化趋缓。由此，确定移栽时甜菜的最佳

补水量为 $200\sim300$ mL。

9.1.5　补水机构的方案确定

由于甜菜育苗纸筒长度较长，甜菜移栽采用开沟式难度很大，秧苗株距和直立度都难以达到移栽的技术要求，国内甜菜移栽机普遍为坑穴式移栽，单株移栽，栽植后坑穴自然回土，栽植速率介于 $0.8\sim1.5$ s/株。地下式补水需要将所补水分注入坑穴内，位置为纸筒的下半部分或底部处，单株注水，注水完成后地表覆盖干土为理想效果。

（1）需解决的问题　①如何将水分注入坑穴内理想位置处，即出水口的位置确定和阀门开关的位置确定。②如何保证注水量。由于单株移栽和单株注水，注水速率和栽植速率相同，而且地下注水过程在栽植坑穴内完成，占栽植过程的一半时间，即 $0.4\sim0.8$ s。在如此短的时间内完成注水过程，能否保证补水量、满足技术要求成为关键因素，更是此次设计的难点所在。③如何控制补水开关的开闭。每注水一次，开关开闭一次，不但每次开闭时间短暂，且开闭频率高。用人工控制效果与理想效果相差甚远，用机械自动控制则需考虑如何精确控制补水开关的开启和关闭时间，同时开关高频率开闭下的使用寿命也是一个重要因素。④如何将注水过程和栽植过程结合。

（2）拟提出方案

方案一：栽植与补水过程分步进行。

栽植后使用注水机构插入秧苗根部，补水开关打开进行补水，补水结束时拔出注水机构，开关关闭。补水量可根据补水机构插入地下的时间长短调整或根据出水口口径大小微量调节。

此方案中注水机构的运动机构可模仿栽植机构也可做成升降式，升降式轨迹更加理想。而注水机构插入地下的端口和补水开关的开闭可根据自行车打气阀门原理进行改造。但存在较多问题需要克服：①插入地下的端口口径大小难以解决，口径较小时，单位时间内出水量减小，难以达到所需的补水量；口径较大时，易被泥土堵塞，使注水过程难以实现。②注水位置位于秧苗一侧，所补水分形成的湿土区域偏离根系。③此种形式类似于向实土土壤内注水，易受土壤空间排斥，对注水过程增加难度，且短时间内难以达到需求的补水量。④注水完成后，由于土壤受水分浸侵，很可能难以自动回土，从而形成水洼。

方案二：栽植与补水过程同步进行，合并为一体。

栽植器承接甜菜秧苗以后，将秧苗放入坑穴内的同时进行注水，秧苗脱离栽植器时结束补水，进行坑穴覆土。水分位于地下，在秧苗根部处形成湿土区域，包裹根系。此方案需要将补水机构与栽植器合为一体，或将补水机构定于栽植点上方，水流经过栽植器进入坑穴。

此方案与方案一相比，不但没有前者难以克服的问题，而且省去了运动机构，简化了机体，且补水机构可随栽植器同步运动，轨迹相同，提高了补水的精确度，因此只需要设计水流路径和出水位置，将其与栽植器结合形成新型栽植器即可。故选用方案二。

（3）方案具体化　①每次的注水时间仅为 0.4～0.8 s，为保证出水量，可通过两个途径解决：加大出水口或给水源增加压力，使水流迅速喷射而出，本设计采取两种途径并行的方式。②由于水流的路径越长，损失越多，消耗的时间越长，而且容易形成"淋漓水"现象，故出水口越靠近注水点越理想，出水口和水阀开关距离越近越好，甚至二者合为一体最理想，本设计预先将出水口和水阀开关合为一体，位置设定在最低处，然后通过理论计算和实体试验确定最佳出水口位置，进行改进。③研制水阀开关的开闭控制系统，实现自动控制，频率和栽植补水一致，故考虑使用栽植器的转动机构。④栽植器秧夹和补水机构做成一个整体，使用同一个动力传动系统，保持转动同步性、频率一致性、位置精准性。

9.2　注射式地下补水器的研制

9.2.1　移栽机的选择

栽植器是甜菜移栽机的核心部件，其性能条件直接影响秧苗的移栽质量。考虑甜菜特性和甜菜移栽的农艺特点，分析国内外现有各类型栽植器所存在的优缺点，从而确定适合甜菜移栽的栽植器类型和结构，进一步结合国内市场上现有的甜菜移栽机类型，鉴定其性能参数选择最适合本设计的甜菜移栽机机型。

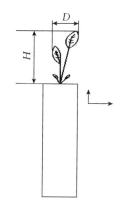

图 9 - 5　秧苗刚化尺寸示意图

（1）甜菜移栽的育苗规格和物理特性

甜菜秧苗茎叶细长，测量其高度 H 和冠部大小 D（即单株甜菜秧苗在聚拢为一束的情况下最外边两片叶片之间的最大宽度）（图 9 - 5）。

图 9 - 6 为任意 60 株甜菜秧苗样本的高度尺寸，主要集中在 80～95 mm。图 9 - 7 为任意 60 株甜菜秧苗样本叶冠尺寸，集中在 30～45 mm。

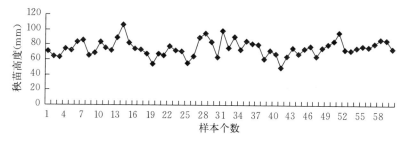

图 9 - 6　不同甜菜秧苗样本的高度

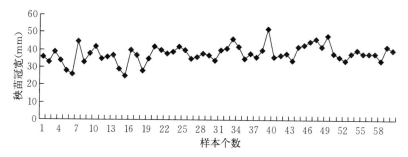

图 9 - 7　不同甜菜秧苗样本冠部宽度

纸筒苗的叶冠尺寸虽然较纸筒的直径尺寸大，但是叶冠的弹性较大，在直径方向上有效的刚性尺寸接近于纸筒直径。

由甜菜纸筒秧苗刚性化后的物理尺寸可得出结论：栽植器选用细长型，形成的坑穴形状和尺寸接近于纸筒尺寸是最佳效果。

（2）甜菜移栽的农艺性要求

甜菜纸筒育苗移栽技术过程：将甜菜种子播入，按要求装好育苗土的育苗纸筒内，置于温室苗床育苗，此期间进行保温、浇水、间苗、通风、炼苗等管理，当苗龄达到 30～35 d，大田日均气温达到 10 ℃时即可移栽，移栽前 24 h，在甜菜秧苗苗床上浇透水，称为"送嫁水"。一是使纸筒分离；二是提供水分便于移栽后秧苗成活。甜菜育苗纸筒采用特殊工艺制作，质地坚挺，透水、透气性强，在育苗期能保纸筒原型 40 d 左右，保护幼苗根系。移栽后纸筒很快自然分解腐烂，不束缚根系生长和块根膨大。

甜菜纸筒育苗的土垠要求：用于纸筒内的育苗土要肥沃、细碎，保证育苗效果，同时土壤要敦实，防止移栽时落土，形成空筒，使甜菜苗的根茎脱离土壤。出苗率需高于 90%，避免空筒过多，增加人工选苗的工作量，影响移栽效率。移栽时，甜菜苗高在 5～10 cm，真叶数在 4 片左右，否则给分苗带来不便。移栽前的"送嫁水"对移栽质量影响较大，若土过干，不利于纸筒分离，容易撕裂，且土壤在移栽时易从纸筒脱落；若土过湿，纸筒弯曲变形，移栽后纸筒倾斜或使栽植器堵塞。适于甜菜移栽的纸筒湿度为：纸筒分离容易，用手挤压时纸筒内土无明显水迹。移栽田的地块平整，无坷垃、无根茬，耕深 30 cm 左右。移栽田土壤湿度适于秧苗成活或移栽后及时补水。移栽株距 35～55 cm，栽植深度 120～150 mm，移栽成活率≥90%，移栽漏栽率≤5%，移栽立苗率≥95%，株距合格率≥95%，培土状况良好。

其中，株距合格率是实际株距比设定株距的偏差量小于 5 cm 的株数占总移栽株数的比重；漏栽率是指栽植过程中秧苗缺失株数占总移栽株数的比重；立苗率是指甜菜纸筒与苗垄平面之间的角度（锐角）θ≥50°的株数占总移栽株数的比重；培土状况以土壤覆盖甜菜纸筒上端口,且土壤不掩埋甜菜秧苗心叶,充分地保证甜菜苗的直立和正常生长。

(3)甜菜栽植器性能分析 经过对甜菜移栽的农艺要求以及多种移栽机的功能结构的统一分析后,本文初步选用鸭嘴式栽植机作为补水器的载体。下面以偏心圆盘式鸭嘴栽植器为例,用运动学原理分析比较其工作原理、运动轨迹和栽植效果。

偏心双圆环结构如图9-8所示,根据平行四杆机构具有保证运动轨迹相同的特点使主动轮盘与被动轮盘的圆心(O 和 O')处在同一水平面上,鸭嘴在弹簧的作用下保持在水平位置,且曲轴的

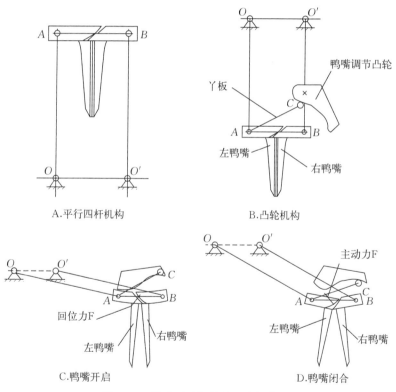

图9-8 鸭嘴运动机构和运动状态图

长度与鸭嘴上盖尺寸相等，即 $OO'=AB$，同时用曲轴将主被动轮盘设计为偏心双圆环结构，也就保证了鸭嘴的方向始终指向地面。

（4）工作原理　栽植器随机器行走同时转动，当秧夹转动到正上方时，甜菜纸筒秧苗从投苗盘落入秧夹内，随之继续向下运动，秧夹在闭合的状态下扎入土壤中，形成坑穴的同时，丫板已位于鸭嘴调节凸轮的下端（图 9－8B），继续转动则丫板上的滚轮受挤压而迫使左鸭嘴打开，通过鸭嘴开启凸轮副的相互作用，在主动力 F 的作用下使以 B 为转轴的右鸭嘴打开（图 9－8C），秧苗落入坑内。当转到丫板离开鸭嘴调节凸轮的位置时，在凸轮副和弹簧的作用下，使左右鸭嘴回位。秧夹继续在转动盘的带动下向上运动，继续进行下一次投苗。

① 零速投苗。为了更好地保证移栽时的立苗率、培土状况和存活率，必须使鸭嘴在投放秧苗到苗垄上时满足相应条件。即为保证秧苗移栽时直立，从鸭嘴秧夹向下投苗时，秧苗在水平方向的分速度应当为零，称为"零速投苗"原理。

秧夹本身相对于移栽机的运动为相对运动，是匀速圆周运动。设立坐标见图 9－9。

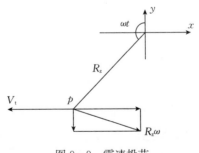

图 9－9　零速投苗

由零速原理得出保证投苗点 p 在水平方向绝对零速的必要条件是：

$$V_t = R_z\omega\cos(180°-\omega t) \qquad (9-1)$$

其中：V_t——拖拉机前进牵引速度；

R_z——栽植器旋转半径；

ω——栽植器旋转的角速度；

t——栽植器的秧夹从最高点开始逆时针方向旋转第一次到达 p 点位置所需的时间。

ω 与栽植器转速 n（r/min）之间的关系为 $\omega = \pi n/30$，将其代入式（9-1）中得到：

$$V_t = \frac{R_z \pi n}{30} \cos(180° - \omega t) \qquad (9-2)$$

其中 $90° < \omega t < 180°$。

② 运动轨迹。鸭嘴式秧夹在相对于自身做匀速圆周运动的同时，随拖拉机沿水平方向匀速前进，做匀速直线运动。所以，工作时，鸭嘴式秧夹的实际运动是匀速直线运动和匀速圆周运动的合成（图 9-10）。

假设鸭嘴式秧夹不打开，将其看为质点，在图 9-10 所示的坐标系下，鸭嘴的运动轨迹方程为：

$$\begin{cases} x = -V_t t - R_z \sin(\omega t) \\ y = R_z \cos(\omega t) \end{cases} \qquad (9-3)$$

式中：x——X 轴方向上位移量（m）；

y——Y 轴方向上位移量（m）。

等式两边分别对时间 t 进行求导，得速度方程：

$$\begin{cases} V_x = -V_t - \omega R_z \cos(\omega t) \\ V_y = -\omega \sin(\omega t) \end{cases} \qquad (9-4)$$

根据速度方程，可得秧夹在投苗点的 3 种运动情况：

秧夹水平速度为 $V_x = 0$，则 $\dfrac{R_z \omega}{V_t} = -\dfrac{1}{\cos(\omega t)}$；

水平分速度与拖拉机方向相反 $V_x < 0$，则 $\dfrac{R_z \omega}{V_t} > -\dfrac{1}{\cos(\omega t)}$；

水平分速度与拖拉机方向一致 $V_x > 0$，则 $0 < \dfrac{R_z \omega}{V_t} < -\dfrac{1}{\cos(\omega t)}$。

令 $\lambda = \dfrac{R_z \omega}{V_t}$，即旋转式栽植器秧夹投苗点的圆周速度 $R_z \omega$ 与拖

拉机的前进速度 V_t 的比值；鸭嘴的运动轨迹的形状取决于 λ 值的大小，习惯上将 λ 称为摆线的特征参数。根据式（9-1）、式（9-2）、式（9-3），由于 $90°<\omega t<180°$，λ 的取值有 3 种可能：$\lambda<1$、$\lambda=1$ 和 $\lambda>1$（图 9-10）。

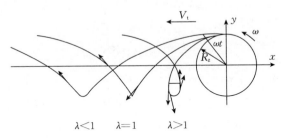

图 9-10 不同特征参数情况下鸭嘴运动轨迹

由图 9-10 可知，鸭嘴运动轨迹线上任意点的切线方向就是投放点的绝对速度方向。当 $0<\lambda<1$ 时，鸭嘴的运动轨迹线为短摆线，该轨迹线上任何一点水平方向的分速度与拖拉机前进方向相同，说明鸭嘴运动轨迹线上随意选一点投放秧苗，都具有向前的水平分速度，这就加重了秧苗向前倾倒的趋势，因此，零速投苗是不可能的，更是无法保证秧苗栽植的直立度。

当 $\lambda=1$ 时，鸭嘴的运动轨迹线为普通摆线，摆线的最低点有一个拐点，水平方向的分速度为零，轨迹线上除此之外的任何点处的水平分速度与拖拉机的前进方向都相同，即鸭嘴运动轨迹线上仅存一个零速投苗点。理论上最低点即为零速投苗点，使秧苗栽植直立度符合要求。然而鸭嘴打开过程需要一定的时间间隔，秧苗具有一定高度，其下落的过程也需要一段时间。在实际情况中，鸭嘴若在最低点打开，秧苗落出时，已经错过了最低点位置。而鸭嘴持续跟随拖拉机向前运动，在这期间，鸭嘴夹壁对秧苗有向前的拖拽趋势，使栽植的秧苗向前倒伏，所以 $\lambda=1$ 也不符合秧苗的理想投放条件。

当 $\lambda>1$ 时，运动轨迹线为余摆线，余摆线上形成扣环，轨迹线上扣环下端存在与拖拉机行进方向相反的水平方向的分速度，最低点处的速度达到最大。在扣环下端部分投放秧苗，秧苗落地后有向后倒伏的趋势，由于投放过程中鸭嘴对秧苗有前拖拽的作用，从而使秧苗在被覆土时正好处于直立的位置。

综上所述，特征参数 $\lambda > 1$ 是旋转鸭嘴式栽植器正常作业的必要条件。

③ 投苗点的确定。当 $\lambda > 1$ 时，如图 9 - 11 所示余摆线的 A 点和 C 点处的水平分速度值理论上为零，能实现零速投苗。如果在 A 点投苗，此时的投苗点较高，影响秧苗直立度，且在 A 点以后鸭嘴有向后的水平速度分量，使秧苗向后倾，栽植后不能保证直立。如果在 C 点投苗，秧苗可能被投放在回土流上，使秧苗向前倾斜，而在 C 点以后鸭嘴向前的水平速度分量会使秧苗更加向前倒伏。同时，由于秧苗被投放在回土流这个变量上，故栽植深度将会发生变化。如果在 B 点投苗，此时鸭嘴的向后水平速度分量最大，不存在垂直方向的速度分量，会引起秧苗向后倒或鸭嘴拖苗的现象。

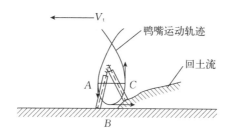

图 9 - 11　放苗点位置示意图

如果在 A、B 点之间投苗，因其有向后的水平速度分量，鸭嘴在向下运动的同时会将秧苗向后推，使其呈向后倾倒的状态；故秧苗在 B 点与 C 点之间投放才是合理的。

（5）栽植器和移栽机的选定

① 栽植器的选定。针对甜菜育苗物理特性、纸筒特性等特点和甜菜移栽的农艺性要求，圆盘钳夹式、链条钳夹式栽植器在移栽过程中会对秧苗造成一定损伤，移栽效率低，双输送带式栽植器对秧苗的整齐性和稳定性要求很高，而甜菜纸筒具有松软性且纸筒长

度较大，移栽后的秧苗直立度难以保证，吊杯式栽植器适用于钵苗和漂浮苗，对于甜菜而言，形成的坑穴过宽。故这三种类型的栽植器不是理想的甜菜移栽方式。

鸭嘴式栽植器在偏心圆环结构作用下可以保证秧夹一直处于垂直状态，一是有利于接收投下的秧苗并保证栽植过程秧苗处于直立状态，有效保证秧苗的栽植效果；二是有利于打出垂直的孔穴保证秧苗落入坑穴后的直立度。鸭嘴式栽植器有最佳投苗点，在最佳点投苗可保证纸筒的直立度。鸭嘴式栽植器的秧夹形状细长，和甜菜纸筒的形状吻合，可保证纸筒在秧夹内的直立度。更重要的是，鸭嘴式秧夹形成的坑穴细长，避免纸筒落入坑穴后倾斜而出现的"弯根"或"窝根"现象，而且坑穴长度足够，可使纸筒上端与土壤表面齐平，不出现"露筒""吊苗"现象。故对于甜菜纸筒育苗移栽而言，鸭嘴式栽植器是最佳的栽植器选择。

②移栽机的选定。目前，国内市场上有多款甜菜移栽机，根据上述分析，考察各机型的性能参数，选择了山东青州生产的2ZY-1多功能移栽机（图9-12）作为本课题的基础机型。在该机型的基础上进行课题的研究设计。

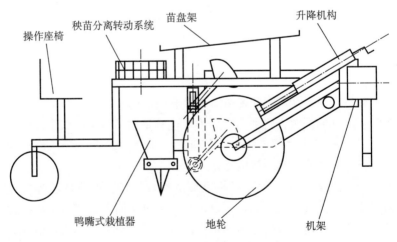

图9-12　甜菜移栽机整机示意图

　　该移栽机总体结构主要由机架、地轮、升降机构、苗盘架、秧苗分离转动系统、鸭嘴式栽植器等部件构成，其中传动系统由地轮、链轮链条、传动轴和栽植器组成。地轮和地面摩擦产生动力，通过传动轴和链轮链条传递给栽植器。地轮升降机构由螺纹伸缩杆和转动手柄组成。

　　工作原理：地轮提供动力，带动栽植器和秧苗分离转动系统工作。人工将秧苗放入秧苗分离杯内，秧苗转动到栽植器上方时栽植器恰运转到最高点，杯底打开秧苗落入栽植器的承接筒内，秧苗边随栽植器运动边滑入秧夹内，至栽植器运转到最低点时，秧夹插入地下，同时秧夹打开形成坑穴，秧苗随之落下，待栽植器转离，回土流对秧苗覆土，完成一次作业（图9-13）。该机型性能参数见表9-6。

图9-13　甜菜移栽机

表9-6　甜菜移栽机性能参数

配套动力（kW）	25.7～29.4	适用垄距（mm）	800～1 200
栽植频率［株/(min·行)］	≥35	秧苗高（mm）	80～120
总质量（kg）	350	栽植深度（mm）	60～120
外形尺寸（mm）	1 700×1 800×1 600	适用地膜宽度（mm）	900～1 200
作业行数（垄）	2	纯工作时效率（hm²/h）	≥0.25
株距	350、450、550	作业连接方式	牵引

9.2.2 机械控制式夹层补水栽植器

（1）总体结构和工作原理

① 总体结构。根据设定的补水方案，补水机构和栽植机构结合为一体，在秧夹内设置夹层，作为储水室。秧夹打开秧苗落下的同时注水开始，秧夹拔离地面时结束注水。设计机械控制式注射地下补水机构，即由机械机构自动控制出水阀门的开启和关闭，完成补水作业（图9-14）。

机械控制夹层式注射补水装置如图9-14所示，是在鸭嘴式栽植器内壁做一个夹层，由栽植器内壁、夹层、挡水板及出水口密封圈形成一个密闭的储水室，挡水板与拉杆底端焊接在一起，拉杆穿过导向管与牵引线连接，在导向管内部的拉杆部分套有弹簧且弹簧下端焊接着限位片。出水口位置设计成锥形口。挡水板密封性良好并且承受水和弹簧的压力时不会移动到密封圈下侧。导向管两端焊接带孔的堵板，孔径大小使拉杆可以自由滑动即可，防止由于拉杆倾斜挡水板不能正常归位的现象发生。

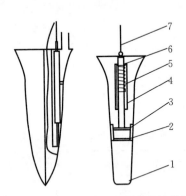

图9-14　夹层式注射补水器结构简图

1. 鸭嘴式栽植器；2. 出水口密封圈；3. 挡水板；
4. 拉杆导向管；5. 弹簧；6. 拉杆；7. 牵引线

牵引线一端和拉杆相连，带动拉杆移动，一端和栽植器上部的承接筒相连。承接筒和栽植器同步运动。鸭嘴式秧夹闭合时，两者之间的相对距离不变，设定牵引线长度等同此距离。秧夹打开时，由于储水室随秧夹摆动一个角度，则秧夹和承接筒的距离增大，带动牵引线使拉杆上移，出水口开启。秧夹闭合时，牵引线的拉力消失，在限位弹簧的回复力下拉杆下移，封闭出水口。

②工作原理。如图 9-15 所示，甜菜移栽机作业时由直流高压水泵持续供水到储水室。随着栽植器插入到土壤中，牵引线驱动拉杆向上移动，使挡水板脱离出水口密封圈。由于储水室的水因直流高压泵的作用而附压，此时，储水室的水会被迅速注射到甜菜幼苗的根部区域。栽植器拔离地面时牵引线被松开，此时弹簧促使拉杆下移，挡水板回到密封圈内部使储水室回到密闭状态，这样就完成了一次补水作业。

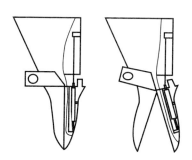

图 9-15　注水工作过程示意图

（2）零部件的优化设计　下面对各个部件的优化设计及其性能参数加以说明。

①夹层式整体结构设计。在原鸭嘴式秧夹外镶套一个相同形状的秧夹，将原秧夹从底端割去 1/3，使新旧秧夹之间形成一定的空间，将形成的空间密封，形成夹层。将夹层上下端口加工为进水口和出水口，其形状如图 9-15 所示。将各连接处密封，则形成了一个密闭的储水室。

②阀门开关结构设计。阀门开关由引线、拉杆、拉杆导向管、限位弹簧和挡水板组成。引线牵动拉杆向上移动，挡水板离开出水口，水流喷出。拉杆向上移动时，带动导向管内的限位片

压缩弹簧，当引线松动时，弹簧回弹带动拉杆归位，挡水板堵住出水口。

③拉杆导向管设计。拉杆导向管中空，上下端口开直径 1.1 cm 的孔，约束直径为 1 cm 的拉杆在导向管内上下移动却无左右倾斜量。避免拉杆倾斜导致挡水板与密封圈之间有间隙。导向管内设置弹簧，拉杆在与导向管等长处设有限位片，为圆环状，固定在拉杆上，将弹簧卡在上方。拉杆上移时，限位片压缩弹簧；下移时，限位片防止弹簧脱落。

④出水口设计。为防止补水过程有漏水现象，出水口的密封尤其重要。由于夹层内外壁均为弧状，出水口的形状类似于月牙形，为不规则形状，给密封圈的设计造成一定难度。为此，设计密封圈如图 9 - 16 所示，密封圈外壁尺寸与秧夹夹层外壁的内尺寸一致，内壁尺寸与夹层内壁外尺寸一致，使其紧固在夹层内，不会发生移动，且使底端平面保持水平，以达到其与挡水板平面平行可紧密贴合而不漏水的目的。

出水口形状为月牙形，将其看做两弧形之间的区域，如图 9 - 16 中所示。

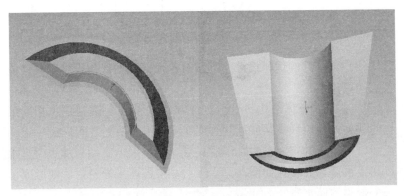

图 9 - 16　出水口密封圈形状

（3）挡水板的设计　挡水板的外廓形状与尺寸根据密封圈内外壁尺寸而定，使其形状相同，在密封圈内外壁形成的导槽内轨迹唯一限定，避免了左右上下产生微量偏差而与密封圈底端平面产生缝隙的不良现象。

挡水板结构：挡水板由上下两层组成，上层为 1 mm 厚的铁片，下层为与上层形状相同的橡胶。

（4）水压的设计　由于出水口径小，单次注水时间短，若想达到预设定的出水量，设计途径为使水附压。由于拖拉机自带电瓶为 12 V，特选定潜水泵一台置于水箱内，其参数为：额定电压 12 V，额定流量 8 m³/h，额定扬程 7 m，额定功率 120 W。

（5）试验验证与结果分析　田间试验是验证设计效果的最有效途径。将补水栽植器安装在甜菜移栽机上组成新型补水移栽机，在河北农业大学张北三结合实验基地进行甜菜移栽试验（图 9-17）。说明该移栽机可基本实现栽植与补水功能，但存在一些问题无法忽视。

a.补水器外形尺寸较大　　　　　　b.出水口径较小

图 9-17　机械夹层式补水栽植器栽植效果

如图 9-17a 所示，说明栽植器外形尺寸较大，形成的坑穴对于甜菜纸筒而言过大，造成自然回土效果下降，又由于水分对土壤的浸透作用，回土流只能遮盖 1/2 深度的坑穴，造成甜菜纸筒 1/2 长度外露，不但不符合甜菜移栽的农艺要求也不满足移栽机所应达到的栽植效果。

图 9-17b 所示，说明所补水分有一部分注射在穴口和地表上，穴内水量少，距离促使甜菜高产的效果仍有一定差距。分析该问题

存在的原因：①出水口径较小，限制水量。②由于控制阀门开启的原理是秧夹打开后带动牵引线拉动拉杆从而使注水阀门打开，秧夹关闭后注水阀门才能完全关闭，使得注水有一定的滞后性。

还存在如下问题：①夹层式注射补水器的内夹层尺寸较小，秧苗承接效果受到影响。②潜水泵压力较低，使水附压较小。③单株水量不可调节。

（6）结论与方案优化　由田间试验效果分析可知，该夹层式注射补水器设计理念正确，可实现移栽、地下注水一次性完成。但由于补水器外形尺寸较大，出水口径较小等问题，使得设计具有局限性，效果并不十分理想。通过对所存在问题的分析，提出以下建议：①提高出水口的位置，以缩小栽植器外形尺寸，同时也可增大内部接苗空间。②改变阀门开关的控制系统，提高精准性，控制出水时刻。③实现水量的可调性。

9.2.3　电磁控制式注射补水栽植器

（1）总体结构和工作原理

① 总体结构。针对第一代机械控制式夹层注射补水器所存在的问题，改变阀门开关的控制系统，研制出电磁控制式注射地下补水栽植器。该控制系统由电源、潜水泵（K）、压杆、行程开关（SQ）和电磁阀门（Y）组成（图9-18）。线路从电源正极接出，依次连接电路总开关、行程开关和电磁阀后返回电源负极，简单易懂。注射式补水器的控制系统可在一定范围内无级调节注水量。

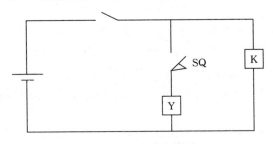

图9-18　电路连接图

② 工作原理。行程开关是电路的自动通断开关，转臂在平衡位置时电路断开，转臂转过一定角度脱离平衡位置时电路开通。压杆带动行程开关转动使电路开通或断开。电磁阀是出水口，即压杆安装在栽植器链轮上随之旋转，当栽植器即将插入地面时，压杆开始压迫行程开关转臂，带动其转动一定角度，使转臂脱离平衡位置从而连通电路，使电磁阀门打开。压杆转离行程开关转臂后，转臂自动回位，电路断开，电磁阀门关闭。

（2）控制系统具体实施方式

① 电磁阀安装位置。此新型补水栽植器将出水口提高，改变出水口与阀门开关的相对位置，即以电磁阀作为出水口，安装在承接筒侧壁。注水嘴穿过侧壁位于栽植器内部上方，水口朝向地面方向，如图9-19所示。电磁阀和水箱直接连通，阀门打开时，水流在水泵提供的压力下喷射而出，注射在秧苗根部。

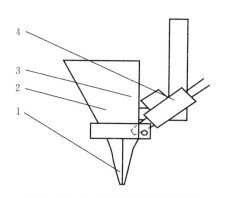

图9-19 电磁式注射补水栽植器
1. 鸭嘴；2. 承接筒；3. 出水口；4. 电磁阀开关

② 行程开关安装位置。行程开关有常闭和常开两种连接状态，电路中选择连接常闭状态，行程开关转臂处于平衡位置时电路断开，为常闭状态。触动行程开关的压杆安装在带动栽植器转动的链轮轴上，使压杆与链轮角速度相同，即可实现与栽植器同步转动。行程开关安装在附近的机架上。转臂和压杆交错一定长度，使压杆

可以带动转臂（图9-20）。

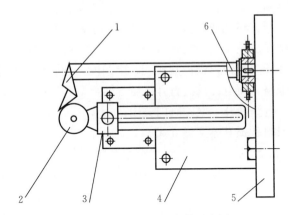

图9-20　行程开关安装示意图
1. 压杆；2. 滚珠；3. 行程开关转臂；4. 行程开关；5. 机架；6. 链轮轴

　　③压杆相对位置。如图9-21所示，压杆安装在与带动栽植器转动的链轮轴上，两者角速度相同，则两者轨迹位置一一对应。调节压杆在链轮轴上的相对位置，使栽植器位于即将插入地下这个位置时，压杆开始拨动行程开关。栽植器插入地下后，电路开通，注水开始。保证了水分注射到秧苗根部。

图9-21　零部件安装位置

④ 具体实施方式。综上所述，电路连接行程开关常闭状态，即行程开关转臂位于平衡位置时电路处于断开状态，无法注水。压杆与栽植器同角度转动，在栽植器即将插入地面时，开始拨动行程开关的转臂，使电路连通控制电磁阀打开实施补水。栽植器转离地面时压杆恰好与行程开关脱离，电路恢复常闭状态电磁阀关闭，完成一次注水作业。开通时长由行程开关转臂的转动角度控制。

本设计突出的优点：一是可以通过调节行程开关转臂的位置来改变补水量的大小，在一定范围内无级调节注水量；实现途径：根据压杆压下滚珠使行程开关转臂转动的原理，调节压杆和滚珠的相对距离或者调节压杆的长度，可以调节压杆拨动滚珠的程度即调节行程开关转臂的转动角度，从而调控阀门开关开启时间的长短。二是可以调控注水开始的时间；实现途径：调节压杆在转轮上的安装位置从而调节压杆和滚珠开始接触的时间点，则可以调控注水阀门开始开启的时间点。

（3）零部件选用理念

① 电路选用理念。电路选用理念遵循以下两点：一是提供水压的潜水泵需要电量配备，可利用此电量将注水阀门改为电控式。电控式注水系统比机械式注水控制系统工作稳定，性能良好，利于控制阀门开闭，使阀门开闭具有确定的时间点、迅速、精准，时间点的前后调控性可使用户根据需求调节阀门开启的时间。二是线路连接简单易懂，零部件为通用件，易于更换，成本低廉，易于被移栽机的广大用户掌握和调控。

② 行程开关和电磁阀的选用理念。行程开关和电磁阀具有同类优点，即一旦施加一个条件控制，它们就会开始工作，当撤销此条件控制时，它们自身就会停止工作。因此，将行程开关作为电路自动通断开关，电磁阀作为出水口。

选用行程开关可实现本设计的突出优点，也是设计想要实现的最终目的，即可以调控注水开始的时刻和注水时间的长短，在一定范围内无级调节注水量。系统简单易控，工作稳定。行程开关按其结构可分为直动式、滚轮式、微动式和组合式。本设计选择的是滚轮式行程开关（图9-22）。与机械式自制阀门开关相比，电磁式阀门具有以下优点：反应灵敏无时间滞后性、便于自动控制、使用寿命长、密封性能良好等，选用直动式两位两通类型。

图9-22　滚轮式行程开关

③ 出水口位置的调节。由第一代夹层式注射补水器存在的问题可知，出水口设在秧夹内虽然位置低但难以和其他问题协调，且具有位置、水量和注水时间等不可调节的局限性。故将出水口位置提高到秧夹上端口处。调节出水时间，让秧夹打开的瞬间水分开始注入，这样仍能达到将水注射到甜菜纸筒根部的设计目的。分析可能存在的问题：喷射出的水流是否会对甜菜秧苗和纸筒造成一定损伤。制造带压力的水源对甜菜秧苗喷击进行模拟试验，结果发现：若带压水流不在甜菜纸筒秧苗正上方对秧苗根部进行冲击，就不会对甜菜秧苗有所损伤。究其原因为：移栽时，甜菜秧苗只具有4片左右真叶，叶片面积较小，即整体受水流冲击的苗束较小，基本不会受到损伤。而甜菜育苗纸筒直径仅为19 mm，口径小，甜菜纸筒本身具有一定抗冲击性，因此不会受到损伤且可保护纸筒内的土壤不受损失。

④ 栽植器秧夹的选择。由于出水口位置上调，秧夹选用原秧夹。

⑤ 补水开始时刻的设定。补水开始时刻由压杆旋转到刚碰触到滚珠的位置时刻决定，考虑到压杆碰触滚珠使行程开关转动，由位移信号转换为电信号使出水阀门打开的过程可能会滞后零点几秒的时间，而水流从阀门开关喷出流经导水管喷射到坑穴底部可能会有滞后性，因此先将开始时刻设定为秧夹打开的瞬间，用实际试验进行探索和最佳开始时刻的设定。

（4）零部件参数选择　由于每次注水时间短暂，保证注水量的途径是增加水压，因此应当以潜水泵参数为第一考虑因素。

① 潜水泵参数。选择潜水泵参数为额定电压 24 V，额定流量 10.0 m³/h，额定扬程 12 m，额定功率 120 W。由于工作时为间歇性出水，两个秧夹交替工作，出水时间约占工作时间的 2/3，实际流量为 6.7 m³/h。

秧夹工作频率为 80～100 株/min，秧夹数量为 2 个，两个秧夹交替工作，因此可看作 1 min 内连续出水 200 次。选择单次出水量的最大值 400 mL 计算。则计算出水量 Q＝200×400×60＝4.8 m³/h，低于实际流量，说明潜水泵供水量满足工作需求。

② 电源电压。根据潜水泵参数，电源电压为 24 V。电磁阀参数：额定电压 DC24 V，额定功率 12 W，额定电流 500 mA。

（5）凸轮和秧夹打开角度的计算　凸轮推程控制着鸭嘴的开启和闭合，其设计及秧夹打开的角度是否合理直接影响秧苗的栽植效果，如直立度、培土和栽植深度等性能指标，因此，本书根据甜菜移栽时的农艺要求及其物理特性，设定秧夹打开角度，确定凸轮推程。

移栽机的凸轮系统如图 9-23 所示，由凸轮、滚珠、闸线、转动臂、弹簧等组成。工作原理为：凸轮转动到推程部分，推动滚珠发生位移，通过闸线带动转动臂使转动臂旋转打开秧夹。此设计的突出优点是：闸线松紧具有一定量的可调性，即闸线具有调量位移，从而调节凸轮推程与秧夹打开角度之间的关系，使秧夹打开角度具有可调性。

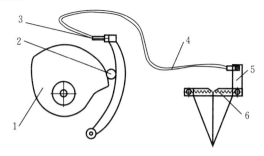

图 9-23　凸轮控制系统

1. 凸轮；2. 滚珠；3. 闸线调节器；4. 闸线；5. 转动臂；6. 弹簧

位移计算公式： $$S_0 = S_1 + S_2 \tag{9-5}$$

式中，S_0——凸轮推程位移；

S_1——闸线调量位移；

S_2——转动臂转动位移。

由图中可知，转动臂转动角度和秧夹打开角度一致，由等比三角形原理可知，转动臂位移 S_2 与秧夹转动位移 S 成固定比例，

即 $$\frac{S_2}{S} = \frac{L_2}{L_1} \tag{9-6}$$

由于 $$S = \sqrt{\Delta x^2 + \Delta y^2} \tag{9-7}$$

将式（9-6）、式（9-7）代入式（9-5）得，

$$S_0 = S_1 + \frac{\sqrt{\Delta x^2 + \Delta y^2}\, L_2}{L_1} \tag{9-8}$$

凸轮旋转到推程最大时，秧夹张开到最大角度，因此设定秧夹的最大角度，凸轮的推程即可得知。

图 9-24 为秧夹开启角度最大时的状态，其中虚线为秧夹的初始状态，实线为秧夹的最大开启位置，其中各字母的含义如下：

α——秧夹开启最大时与竖直线之间的角度；

Δx——秧夹开启最大时最低点的水平位移；

Δy——秧夹开启最大时最低点的竖直位移。

暂定秧夹最大开启角度 α 为 $20°$，则

秧夹最低点的水平位移

$$\Delta x = 180 \times \sin 20° = 61.56 \text{ mm} \tag{9-9}$$

秧夹最低点的竖直位移

$$\Delta y = 180 \times (1 - \cos 20°) = 10.8 \text{ mm} \tag{9-10}$$

则秧夹处于开启角度最大状态时最低点之间的距离为 $2 \times \Delta x = 123.12$ mm，满足甜菜秧苗物理特性，同时利于水流流出。故此角度设定是符合要求的，本书将在田间试验中验证此角度下栽植器的秧苗直立度和培土状况。

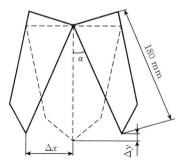

图 9-24 秧夹开启角度最大时的状态简图

将式（9-9）、式（9-10）和 $S_1 = 20$ mm 代入式（9-5）可得：

$$S_0 = 20 + 31.25 = 51.25 \text{ mm}$$

即凸轮推程位移为 51.25 mm。

（6）电磁注射式补水栽植器的补水性能测定 第二代补水栽植器在理论设计上不存在设计理念差错、明显缺陷和后续问题，现通过试验验证其补水性能。

试验设计：将移栽机机架升高，使地轮和栽植器最低点高于地面免于碰触，在栽植器秧夹打开范围的位置下方安置盛水容器，手动转动地轮，地轮转动一圈出水一次，尽量做到每次转速一致以减小出水误差。每 10 次出水量为一组，用量筒测量每组水量，计算平均值作为每一次的出水量。

试验七 注水量的范围测定

调压杆与行程开关滚珠的交错长度，每 0.5 cm 为一个长度阶梯，每个长度下测定 3 组出水数据，取其平均值作为该长度下的出水量，长度范围为 0.5～2.5 cm，整理数据见图 9-25。

由图 9-25 可知，在压杆与滚珠的交错长度为 0.5～2.5 cm 时，补水量在 60～400 mL 范围内可调。农户可根据移栽田地的环境、湿度、当地降雨情况等因素自己调节所需水量。同时，甜菜成活最低需水量和预设最佳补水量介于 150～300 mL 之间，均处在此补水器补水量值范围内。

栽植器注水量一致性测定（栽植器自身和两行栽植器之间的横

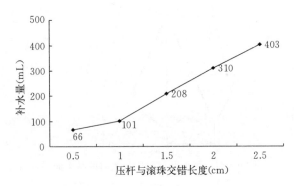

图 9-25 压杆与滚珠不同交错长度注水量数据

纵对比）：将压杆与滚珠交错长度固定在 1.5 cm 处（随机选择值），本试验过程中设定为固定值。在此因素下连续测定几组数据出水量值，对数据整理分析得表 9-7。

表 9-7 补水器补水量数据统计

行列	出水量	组 1	组 2	组 3	组 4	组 5
左行	总水量（mL）	2 133	2 011	1 995	2 089	2 102
	平均水量（mL/次）	213	201	200	209	210
右行	总水量（mL）	2 009	2 057	2 001	2 020	2 183
	平均水量（mL/次）	210	205	200	202	218

由表 9-7 可知，单行栽植器的各次出水量之间差异性较小，两行栽植器的每次出水量之间差异性亦小，皆符合出水均匀性要求，工作稳定。

9.3 田间试验与数据分析

9.3.1 试验目的

田间试验是对整个机器在作物、土壤、气候、地表等影响因素随机改变和基本上不加控制的情况下进行的工作性能和物理机械性能试验。因此，田间试验更加真实、可靠、科学，结果更具说服力，更有指导意义。

根据移栽机的选型和前文设计的电磁注射式地下补水栽植器，制作出甜菜补水移栽机整机。通过田间试验来验证新型甜菜补水栽植器的栽植性能和补水性能。

9.3.2　试验条件

试验在河北省张家口市张北县小二台乡河北农业大学张北实验站进行，试验田为当地农田，分沙地和滩地两种土壤。翻松、平整每种土质的试验田各 $2\,000\ \mathrm{m}^2$，耕深为 $0\sim30\ \mathrm{cm}$。测定移栽时的土壤破碎情况和相对湿度（表 9-8 和表 9-9）。土壤破碎情况：用 $0\sim500\ \mathrm{mm}$ 钢尺测量测试点周边一定范围内土块的最大直径，然后取平均值；土壤相对湿度：利用土壤水分测量仪测量一系列位置点处的土壤相对湿度，然后取平均值。

表 9-8　土壤破碎情况

序号	1	2	3	4	5	6	7	8	9	10	平均
最大直径（cm）	1.8	3.0	2.4	1.7	3.1	0.9	1.1	1.5	3.8	0.7	2.02

表 9-9　土壤相对湿度

序号	1	2	3	4	5	6	7	8	9	10	平均
相对湿度（%）	20.1	16.5	18.1	17.3	12.6	15.3	14.2	10.3	19.8	13.4	15.76

由表 9-8、表 9-9 可知，各处的土壤破碎情况和相对湿度存在一定差异，但均满足移栽的农艺性要求，移栽机对于田间环境也需要有一定的适应性。

9.3.3　试验设计与试验数据分析

（1）补水栽植器栽植性能测定　不同移栽速度和栽植深度情况下的甜菜秧苗栽植质量指标主要包括有：漏栽率、株距合格率、立苗率、栽植深度合格率和回土状况等。

通过每次在苗垄上移栽 100 株甜菜秧苗进行试验，移栽作业速度分别取 3 个阶段，即 1.0～2.0、2.0～3.0、3.0～4.0 km/h 进行试验，通过调节提升装置改变栽植深度，分别取 130～145、145～160、160～175 mm 3 个范围，在不同的秧苗移栽作业速度和栽植深度情况下进行多因素正交试验，各条件下甜菜移栽机的株距合格率、漏栽率、立苗率和回土状况如表 9-10 所示（判定指标详见甜菜移栽的农艺性要求）。

表 9-10　不同移栽速度和栽植深度情况下的甜菜秧苗栽植质量

栽植频率 ［株/(min·行)］	栽植深度 (mm)	漏栽率 (%)	立苗率 (%)	栽植深度合格率 (%)	回土状况
	130～145	4.88	92.21	95.44	差
30～50	145～160	4.76	93.55	96.09	中等
	160～175	4.54	95.62	96.89	差
	130～145	2.96	96.58	95.28	差
60～80	145～160	2.48	98.72	96.34	良好
	160～175	2.66	98.81	94.52	中等
	130～145	5.12	78.22	65.63	差
80～100	145～160	4.86	80.53	70.23	差
	160～175	4.88	83.15	72.15	中等

由表 9-10 中数据可知：移栽机的株距基本一致，不受移栽速率和栽植深度的影响；当移栽机作业速度在 1.0～2.0 km/h

时，作业效率较慢，有一定漏栽率；当移栽机作业速度在 2.0～3.0 km/h，栽植深度在 145～160 mm 时，栽植质量最好；作业速度为 3.0～3.5 km/h 时，速度过快，有带苗现象，对漏栽率、覆土状况和直立率影响明显，尤其是直立率过低；当栽植深度为 130～145 mm 时，秧苗纸筒掩埋不完全，直立度较低，回土效果差；栽植深度为 160～175 mm 时，深度太深，部分秧苗叶片被掩埋，影响光合效果从而影响成活质量，回土效果差。

（2）补水起始时刻的测定　压杆旋转一周，栽植器工作一次，压杆的旋转角度位置和栽植器的轨迹位置一一对应，现在以秧夹刚开启时刻的位置为基准点，将此位置对应的压杆在链轮上的角度位置作为基准角度位置，即 0°位置，以每旋转 10°角度为一个调整阶梯，前 30°和后 10°为测试范围，分别测定各角度位置为补水起始时刻的补水情况（表 9-11）。

表 9-11　不同补水启始时刻的补水情况

测试角度	−30°	−20°	−10°	0°	10°
补水情况	时刻较早，部分水分注射于地表	时刻略早，少量水分注射于地表	时刻较好，只有水滴洒溅于地表	时刻略有滞后，少量水淋在地表上	时刻滞后，部分水分注射于地表

分析试验结果可以确定，移栽机作业速度为 3.5～5.5 km/h 时，压杆旋转到在秧夹开启前 10°角度位置时，补水精准，不会有水分注射在坑穴外和地表上。

（3）人工灌溉与移栽机效果对比　将试验田等分为 4 个小区，其中两个小区用甜菜补水移栽机进行大面积甜菜秧苗移栽，一个小区用甜菜抗旱补水插秧器进行人工浇水移栽，一个小区人工移栽后全田漫灌补水，对这 4 个小区的 3 种不同移栽补水形式进行移栽效果对比。

① 节水与缓苗效果。不同补水形式的缓苗效果见表 9-12。由表可知，移栽机地下补水移栽补水量为 208 mL/株，仅为全田漫灌

和人工移栽器补水的 54.0%、72.0%，移栽机地下补水缓苗期为
4.5 d，较全田漫灌和人工移栽器补水缓苗期分别缩短了 2.5、
0.5 d，3 种补水方式秧苗的成活率差异不大。

表 9-12　不同补水形式下用水量对比

补水形式	补水量 (t/hm²)	补水量 (mL/株)	成活率 (%)	缓苗期 (d)
全田漫灌	15.45	385	95.556	7.0
人工移栽器补水	11.70	289	95.852	5.0
移栽机地下补水	8.10	208	96.221	4.5

　　② 补水栽植效果。移栽机地下补水栽植和人工移栽效果见
图 9-26 和图 9-27，通过对比可以看到，人工移栽容易造成歪
苗、露苗现象，补充的水分容易溢出地表。

图 9-26　移栽机地下补水栽植效果

　　③ 甜菜生产效果。沙地农田不同补水方式移栽甜菜的生产效
果见表 9-13。由表可以看出，与全田漫灌和人工移栽器补水栽植
甜菜相比，移栽机地下补水栽植甜菜的成活率、单株叶数、叶面积
等生长指标优于或同于其他栽植方式，且生物产量、经济产量、含

图 9-27　人工补水栽植效果

糖率及糖产量分别为 37 305.55 kg/hm²、31 660.35 kg/hm²、20.01%和 6 357.60 kg/hm²，优于其他栽植方式。

表 9-13　沙地补水移栽甜菜的生产效果

补水形式	成活率 (%)	单株叶数	单株叶面积 (cm²)	生物产量 (kg/hm²)	经济产量 (kg/hm²)	含糖率 (%)	糖产量 (kg/hm²)
全田漫灌	100.00	6.7	55.66	35 878.7	30 686.87	18.95	5 932.78
人工移栽器补水	97.92	7.3	50.90	35 801.77	30 104.79	19.45	6 023.97
移栽机地下补水	100.00	7.4	61.81	37 305.55	31 660.35	20.01	6 357.60

9.4　甜菜机械化移栽技术的改进

　　团队研发的甜菜移栽机，虽明显提高了劳动效率，但栽植器采用偏心双圆环结构，自身较重且连接部位摩擦阻力大，随着使用时间延长，控制偏心圆盘主动轮链条发生跳齿的概率增大，跳齿后鸭嘴方向不能指向地面，无法正常作业，此外，甜菜移栽机以地轮通过链条驱动通轴给 3 个栽植器提供动力，传动过程中由于各部件作用力不均衡导致机械阻力过大，除造成动力浪费及地轮打滑外，也会出现传动链条跳齿，从而影响了甜菜移栽机的工作效率及实用性。

为改进上述不足，团队在国家重点研发计划项目（2021YFD 190114－5）的资助下，与农机企业合作对甜菜移栽机进行了技术改进，改偏心双圆环式栽植器为摇臂式，改地轮提供动力为牵引拖拉机后输出提供，改各栽植器通轴传动为半轴传动。以上技术改进显著提高了甜菜移栽机作业的稳定性，降低了动力消耗，工作效率提高了15％。针对传统纸册营养土育苗存在的纸筒过湿弯曲变形、堵塞栽植器、过干时纸筒不易分离等问题，发明了包裹基质的甜菜育苗装置（ZL 2022 2 0791628.8），有效地提高了甜菜移栽机的工作效率和实用性。

参 考 文 献

柏军华，王克如，初振东，等，2005. 叶面积测定方法的比较研究 [J]. 石河子大学学报（自然科学版），23（2）：216-218.

鲍巨松，杨成书，薛吉全，等，1990. 水分胁迫对玉米生长发育及产量形成的影响 [J]. 陕西农业科学（3）：7-9.

曹慧，2003. 水分胁迫诱导苹果属植物叶片衰老机理的研究 [D]. 北京：中国农业大学.

常敬礼，杨德光，谭巍巍，等，2008. 水分胁迫对玉米叶片光合作用的影响 [J]. 东北农业大学学报，39（11）：1-5.

晁长功，瞿慧萍，等，2001. 补充灌溉对地膜小麦产量的影响 [J]. 青海农技推广（2）.

陈静静，张富仓，周罕觅，等，2011. 不同生育期灌水和施氮对夏玉米生长、产量和水分利用效率的影响 [J]. 西北农林科技大学学报（自然科学版），39（1）：89-95.

陈培元，1990. 作物对干旱逆境的适应性和反应 [J]. 山西农业科学（9）：29-32.

陈彦云，万新伏，王登科，等，1995. 半干旱区甜菜灌水的研究 [J]. 中国甜菜糖业（6）：12.

程延年，刘建晓，1993. 未来气候变化对我国甜菜生产影响初探 [J]. 中国甜菜（2）：30-33.

褚鹏飞，王东，张永丽，等，2009. 灌水时期和灌水量对小麦耗水特性、籽粒产量及蛋白质组分含量的影响 [J]. 中国农业科学，42（4）：1306-1315.

丛建鸥，李宁，许映军，等，2010. 干旱胁迫下冬小麦产量结构与生长、生理、光谱指标的关系 [J]. 中国生态农业学报，18（1）：67-71.

邓世媛，陈建军，2005. 干旱胁迫下氮素营养对烤烟光合特性的影响 [J]. 植物生理科学，21（9）：209-212.

丁端锋，蔡焕杰，王健，等，2006. 玉米苗期调亏灌溉的复水补偿效应 [J].
干旱地区农业研究，24（3）：64-67.

杜维广，张桂茹，满为群，等，1999. 大豆光合作用与产量关系的研究 [J].
大豆科学，18（2）：650-655.

杜雄，张立峰，2007. 论华北农牧交错区退耕区域生态系统生产力的演替与
增进机制 [J]. 中国农业科学，40（12）：2788-2795.

杜长玉，李桂芹，2002. 缺水胁迫对玉米幼苗生长和生理指标的影响 [J]. 内
蒙古农业科技（3）：5-6.

杜长玉，庞全国，李东明，2002. 缺水胁迫对玉米幼苗生长和生理指标的影
响 [J]. 内蒙古草业，14（2）：46-48.

段爱旺，张寄阳，2000. 中国灌溉农田粮食作物水分利用效率的研究 [J]. 农
业工程学报，16（4）：41-44.

鄂成林，张景楼，孙秀俊，等，2011. 甜菜纸筒育苗移栽技术研究与应用[J].
中国糖料（3）：60-63.

樊福义，2006. 土默川井灌区甜菜需水规律及节水灌溉研究 [D]. 北京：中国
农业科学院.

范素香，侯书林，赵匀，2011. 国内外甜菜生产全程机械化概况 [J]. 农机化
研究（3）：12-15.

房玉林，惠竹梅，陈洁，等，2006. 水分胁迫对葡萄光合特性的影响 [J]. 干
旱地区农业研究，24（2）：135-138.

付秋实，李红岭，崔健，等，2009. 水分胁迫对辣椒光合作用及相关生理特性
的影响 [J]. 中国农业科学，42（5）：1859-1866.

高志红，陈晓远，刘晓英，等，2007. 土壤水变动对冬小麦生长产量及水分利
用效率的影响 [J]. 农业工程学报，23（8）：52-57.

郭春芳，孙云，张木清，2008. 不同土壤水分对茶树光合作用与水分利用效
率的影响 [J]. 福建林学院学报，28（4）：333-337.

郭献平，王燕凌，廖康，2009. 水分胁迫对新疆野苹果净光合速率和水分利
用率日变化的影响 [J]. 新疆农业大学学报，32（3）：17-21.

郭艳超，王文成，周汉良，等，2011. 盐胁迫对甜菜叶、根主要生理指标的影

响〔J〕. 中国糖料（3）：20-22.

郭占荣，刘建辉，2005. 中国干旱半干旱地区土壤凝结水研究综述〔J〕. 干旱区研究，22（4）：576-580.

韩艳芬，2007. 甜菜块根中营养成分与根重和含糖率关系的初步研究〔D〕. 内蒙古：内蒙古农业大学.

何俊仕，边晓东，付玉娟，等，2012. 西辽河平原主要作物耗水量及耗水规律研究〔J〕. 节水灌溉（11）：1.

何维明，马风云，2000. 水分梯度对沙地柏幼苗荧光特征和气体交换的影响〔J〕. 植物生态学报，24（5）：630-634.

河北省农业区划办公室，河北省气象局，1988. 河北省农业气候及其区划〔M〕. 北京：气象出版社：122.

贺明荣，冷寿慈，1994. 粮果间作种植模式的资源利用与管理〔J〕. 生态学杂志，13（6）：7-10.

侯振安，刘日明，朱继正，等，1999. 不同灌水量对甜菜生长及糖分积累影响的研究〔J〕. 中国甜菜糖业（6）：2-6.

华劲松，2013. 开花、结荚期水分胁迫对芸豆光合特性及产量的影响〔J〕. 西北农业学报，22（9）：82-87.

黄刚，赵学勇，崔建垣，等，2008. 水分胁迫对两种科尔沁沙地植物光合和水分利用特性的影响〔J〕. 西北植物学报，28（11）：2306-2313.

霍习良，刘树庆，林恩勇，等，1995. 河北张北坝上波状高原岗梁地与滩地母质特性比较〔J〕. 河北农业大学学报，18（S1）：61-64.

霍治国，白月明，温明，等，2001. 水分胁迫效应对冬小麦生长发育影响的试验研究〔J〕. 生态学报，21（9）：1527-1535.

纪瑞鹏，车宇胜，朱永宁，等，2012. 干旱对东北春玉米生长发育和产量的影响〔J〕. 应用生态学报，23（11）：3021-3026.

季杨，张新全，彭燕，等，2013. 干旱胁迫对鸭茅幼苗根系生长及光合特性的影响〔J〕. 应用生态学报，24（10）：2763-2769.

焦建忠，2012. 甜菜的生长特点及生育特性〔J〕. 黑龙江科技信息（3）：260.

金千瑜，欧阳由男，属盛苗，等，2003. 中国农业可持续发展中的水危机及其对策〔J〕. 农业现代化研究，24（1）：2-23.

康绍忠，蔡焕杰，张富仓，等，1996. 节水农业中作物水分管理基本理论问题的探讨 [J]. 水利学报 (5)：9-17.

康文星，田大伦，文仕知，等，1992. 杉木人工林水量平衡和蒸散的研究[J]. 植物生态学与地植物学学报，16 (2)：187-196.

李彩虹，吴伯志，2005. 玉米间套作种植方式研究综述 [J]. 玉米科学，13 (2)：85-89.

李潮海，赵亚丽，杨国航，等，2007. 遮光对不同基因型玉米光合特性的影响 [J]. 应用生态学报，18 (6)：1259-1264.

李国龙，孙亚卿，张少英，等，2012. 水分胁迫对甜菜幼苗光合作用的影响 [J]. 内蒙古农业大学学报，33 (1)：68-72.

李红寿，汪万福，张国彬，等，2010. 极干旱地区土壤与大气水分的相互影响 [J]. 地球科学与环境学报，32 (2)：183-188.

李会合，王正银，2007. 氮钾配施对不同品种莴笋光合特性的影响 [J]. 西北农业学报，16 (1)：51-55.

李世祥，成金华，吴巧生，等，2008. 中国水资源利用效率区域差异分析[J]. 中国人口·资源与环境，18 (3)：215-220.

李雁鸣，胡寅华，张建平，等，2000. 魔芋叶面积测定方法的初步研究 [J]. 河北农业大学学报，23 (4)：23-25.

李元贾，军常儒，安丙俊，1995. 我区甜菜含糖率降低原因浅析 [J]. 中国甜菜 (4)：39-41.

李照楠，李唯，姜有虎，等，2011. 西北干旱区戈壁葡萄膜下滴灌需水量和灌溉制度 [J]. 水土保持学报，25 (5)：247-251.

梁君瑛，周金星，马履一，等，2008. 水分胁迫下实生桑苗光合特性的研究 [J]. 河北林果研究，23 (1)：1-4.

林凤，王维成，樊华，等，2013. 水氮互作对膜下滴灌甜菜产质量的影响[J]. 石河子大学学报，31 (4)：418-424.

刘春蓁，2004. 气候变化对陆地水循环影响研究的问题 [J]. 地理科学进展，19 (1)：115-119.

刘明池，张慎好，刘向莉，等，2005. 亏缺灌溉时期对番茄果实品质和产量的影响 [J]. 农业工程学报，21 (3)：92-95.

刘娜，于海滨，周芹，2006. 甜菜苗期限量控制灌溉对叶绿素含量、光合速率及产量的影响 [J]. 中国糖料（4）：36 - 43.

刘培，蔡焕杰，王健，2010. 土壤水分胁迫对冬小麦生长发育、物质分配及产量构成的影响 [J]. 农业现代化研究，31（3）：330 - 333.

刘树庆，张笑归，谢建治，等，2005. 河北坝上高原错季无公害蔬菜生产的环境标准与技术 [J]. 生态环境，14（3）：372 - 377.

刘树庆，刘玉华，张立峰，2001. 高寒半干旱区农牧业持续发展理论与实践 [C]. 北京：气象出版社：61 - 63.

刘树庆，张立峰，1995. 旱地农业研究时 [M]. 北京：中国科学技术农业出版社：10 - 13.

刘晓清，赵景波，于雪峰，2006. 黄土高原气候暖干化趋势及适应对策 [J]. 干旱区研究，23（4）：627 - 631.

刘晓英，罗远培，石元春，2001. 水分胁迫后复水对冬小麦叶面积的激发作用 [J]. 中国农业科学，34（4）：422 - 428.

刘玉华，张立峰，2004. 冀西北高原植被生产力与退耕对策 [J]. 应用生态学报（11）：2113 - 2116.

刘玉华，张立峰，2006. 不同种植方式土地利用效率的定量评价 [J]. 中国农业科学，39（1）：57 - 60.

刘玉华，2012. 冀西北寒旱区农田生产力合理开发对策 [D]. 北京：中国农业出版社.

刘月娥，谢瑞芝，张厚宝，等，2010. 不同生态区玉米适时晚收增产效果 [J]. 中国农业科学，43（13）：2820 - 2828.

刘战东，肖俊夫，于秀琴，2010. 不同土壤水分处理对马铃薯形态指标、耗水量及产量的影响 [J]. 中国农村水利水电（8）：1 - 7.

罗永忠，成自勇，2011. 水分胁迫对紫花苜蓿叶水势、蒸腾速率和气孔导度的影响 [J]. 草地学报，19（2）：215 - 221.

吕凤山，张海燕，王文玲，等，1998. 甜菜苗期根系生育动态观察 [J]. 内蒙古农业科技（S1）：83 - 86.

吕金印，山仑，高俊风，2002. 非充分灌溉及其生理基础 [J]. 西北植物学报，22（6）：1512 - 1517.

马博，崔世茂，张之为，等，2009. 高温、CO_2 加富对温室嫁接黄瓜形态特征、净光合速率和 Rubisco 羧化酶活性的影响 [J]. 北京林业大学学报，31 (6)：128-133.

马福婷，吉晓光，2012. 冀西北错季蔬菜产业发展现状及对策 [J]. 河北北方学院学报 (10)：28-35.

马国胜，薛吉全，路海东，2006. 密度对不同类型饲用玉米光合产物积累与转运的影响 [J]. 华北农学报，21 (3)：46-50.

马守臣，张绪成，杨慎骄，等，2012. 施肥和水分调亏对冬小麦生长和产量的影响 [J]. 灌溉排水学报，31 (4)：68-71.

马永胜，孙宇光，王立坤，2009. 半干旱区甜菜耗水规律试验研究 [J]. 东北农业大学学报，40 (1)：36-40.

裴斌，张光灿，张淑勇，等，2013. 土壤干旱胁迫对沙棘叶片光合作用和抗氧化酶活性的影响 [J]. 生态学报，33 (5)：1386-1396.

祁有玲，张富仓，李开峰，等，2009. 水分亏缺和施氮对冬小麦生长及氮素吸收的影响 [J]. 应用生态学报，20 (10)：2399-2405.

秦舒浩，张俊莲，王蒂，等，2009. 集雨灌溉对旱作马铃薯产量及水分利用效率的影响 [J]. 灌溉排水学报，28 (4)：93-95.

曲文章，赵宏伟，雷永雯，等，1995. 不同类型甜菜品种光合特性的研究[J]. 中国甜菜糖业 (1)：12-17.

曲文章，1990. 甜菜生理学 [M]. 哈尔滨：黑龙江科学技术出版社：278-302.

任国玉，姜彤，李维京，等，2008. 气候变化对中国水资源情势影响综合分析 [J]. 水科学进展，19 (6)：772-779.

山仑，邓西平，苏佩，等，2000. 挖掘作物抗旱节水潜力——作物对多变低水环境的适应与调节 [J]. 中国农业科技导报，2 (2)：66-69.

山仑，苏佩，郭礼坤，等，2000. 不同类型作物对干湿交替环境的反应 [J]. 西北植物学报，20 (2)：164-170.

山仑，2002. 旱地农业技术发展趋向 [J]. 中国农业科学，35 (7)：848-855.

上官周平，陈培元，1995. 中国北方旱地农业发展的若干策略 [J]. 大自然探索，14 (52)：86-90.

沈秀瑛，戴俊英，胡安畅，等，1993. 玉米群体冠层特征与光截获及产量关系的研究［J］. 作物学报，19（3）：246 - 252.

盛承发，1990. 生长的冗余——作物对于虫害超越补偿作用的一种解释［J］. 应用生态学报，1（1）：26 - 30.

盛钰，赵成义，贾宏涛，等，2006. 水分胁迫对冬小麦光合及生物学特性的影响［J］. 水土保持学报，20（1）：193 - 196.

施积炎，袁小凤，丁贵杰，等，2000. 作物水分亏缺补偿与超补偿效应的研究现状［J］. 山地农业生物学报，19（3）：226 - 233.

石仓吉，2008. 亚麻品种抗旱性评价研究［J］. 干旱地区农业研究，26（5）：1 - 5.

石剑飞，殷璀艳，2010. 采用数码图像处理法测定油菜叶面积的方法探讨［J］. 中国油料作物学报，32（3）：379 - 382.

宋建军，张庆杰，刘颖秋，等，2004. 2020 年我国水资源保障程度分析及对策建议［J］. 中国水利（9）：14 - 47.

苏文斌，邓君超，展耀东，等，2011. 关于张北县小二台村"甜菜/白菜套种"问题的调查与研究［J］. 内蒙古农业科学（1）：72 - 74.

孙宏勇，张喜英，陈素英，等，2011. 亏缺灌溉对冬小麦生理生态指标的影响及应用［J］. 中国生态农业学报，19（5）：1086 - 1090.

孙宇光，王立坤，马永胜，等，2009. 半干旱区甜菜水分生产函数试验研究［J］. 节水灌溉（3）：12.

陶洪斌，林杉，2006. 打孔称重法与复印称重法和长宽校正法测定水稻叶面积的方法比较［J］. 植物生理学通讯，42（3）：496 - 498.

田琳，谢晓金，包云轩，等，2013. 不同生育期水分胁迫对夏玉米叶片光合生理特性的影响［J］. 中国农业气象，34（6）：655 - 660.

田义，张玉龙，2006. 温室地下滴灌灌水控制下限对番茄生长发育、果实品质和产量的影响［J］. 干旱地区农业研究，24（5）：88 - 91.

童贯和，2004. 不同供钾水平对小麦旗叶光合速率日变化的影响［J］. 植物生态学报，28（4）：547 - 553.

王成瑗，王伯伦，张文香，等，2007. 不同生育时期干旱胁迫对水稻产量与碾米品质的影响［J］. 中国水稻科学，21（6）：643 - 649.

王成雨，代兴龙，2012. 花后小麦叶面积指数与光合和产量关系的研究［J］.

植物营养与肥料学报，18（1）：27-34.

王红梅，徐忠文，沙伟，等，2006. 干旱胁迫对亚麻萌发的影响 [J]. 防护林科技（5）：27-29.

王俊国，2008. 辽西北地区干旱对农业的影响及防御对策 [C]. 中国气象学会2008年年会论文集.

王萍，张立峰，李明，2012. 亚麻种子出苗对土壤水分胁迫的响应 [J]. 生态学杂志，31（6）：1373-1377.

王萍，2012. 五种作物出苗对土壤水分胁迫的反应及抗旱成苗对策 [D]. 保定：河北农业大学.

王淑芬，张喜英，裴冬，2006. 不同供水条件对冬小麦根系分布、产量及水分利用效率的影响 [J]. 农业工程学报，22（2）：27-32.

王熹，王湛，杨文涛，等，2014. 中国水资源现状及其未来发展方向展望 [J]. 环境工程，32（7）：1-5.

王燕飞，李翠芳，李承业，等，2011. 我国甜菜栽培模式研究进展 [J]. 中国糖料（1）：55-57.

王之杰，郭天财，王化岑，等，2001. 种植密度对超高产小麦生育后期光合特性及产量的影响 [J]. 麦类作物学报，21（3）：64-67.

危常州，刘日明，高妙真，等，1998. 不同密度地膜甜菜光合与呼吸特性及与产质量间的关系 [J]. 中国糖料（2）：16-19.

吴凯，于静洁，2001. 首都圈典型沙区水分资源的变化趋势及其利用 [J]. 地理科学进展，20（3）：209-216.

武东霞，2014. 两种土壤类型下种植方式及补水对甜菜产量与质量的影响 [D]. 保定：河北农业大学.

夏军，苏人琼，2008. 中国水资源问题与对策建议 [J]. 中国农业科学院院刊，23（2）：116-120.

夏军，翟金良，占车生，等，2011. 我国水资源研究与发展的若干思考 [J]. 地球科学进展，26（9）：905-915.

夏军，2002. 华北地区水循环与水资源安全：问题与挑战 [J]. 地理科学进展，21（6）：517-526.

熊念增，李彦，史永清，等，1991. 内蒙古半干旱区甜菜需水规律的研究[J].

内蒙古林业科技 (1)：6 - 10.

薛冯定，张富仓，索岩松，等，2013. 不同生育时期亏水对河西地区春玉米生长、产量和水分利用的影响 [J]. 西北农林科技大学学报（自然科学版），41 (5)：59 - 64.

薛吉全，梁宗锁，路海东，等，2002. 玉米不同株型耐密性的群体生理指标研究 [J]. 应用生态学报，13 (1)：55 - 59.

杨国虎，李建生，罗湘宁，等，2005. 干旱条件下玉米叶面积变化及地上干物质积累与分配的研究 [J]. 西北农林科技大学学报，33 (5)：27 - 32.

杨国敏，孙淑娟，周勋波，等，2009. 群体分布和灌溉对冬小麦农田光能利用的影响 [J]. 应用生态学报，20 (8)：1868 - 1875.

叶子飘，于强，2007. 一个光合作用光响应新模型与传统模型的比较 [J]. 沈阳农业大学学报，38 (6)：771 - 775.

应叶青，郭璟，魏建芬，2009. 水分胁迫下毛竹幼苗光合及叶绿素荧光特性的响应 [J]. 北京林业大学，31 (6)：128 - 133.

俞希根，孙景生，刘祖贵，等，2000. 亏缺灌溉对棉花生长发育和产量的影响 [J]. 灌溉排水学报，19 (3)：33 - 37.

遇琦，展耀东，1983. 甜菜块根氮素含量与含糖率的关系 [J]. 中国农业科学 (3)：21 - 28.

袁淑芬，闫鹏，陈源泉，等，2014. 水分胁迫对华北春玉米生育进程及物质生产力的影响 [J]. 中国农业大学学报，19 (5)：22 - 28.

岳文俊，张富仓，李志军，等，2012. 返青期水分胁迫、复水和施肥对冬小麦生长及产量的影响 [J]. 西北农林科技大学学报（自然科学版），40 (2)：57 - 78.

展康，刘志祥，徐发海，等，2011. 干旱对马铃薯出苗影响的研究 [J]. 云南农业科技 (2)：7 - 8.

张朝巍，董博，郭天文，等，2011. 补水灌溉对半干旱区马铃薯产量和水分利用效率的影响 [J]. 水土保持通报，31 (5)：49 - 53.

张加富，2012. 甜菜高产栽培技术要点 [J]. 农民致富之友 (3)：7.

张立峰，徐长金，1999. 北方高寒半干旱农牧交错带资源环境障碍与农牧生产力开发 [J]. 资源科学，21 (5)：62 - 65.

张培娜，刘树庆，张笑归，等，2008. 冀西北坝上高原区豆科作物培肥效应研究 [J]. 安徽农业科学，36（33）：14649-14651.

张其德，刘合芹，张建华，等，2000. 限水灌溉对冬小麦旗叶某些光合特性的影响 [J]. 作物学报，26（6）：869-873.

张淑杰，张玉书，纪瑞鹏，等，2011. 水分胁迫对玉米生长发育及产量形成的影响研究 [J]. 中国农学通报，27（12）：68-72.

张喜英，裴冬，由懋正，2000. 几种作物的生理指标对土壤水分变动的阈值反应 [J]. 植物生态学报，24（3）：280-283.

张益望，刘文兆，王俊，等，2010. 补充灌溉及氮磷配施对冬小麦产量形成和水氮利用的影响 [J]. 东北农业大学学报，29（7）：1307-1313.

赵明，李建国，张宾，等，2006. 论作物高产挖潜的补偿机制 [J]. 作物学报，32（10）：1566-1573.

赵宏伟，邹德堂，1997. 不同类型甜菜品种叶部光合性状与产质量关系的研究 [J]. 中国甜菜糖业，6（3）：14-17.

赵锁江，袁卉馥，2005. 冀西北坝上地区气候资源与农业生产 [J]. 河北北方学院学报（自然科学版），21（2）：65-68.

赵兴权，吴春红，2005. 土壤水分条件对亚麻生长发育的影响 [J]. 黑龙江气象（2）：16-20.

赵长星，程曦，王月福，2012. 不同生育时期干旱胁迫对花生生长发育和复水后补偿效应的影响 [J]. 中国油料作物学报，34（6）：627-632.

郑国生，王焘，2001. 田间冬小麦叶片光合午休过程中的非气孔限制 [J]. 应用生态学报，12（5）：799-800.

郑华平，周仁喜，1984. 甜菜氮素营养与科学管理 [J]. 中国甜菜（2）：46-51.

中华人民共和国水利部. 2008，2007 年全国水利发展统计公报 [R]. 北京：中国水利水电出版社.

周欣，郭亚芬，魏永霞，等，2007. 水分处理对大豆叶片净光合速率、蒸腾速率及水分利用效率的影响 [J]. 农业现代化研究，28（3）：374-376.

周续莲，吴宏亮，康建宏，等，2011. 不同灌水处理对春小麦水分利用率和光合速率的影响 [J]. 农业科学研究，32（4）：1-7.

诸葛玉平，2001. 保护地渗灌土壤水分调控技术及作物增产节水机理的研究 [D]. 沈阳：沈阳农业大学.

卓汉文，曲强，宋实，等，2006. 建立节水灌溉发展长效机制的探讨 [J]. 节水灌溉（2）：35 - 37.

A Domínguez, Concepción Fabeiro Cortés, Rafael López Núñez, et al, 2003. Production and quality of the sugar beet (*Beta vulgaris* L.) cultivated under controlled deficit irrigation conditions in a semi - arid climate [J]. Agricultural Water Management, 30 （3）：215 - 227.

Abd El - Razek A M, Atta Y I, Hassan A F, 2011. Effect of different levels of irrigation and nitrogen fertilizer on sugar beet yield, quality and some water relations in East Delta region [J]. Journal of Southern Agriculture, 42 （8）：916 - 922.

Cook R J, Ownley B H, Zhang H, et al, 2000. Influence of pairedrow spacing and fertilizer placement on yield and root diseases of direct - seeded wheat [J]. Crop Science, 40 （4）：1079 - 1087.

Coopman R E, Jara J C, Bravo L A, et al, 2008. Changes in morpho - physiological attibutes of Eucalyptus globulus plants in response to different drought hardening treatments [J]. Electron Journal of Biotechnology, 11 （2）：1 - 10.

Djebbar R, Rzigui T, Petriacq P, et al, 2012. Respiratory complex I deficiency induces drought tolerance by impacting leaf stomatal and hydraulic conductances [J]. Planta, 235 （3）：603 - 614.

Fabeiro C, Martin De Santa Olalla F, Lopez R, et al, 2003. Production and quality of the sugarbeet (*Beta vulgaris* L.) cultivated under controlled deflect irrigation conditions in a semiarid climate [J]. Agricultural Water Management, 62：215 - 227.

Fang Y, Xu B C, Turner N C, et al, 2010. Grain yield, dry matter accumulation and remobilization, and root respiration in winter wheat and affected by seeding rate and root pruning [J]. European Journal of Agronomy, 33：257 - 268.

Franks P J, Drake P L, Froend R H, 2007. Anisohydric but isohydrodynamic: Seasonally constant plant water potential gradient explained by a stomatal control mechanism incorporating variable plant hydraulic conductance [J]. Plant, Cell and Environment, 30: 19 - 30.

Hiltbrunner J, Streit B, Liedgens M, 2007. Are seeding densities an opportunity to increase grain yield of winter wheat in a living mulch of white clover? [J]. Field Crops Research, 102: 163 - 171.

Hoffmann C M, Kenter C, Märländer B, 2006. Effects of weather variables on sugar beet yield development (*Beta vulgaris* L.) [J]. European Journal of Agronomy, 24 (1): 62 - 69.

Hsiao T C, Xu L K, 2000. Sensitivity of growth of roots versus leaves to water stress: Biophysical analysis and relation to water transport [J]. Journal of Experimental Botany, 51: 1595 - 1616.

Jenkinson D S, 2001. The impact of humans on the nitrogen cycle, with focus on temperate arable agriculture [J]. Plant Soil, 228: 3 - 15.

Jurik T W, Van K, 2004. Microenvironment of a corn - soybean - oat strip intercrops system [J]. Field Crops Research, 90: 335 - 349.

Li F L, Bao W K, Wu N, 2009. Effects of water stress on growth, dry matter allocation and water - use efficiency of a leguminous species, sopora davidii [J]. Agroforestry Systems, 77 (3): 193 - 201.

Li L, Sun J H, Zhang F S, et al, 2001. Wheat/maize or soybean strip intercropping in yield advantage and inter specific interactions on nutrients [J]. Field Crop Research, 71: 123 - 127.

Awal M A, Koshi H, Ikeda T, 2006. Radiation interception and use by maize/peanut intercrop canopy [J]. Agricultural and Forest Meteorology, 139 (1/2): 74 - 83.

Sangoi L, Gracietti M A, Rampazzo C, et al, 2002. Response of Brazilian maize hybrids from different eras to changes in plant density [J]. Field Crops Research, 79 (1): 39 - 51.

Sheffield J, wood E F, Roderick M L, 2012. Little change in global drought over the past 60 years [J]. Nature, 491 (7424): 435 - 440.

Smith M A, Carter P R, 1998. Strip intercropping corn and alfalfa [J]. Journal of Production Agriculture, 11: 345 - 353.

Tardieu F, Simonneau T, 1998. Variability among species of stomatal control under fluctuating soil water status and evaporative demand: Modeling isohy dric and an isohy dric behaviors [J]. Journal of Experimental Botany, 49: 419 - 432.

Tsubo M, Walker S, Mukhala E, 2001. Comparisons of radiation use efficiency of mono -/inter - cropping systems with different row orientations [J]. Field Crops Research, 71: 17 - 29.

Tsubo M, Wallker S, 2002. A model of radiation interception and use by a maize - bean intercrop canopy [J]. Agricultural and Forest Meteorology, 110: 203 - 215.

White A J, Critchley C, 1999. Rapid light curves: A new fluorescence method to assess the state of the photosynthetic apparatus [J]. Photosynthesis Research, 59 (1): 63 - 72.

Zhang F S, Li L, 2003. Using competitive and facilitative intercropping systems enhance crop productivity and nutrients - use efficiency [J]. Plant and Soil, 248:305 - 312.

Zhang L, Van Der Werf W, Bastiaans L, et al, 2008. Light interception and utilization in relay intercrops of wheat and cotton [J]. Field Crops Research, 107: 29 - 42.

Zhang L, Vander W, Zhang S, et al, 2007. Growth, yield and quality of wheat and cotton in relay strip intercropping systems [J]. Field Crops Research, 103: 178 - 188.

图书在版编目（CIP）数据

华北寒旱区甜菜生产理论与技术 / 刘玉华等编著
. —北京：中国农业出版社，2021.12
ISBN 978 - 7 - 109 - 26750 - 3

Ⅰ.①华… Ⅱ.①刘… Ⅲ.①寒冷地区－干旱区－甜菜－栽培技术－华北地区　Ⅳ.①S566.3

中国版本图书馆 CIP 数据核字（2020）第 060172 号

中国农业出版社出版
地址：北京市朝阳区麦子店街 18 号楼
邮编：100125
责任编辑：郭银巧　张　利
版式设计：王　晨　责任校对：刘丽香
印刷：中农印务有限公司
版次：2021 年 12 月第 1 版
印次：2021 年 12 月北京第 1 次印刷
发行：新华书店北京发行所
开本：880mm×1230mm　1/32
印张：9.5
字数：265 千字
定价：60.00 元